"十二五"职业教育国家规划教材

电工电子技术

主 编 邹建华 彭宽平 黄 京

U0278591

华中科技大学出版社

中国·武汉

内 容 简 介

本书根据 2019 年教育部发布的装备制造大类之自动化类和机械设计制造类各专业教学标准中的课程设置及对"电工电子技术"课程的要求编写而成。本书的主要内容包括直流电路、正弦交流电路、半导体二极管及直流稳压电源、半导体三极管及其放大电路、集成运算放大器、门电路与组合逻辑电路、触发器和时序逻辑电路等内容,共 7 章。每章后附有小结、习题,书末还附有部分习题参考答案。本书配备了较丰富的数字化学习资源,包括电工电子元器件实物图片、教学视频、仿真实验视频和即测题等内容,读者可以通过扫描书中的二维码来学习。

本书适合作为高等职业院校自动化类和机械设计制造类的电气自动化、机电一体化、工业机器人、模具设计与制造、数控技术等专业的教材,也可供相关行业的工程技术人员学习和参考。

图书在版编目(CIP)数据

电工电子技术/邹建华,彭宽平,黄京主编.—武汉:华中科技大学出版社,2020.11(2023.2 重印)
ISBN 978-7-5680-6700-3

Ⅰ.①电… Ⅱ.①邹… ②彭… ③黄… Ⅲ.①电工技术-高等学校-教材 ②电子技术-高等学校-教材
Ⅳ.①TM ②TN

中国版本图书馆 CIP 数据核字(2020)第 213786 号

电工电子技术
Diangong Dianzi Jishu

邹建华　彭宽平　黄　京　主编

策划编辑:万亚军
责任编辑:刘　飞
封面设计:原色设计
责任监印:周治超
出版发行:华中科技大学出版社(中国·武汉)　　电话:(027)81321913
　　　　　武汉市东湖新技术开发区华工科技园　　邮编:430223
录　　排:华中科技大学惠友文印中心
印　　刷:武汉市籍缘印刷厂
开　　本:787mm×1092mm　1/16
印　　张:18.5
字　　数:484 千字
版　　次:2023 年 2 月第 1 版第 3 次印刷
定　　价:58.00 元

前　言

　　"电工电子技术"是一门覆盖装备制造大类各专业的重要基础课。通过学习这门课程,学生应该掌握交直流电路的基本理论与基本分析方法、半导体器件知识及应用、模拟电子与数字电子电路的分析应用、获得典型电路实验和仿真的基本技能,为学习后续课程、适应职业岗位要求打下坚实的基础。

　　本书根据2019年教育部发布的装备制造大类之自动化类和机械设计制造类各专业教学标准中的课程设置,围绕职业标准和岗位要求,紧扣各专业"电工电子技术"课程标准,由"电工电子技术"课程的教学精干人员编写而成。本书有以下主要特点。

　　(1)在编写过程中,力求做到以应用为目的,学以致用,淡化公式推导,尽量使用通俗的语言来叙述基本概念和基本原理,注重典型电路的实际应用,做到深入浅出,通俗易懂。

　　(2)本书教学内容的取舍主要依据各专业教学标准中的课程设置及各专业"电工电子技术"课程标准。考虑到各专业会开设"电机与电气控制"或"机床电气控制"等课程,所以没有把变压器和电机的内容放入书中。电路的过渡过程主要是介绍直流激励下的过渡过程,所以这一部分没有单独成章,而是作为直流电路中的内容。安全用电主要是介绍交流电的用电安全,所以这部分内容放在了交流电路中。

　　(3)为了体现教学和知识的关联性,本书电子技术部分把二极管和直流稳压电源放在第3章,三极管和放大电路放在第4章。适当增加了场效应管放大电路、振荡电路和集成555定时器方面的内容。"仿真软件Multisim简介"没有单独成章,而是放在了附录中。

　　(4)引入仿真软件Multisim14,培养学生的动手能力。每章末附有电路的仿真实验,便于让学生学会软件Multisim14的使用方法,以提高学生使用工具软件的能力。

　　(5)本书配套有较丰富的数字化学习资源,包括电工电子元器件实物图片、教学视频、仿真实验视频和即测题等内容,读者可以通过扫描书中的二维码来学习。

　　本书参考学时为96～112学时。

　　本书由武汉职业技术学院的邹建华、彭宽平、黄京担任主编。其中第1章、第2章由邹建华编写,第3章至第5章由彭宽平编写,第6章、第7章由黄京编写。全书由邹建华、彭宽平、黄京统稿和定稿。

　　在本书的编写过程中,武汉职业技术学院的蔡建国老师和杨忠旭老师参与了讨论并提出了许多宝贵的建议和意见,李渊老师参与了本教材数字化资源的开发和整理工作,在此一并表示衷心的感谢。

　　尽管我们在编写的过程中作出了许多努力,但由于水平有限,书中不妥之处在所难免,敬请使用本教材的教师和广大读者批评指正。

编　者

2020年8月

目　　录

第 1 章 直 流 电 路

本章主要介绍电路模型、电路的基本物理量和电路的基本元件;重点讨论基尔霍夫定律、叠加定理、戴维南定理、支路电流法以及一阶电路的过渡过程。

1.1 电路的基本概念

1.1.1 电路和电路模型

1. 实际电路的组成和作用

人们在生产和生活中使用的电器设备,如电动机、电视机、计算机等都由实际电路构成。实际电路的结构组成包括电源、负载和中间环节。其中,电源的作用是为电路提供能量,如利用发电机将机械能或核能转化为电能,利用蓄电池将化学能转化为电能等;负载则将电能转化为其他形式的能量加以利用,如利用电动机将电能转化为机械能,利用电炉将电能转化为热能等;中间环节起连接电源和负载的作用,包括导线、开关、控制线路中的保护设备等。图 1.1 所示的手电筒电路中,电池作电源,白炽灯作负载,导线和开关作为中间环节将白炽灯和电池连接起来。

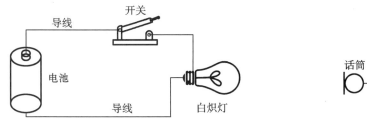

图 1.1 手电筒电路

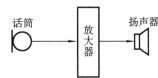

图 1.2 扩音机工作过程

在电力系统、电子通信、计算机以及其他各类系统中,电路有着不同的功能和作用。电路的作用可以概括为以下两个方面。①实现电能的传输和转换。如图 1.1 中,电池通过导线将电能传递给白炽灯,白炽灯将电能转化为光能和热能。②实现信号的传递和处理。如图 1.2 是一个扩音机的工作过程。话筒将声音的振动信号转换为电信号,即相应的电压和电流,经过放大处理后,通过电路传递给扬声器,再由扬声器还原为声音。

2. 电路模型

实际电路由各种作用不同的电路元件或器件所组成。实际电路元件种类繁多,且电磁性质较为复杂。如图 1.1 中的白炽灯,它除了具有消耗电能的性质外,当电流通过时,还具有电感性。为了便于对实际电路进行分析和数学描述,需将实际电路元件用能够代表其主要电磁特性的理想元件或其组合来表示,称为实际电路元件的模型。反映具有单一电磁性质的元件模型称为理想元件,包括电阻、电感、电容、电源等。表 1.1 所列的是在电工技术中常用的几种理想电路元件及其图形符号。

表 1.1　常用的几种理想电路元件及其图形符号

元件名称	图形符号	元件名称	图形符号
电阻	R	电池	E
电感	L	理想电压源	U_S
电容	C	理想电流源	I_S

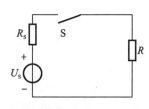

图 1.3　图 1.1 的电路模型

由理想元件所组成的电路称为实际电路的电路模型,简称电路。将实际电路模型化是研究电路问题的常用方法。在图 1.1 中,电池对外提供电压的同时,内部也有电阻消耗能量,所以电池用理想电压源 U_S 和内阻 R_S 的串联表示;白炽灯除了具有消耗电能的性质(电阻性)外,通电时还会产生磁场,具有电感性,但电感微弱,可忽略不计,于是可认为白炽灯是一电阻元件,用 R 表示。图 1.3 是图 1.1 的电路模型。

1.1.2　电路的基本物理量

电路的基本物理量有电流、电压、电位、功率等,在分析电路之前,我们先来介绍一下这些物理量。

1. 电流及其参考方向

在图 1.1 中,当开关合上时,会有电荷移动形成电流。在电场的作用下,正电荷与负电荷向不同的方向移动,习惯上规定正电荷的移动方向为电流的方向(事实上,金属导体内的电流是由带负电的电子的定向移动产生的)。

电流的大小为单位时间内通过导体横截面的电量,用公式表示为

$$i = \frac{q}{t} \tag{1.1}$$

其中:i 表示电流;q 表示电量或电荷量;t 表示时间。国际单位制中,q 的单位为库[仑](C),电流的单位为安[培](A),规定 1 s 内通过导体横截面的电量为 1 C 时的电流为 1 A。常用的电流单位还有毫安(mA)、微安(μA)。

大小和方向都不随时间变化的电流称为直流电流,用大写字母 I 表示,如图 1.4(a)所示;大小和方向都随时间变化的电流称为交流电流,由于交流电的大小是随时间变化的,故常用小写字母 i 或 $i(t)$ 表示其瞬时值,如图 1.4(b)所示。

分析简单电路时,可由电源的极性判断电路中电流的实际方向,但分析复杂电路时,一般不能直接判断出电流的实际方向,而是先任意假定一个方向作为电路分析和计算时的参考,我们称之为电流的参考方向。在参考方向下,通过电路定律或定理解得的电流如果为正值,表明电流的实际方向与参考方向相同,如果为负值,则表明实际方向与参考方向相反。

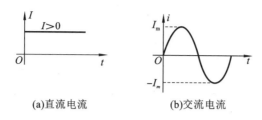

(a)直流电流　　　　　　　(b)交流电流

图 1.4　直流电流与交流电流

图 1.5 中,方框 A 与 B 均为对外引出两个端钮的元件,称之为二端元件。电阻元件、电感元件和电容元件均为无源二端电路元件。在图 1.5(a)中的参考方向下,通过元件 A 的电流为 5 A,说明实际电流的大小为 5 A,实际方向(如带箭头的虚线所示)与参考方向相同。在图 1.5(b)中的参考方向下,通过元件 B 的电流为−3 A,说明实际电流的大小为 3 A,实际方向与参考方向相反。图中用带箭头的虚线表示电流的实际方向,用带箭头的实线表示电流的参考方向。

在分析电路时,电路图中标出的电流方向一般都指参考方向。电流的方向一般用箭头表示,也可用双下标表示,如 I_{ab} 表示电流方向由 a 到 b。

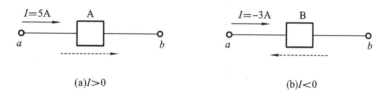

(a)$I>0$　　　　　　　　　　　　　　(b)$I<0$

图 1.5　电路中的电流方向

2. 电压及其参考方向

电荷在电场力作用下形成电流。在这个过程中,电场力推动电荷运动做功。电压就是用来表示电场力对电荷做功能力的一个物理量。

电压也称电势差(或电位差)。如图 1.6 所示,电路中 a、b 两点间的电压用 U_{ab} 表示,大小为将单位正电荷由点 a 移动到点 b 所需要的能量,即

$$U_{ab} = U_a - U_b = \frac{\mathrm{d}w}{\mathrm{d}q} \tag{1.2}$$

电压的单位是伏[特](V),规定电场力把 1 C 的正电荷从一点移到另一点所做的功为 1 J 时,该两点间的电压为 1 V。常用的电压单位还有千伏(kV)、毫伏(mV)和微伏(μV)。通常直流电压用大写字母"U"表示,交流电压用小写字母"u"表示。

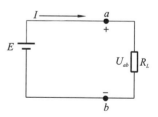

图 1.6　电压的概念

电路中的电流和电压由电源电动势维持。电源电动势的定义为电源内部把单位正电荷从低电位移动到高电位,电源力所做的功。电源电压在数值上与电源电动势相等。

电路中,电压的实际方向定义为电场力移动正电荷的方向,也就是电位降低的方向或称电压降的方向。可用极性"+"和"−"表示,其中"+"表示高电位,"−"表示低电位;也可用一个箭头或双下标表示,如 U_{ab} 表示电压的方向为由 a 到 b。电源电动势的实际方向,规定为从电源内部的"−"极指向"+"极,即电位升高的方向。

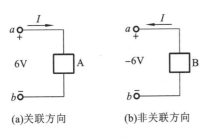

(a)关联方向　　　　(b)非关联方向

图 1.7　电压的参考方向

同电流一样,分析电路时也需先假定电压的参考方向。选定电压的参考方向后,经分析计算得到的电压值也是有正负之分的代数量。在图 1.7(a)中的参考方向下,元件 A 两端的电压为 6 V,表示元件 A 两端实际电压的大小为 6 V,实际方向由 a 到 b,与参考方向相同。在图 1.7(b)中的参考方向下,元件 B 两端的电压为 −6 V,表示元件 B 两端实际电压的大小为 6 V,实际方向由 b 到 a,与参考方向相反。

在分析电路时,电路图上标出的电压方向一般都是参考方向。当电流、电压的参考方向一致时,称为关联方向(见图 1.7(a));否则为非关联方向(见图 1.7(b))。

有时把电路中任一点与参考点(规定电位能为零的点)之间的电压,称为该点的电位。也就是该点对参考点所具有的电位能。某点的电位用 V 加下标表示(例如,V_a 表示 a 点的电位),单位与电压相同,用伏特(V)表示。参考点的电位为零可用符号"⊥"表示。

电路中两点间的电压与参考点的选择无关,而电位随参考点(零电位点)选择的不同而不同。

例 1.1　在图 1.8 中,已知 $U_{ac} = 3$ V,$U_{bc} = 2$ V,试计算各点电位及 ab 间的电压。

解　因为选择 c 点为参考点,即 c 点电位为 0,因此

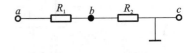

图 1.8　例 1.1 图

$$V_c = 0 \text{ V}$$

$$V_b = U_{bc} = 2 \text{ V}$$

$$V_a = U_{ac} = 3 \text{ V}$$

$$U_{ab} = V_a - V_b = (3-2) \text{ V} = 1 \text{ V}$$

3. 功率

电能量对时间的变化率,也就是电场力在单位时间内所做的功,称为功率。设电场力在 dt 时间内所做的功为 dw,则功率可表示为

$$p = \frac{dw}{dt} \tag{1.3}$$

式中:p 表示功率。国际单位制中,功率的单位是瓦[特](W),规定元件 1 s 内提供或消耗 1 J 能量时的功率为 1 W。常用的功率单位还有千瓦(kW)。

将式(1.3)等号右边的分子、分母同乘以 dq 后,变为

$$p = \frac{dw}{dq} \times \frac{dq}{dt} = ui \tag{1.4}$$

所以,元件吸收或发出的功率等于元件上的电压乘以元件上的电流。直流电路里这一公式写为

$$P = UI$$

关联方向下,如果 $P > 0$,表明元件吸收功率,此时该元件称为负载;如果 $P < 0$,表明元件发出功率,此时该元件称为电源。非关联方向下的结论与此相反。

例 1.2　试判断图 1.9 中元件是发出功率还是吸收功率。

解　在图 1.9(a)中,电压与电流是关联参考方向,且 $P = UI = 12$ W > 0,元件吸收功率。

图 1.9　例 1.2 图

在图 1.9(b)中,电压与电流是关联参考方向,且 $P=UI=-12$ W<0,元件发出功率。

电路元件在 t_0 至 t 时间内消耗或提供的能量为

$$w = \int_{t_0}^{t} p\,\mathrm{d}t = \int_{t_0}^{t} ui\,\mathrm{d}t \tag{1.5}$$

通常电业部门用 kW·h(千瓦·时)测量用户消耗的电能。1 kW·h(或 1 度电)是功率为 1 kW 的元件在 1 h 内消耗的电能。

$$1 \text{ kW·h} = 3\ 600\ 000 \text{ J}$$

电气设备或元件长期正常运行的电流容许值称为额定电流;其长期正常运行的电压容许值称为额定电压;额定电压和额定电流的乘积称为额定功率。通常电气设备或元件的额定值标在产品的铭牌上。如一白炽灯上标有"220 V 40 W",表示它的额定电压为 220 V,额定功率为 40 W。如果通过实际元件的电流过大,会导致元件温度升高使元件的绝缘材料损坏,甚至使导体熔化;如果电压过大,会击穿绝缘体,所以必须对电流和电压加以限制。

1.1.3　电路的三种工作状态

电路的工作状态有三种:通路状态、断路(开路)状态和短路状态。

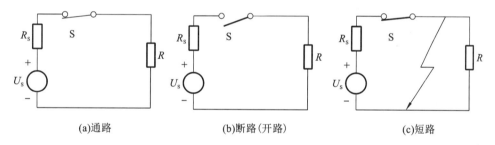

图 1.10　电路的工作状态

通路状态就是接通的电路,如图 1.10(a)所示,这时负载两端的电压为额定电压,流过的电流为额定电流。断路(开路)状态指电源与负载没有构成闭合的路径,如图 1.10(b)所示的开关 S 没有合上而断开时的状态。这时负载上没有电流流过。短路状态就是如图 1.10(c)所示电源未经负载而直接由导线接通构成闭合回路,这时电源的功率全部由电源电阻消耗,容易引起电源烧坏甚至火灾,因此短路是一种电路事故,必须避免发生。

1.2　电路的基本元件

1.2.1　电阻元件

电阻元件是耗能的理想元件,如电炉、白炽灯等,用来描述电阻元件特性的基本参数称为电阻。

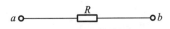

图 1.11　电阻元件的图形符号

1. 电阻

电流通过导体时要受到阻碍作用,反映这种阻碍作用的物理量称为电阻,用 R 表示。在电路图中常用理想电阻元件来反映导体对电流的这种阻碍作用。电阻元件的图形符号如图 1.11 所示。

导体的电阻是由它本身的物理条件决定的。不同的导体对电流的阻碍作用不同。

$$R = \rho \frac{l}{A} \tag{1.6}$$

式中: l 为导体长度(m); A 为导体截面积(m^2); ρ 为导体的电阻率($\Omega \cdot \text{m}$)。

电阻 R 的单位是欧姆(Ω),常用的电阻单位还有千欧($\text{k}\Omega$)和兆欧($\text{M}\Omega$)。

电阻的倒数称为电导,用 G 表示,即 $G = 1/R$,电导的单位为西门子(S)。

2. 电阻元件的电压、电流关系

欧姆定律反映了电路中电流、电压及电阻间的依存关系。实验证明,电阻两端的电压与通过它的电流成正比,这就是欧姆定律。如图 1.12(a)所示,欧姆定律可用公式表示为

$$u = Ri \tag{1.7}$$

注意:通过电阻元件的电流和加在电阻元件两端的电压的实际方向总是一致的,因此,只有电压与电流为关联方向时式(1.7)才成立。电压与电流为非关联方向时,如图 1.12(b)所示,则欧姆定律可用公式表示为

$$u = -Ri \tag{1.8}$$

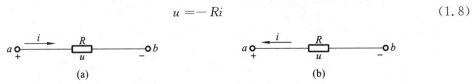

|　　　(a)　　　|　　　(b)　　　|

图 1.12　欧姆定律

除了上述表达式外,电阻元件的电压、电流关系还可以用图形表示。在直角坐标系中,如果以电压为横坐标,电流为纵坐标,可画出电阻的 U-I 关系曲线,这条曲线被称为电阻元件的伏安特性曲线,如图 1.13 所示。

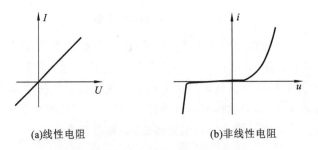

(a)线性电阻　　　　　　　　　(b)非线性电阻

图 1.13　电阻元件的伏安特性曲线

电阻元件的伏安特性曲线是直线时(见图 1.13(a)),此电阻元件称为线性电阻,即此电阻元件的电阻值可以认为是不变的常数,直线的斜率的倒数表示该电阻元件的阻值。如果伏安特性曲线不是直线,则此电阻元件称为非线性电阻(如半导体二极管),如图 1.13(b)所示。通常所说的电阻都是指线性电阻。

3. 电阻的串联与并联

电阻的串联是指将两个以上的电阻依次相连,使电流只有一条通路的连接方式,如图 1.14(a)所示。

电阻的并联是指将两个以上的电阻并列地连接在两点之间,使每个电阻两端都承受同一电压的连接方式,如图 1.14(b)所示。

(1) 电阻的串联。

电流:流过各电阻的电流相同,即

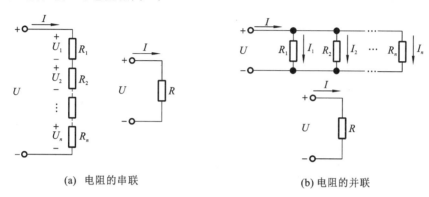

(a) 电阻的串联　　　　　　　　(b) 电阻的并联

图 1.14　电阻的串联与并联

$$I_1 = I_2 = I_3 = \cdots = I_n = I \tag{1.9}$$

电压:电路两端的总电压等于各个电阻两端电压之和,即

$$U = U_1 + U_2 + U_3 + \cdots + U_n \tag{1.10}$$

等效电阻:电路的等效电阻等于各串联电阻之和,即

$$R = R_1 + R_2 + R_3 + \cdots + R_n \tag{1.11}$$

功率:电路中消耗的总功率等于各个电阻消耗的功率之和,即

$$P = P_1 + P_2 + P_3 + \cdots + P_n = I^2(R_1 + R_2 + R_3 + \cdots + R_n) = I^2R \tag{1.12}$$

例 1.3　如图 1.15 所示的分压器中,已知输入电压 $U = 120$ V,d 是公共节点,$R_1 = R_2 = R_3 = 20$ kΩ,求输出电压 U_{cd} 和 U_{bd}。

解　电路中的总电阻和总电流为

$$R = R_1 + R_2 + R_3 = 60 \text{ kΩ}$$

$$I = \frac{U}{R} = \frac{120}{60 \times 10^3} \text{ A} = 2 \times 10^{-3} \text{ A}$$

$$U_{cd} = R_3 I = (20 \times 10^3 \times 2 \times 10^{-3}) \text{ V} = 40 \text{ V}$$

$$U_{bd} = (R_2 + R_3)I = (40 \times 10^3 \times 2 \times 10^{-3}) \text{ V} = 80 \text{ V}$$

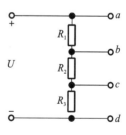

图 1.15　例 1.3 图

(2) 电阻的并联。

电流:电路中的总电流等于各电阻中的电流之和,即

$$I = I_1 + I_2 + I_3 + \cdots + I_n \tag{1.13}$$

电压:各个电阻两端的电压相同,即

$$U = U_1 = U_2 = U_3 = \cdots = U_n \tag{1.14}$$

等效电阻:电路等效电阻的倒数等于各个电阻的倒数之和,即

$$\frac{1}{R} = \frac{1}{R_1} + \frac{1}{R_2} + \cdots + \frac{1}{R_n} \tag{1.15}$$

为了书写方便,电路等效电阻与各并联电阻之间的关系常写成

$$R = R_1 \mathbin{/\mkern-5mu/} R_2 \mathbin{/\mkern-5mu/} \cdots \mathbin{/\mkern-5mu/} R_n$$

功率:电路中消耗的总功率等于各个电阻消耗的功率之和,即

$$P = UI = \frac{U^2}{R_1} + \frac{U^2}{R_2} + \cdots + \frac{U^2}{R_n} = \frac{U^2}{R} \tag{1.16}$$

并联电阻中,各电阻流过的电流与电阻值成反比,即

$$I_K = \frac{U}{R_K} \tag{1.17}$$

如图 1.16 所示,两个电阻的并联,有如下关系表达式

等效电阻
$$R = \frac{R_1 R_2}{R_1 + R_2} \tag{1.18}$$

支路电流
$$\begin{cases} I_1 = \dfrac{R_2}{R_1 + R_2} I \\[2mm] I_2 = \dfrac{R_1}{R_1 + R_2} I \end{cases} \tag{1.19}$$

式(1.19)为两个电阻并联的分流公式,较常使用。

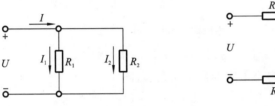

图 1.16　两个电阻的并联　　　　图 1.17　电阻的混联

(3) 电阻的混联。

电路中电阻元件既有串联,又有并联的连接方式,称为混联,如图 1.17 所示。

对于混联电路的计算,只要按串、并联的计算方法,一步步将电路化简,最后就可求出总的等效电阻。

例 1.4　求图 1.18(a)所示电路 ab 间的等效电阻 R,其中 $R_1 = R_2 = R_3 = 2\ \Omega$,$R_4 = R_5 = 4\ \Omega$。

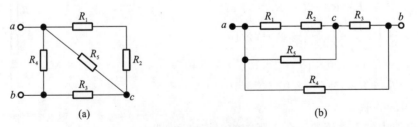

(a)　　　　　　　　　　　　(b)

图 1.18　例 1.4 图

解　将图 1.18(a)根据电流的流向进行整理。总电流分成三路,一路经 R_4 到 b 点,另两路分别经过 R_5、R_1 和 R_2 到达 c 点,电流汇合后经 R_3 到 b 点,故画出等效电路图 1.18(b)。由等效电路可求出 ab 间的等效电阻,即

$$R_{12} = R_1 + R_2 = (2 + 2)\ \Omega = 4\ \Omega$$

$$R_{125}=R_5 /\!/ R_{12}=\frac{R_{12}\times R_5}{R_{12}+R_5}=\frac{4\times 4}{4+4}\ \Omega=2\ \Omega$$

$$R_{1253}=R_{125}+R_3=(2+2)\ \Omega=4\ \Omega$$

$$R_{ab}=R_{1253} /\!/ R_4=\frac{4\times 4}{4+4}\ \Omega=2\ \Omega$$

4. 电阻的选用

在生产实际中,利用导体对电流产生阻碍作用的特性而专门制造的一些具有一定阻值的实体元件,称为电阻器,电阻器简称电阻。这样,电阻一词既表示元件,又表示一个物理量。

(1) 电阻器的作用和分类。

电阻器是一种耗能元件,在电路中用于控制电压、电流的大小,或与电容器和电感器组成具有特殊功能的电路等。

为了适应不同电路和不同工作条件的需要,电阻器的品种规格很多,可分为固定式和可变式两大类,图 1.19(a)、(b)分别示出了固定式电阻器和可变式电阻器的外形。固定式电阻器按其制造材料的不同,又可分为金属绕线式和膜式两类。

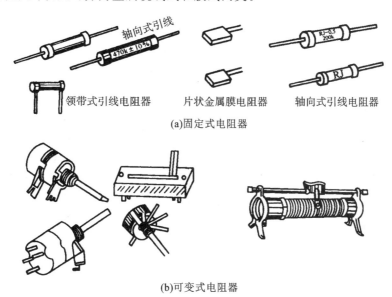

(a)固定式电阻器

(b)可变式电阻器

图 1.19　几种常用电阻器的外形

(2) 电阻器的主要参数。

电阻器的参数很多,在实际应用中,一般应当考虑标称阻值、允许误差和额定功率三项参数。

电阻器的标称阻值是指电阻器表面所标的阻值,它是按国家规定的阻值系列标注的,因此,选用电阻器时,必须按国家对电阻器的标称阻值范围进行选用。

电阻器的实际阻值并不完全与标称阻值相等,存在误差。实际阻值对于标称值的最大允许偏差范围称为电阻器的允许误差。通用电阻的允许误差等级为±5%、±10%、±20%。

电阻器的标称功率也称为额定功率,它是指在规定的气压、温度条件下,电阻器长期连续工作所允许消耗的最大功率。一般情况下,所选用电阻器的额定功率应大于实际消耗功率的两倍左右,以保证电阻器的可靠工作。

（3）电阻器的标注方法。

标称阻值、允许误差、额定功率等电阻器的参数一般都标注在电阻体的表面上。电阻器的标注方法常用文字符号法和色标法两种。

文字符号法是指将电阻器的主要参数用数字和文字符号直接在电阻体表面上标注出来的方法。

色标法是用颜色表示电阻器的各种参数，并直接标示在产品上的一种方法。它具有颜色醒目、标志清晰等特点，在国际上被广泛使用。

各种固定式电阻器色标如表 1.2 所示。

表 1.2　电阻值的色标符号

颜色	有效数字	乘数	允许误差/（%）	颜色	有效数字	乘数	允许误差/（%）
银色	—	10^{-2}	±10	黄色	4	10^4	—
金色	—	10^{-1}	±5	绿色	5	10^5	±0.5
黑色	0	10^0	—	蓝色	6	10^6	±0.2
棕色	1	10^1	±1	紫色	7	10^7	±0.1
红色	2	10^2	±2	灰色	8	10^8	—
橙色	3	10^3	—	白色	9	10^9	+50－20

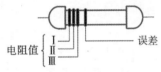

电阻值　I　　　　　　　误差
　　　　II
　　　　III

图 1.20　电阻色环

电阻器的色环通常有四道，其中前三道相距较近，作为电阻值标注；另一道距前三道较远，作为误差标注，如图 1.20 所示。

第一道、第二道各代表一个数值，第三道表示乘数。例如某色环电阻第一道为红色，第二道为蓝色，第三道为橙色，第四道为金色。查表 1.2 可知，此电阻器的阻值为 26 000 Ω，允许误差为 ±5％。

1.2.2　电感元件

电感元件是一种能够储存磁场能量的元件，是实际电感器的理想化模型。电感器是用绝缘导线在绝缘骨架上绕制而成的线圈，所以也称电感线圈。

线圈通以电流就会产生磁场，磁场的强弱可用磁通量 Φ 来表示，方向可用右手螺旋定则判别。如图 1.21(a) 所示。磁通量 Φ 与线圈匝数 N 的乘积称为磁链（$\psi = N\Phi$）。当磁通量 Φ 和磁链 ψ 的参考方向与电流 i 的参考方向之间满足右手螺旋定则时，有

$$\psi = Li \tag{1.20}$$

式中：L 为自感系数，又称电感量，简称电感。它反映了一个线圈在通以一定的电流 i 后所能产生磁链 Ψ 的能力，电感是表明线圈电工特性的一个物理量。

$$L = \frac{\psi}{i} \tag{1.21}$$

在国际单位制中，磁通量 Φ 和磁链 ψ 的单位是韦［伯］（Wb），电感 L 的单位是亨［利］（H）。当电感是常数时，称为线性电感，电感的图形符号如图 1.21(b) 所示。

当电感元件两端的电压 u_L 与通过电感元件的电流 i_L 在关联参考方向下，根据楞次定律有

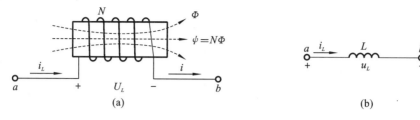

图 1.21　电感元件

$$u_L = \frac{\mathrm{d}\psi}{\mathrm{d}t}$$

把式(1.20)代入上式,有

$$u_L = L\frac{\mathrm{d}i_L}{\mathrm{d}t} \tag{1.22}$$

从式(1.22)可以看出,在任何时刻,线性电感元件的电压与该时刻电流的变化率成正比。当电流不随时间变化时(直流电流),即电感电压为零,这时电感元件相当于短接。

当电感元件两端电压与通过电感元件的电流在关联参考方向下,从 0 到 τ 的时间内电感元件所吸收的电能为

$$w_L = \int_0^\tau p\mathrm{d}t = \int_0^\tau ui\,\mathrm{d}t = L\int_0^\tau i\frac{\mathrm{d}i}{\mathrm{d}t}\mathrm{d}t = L\int_{i(0)}^{i(\tau)} i\,\mathrm{d}i = \frac{1}{2}Li^2(\tau) - \frac{1}{2}Li^2(0)$$

假定 $i(0)=0$ 则

$$w_L = \frac{1}{2}Li^2(\tau) \tag{1.23}$$

式(1.23)表明,电感元件是储能元件,储能与其电流的二次方成正比。当电流增大时,储能增加,电感元件吸收能量;当电流减小时,储能减少,电感元件释放能量。

常用电感器的外形及符号如图 1.22 所示。

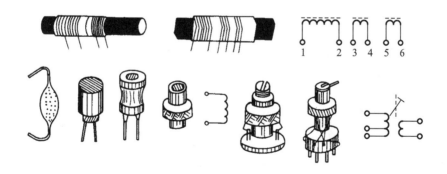

图 1.22　常用电感器的外形及符号

1.2.3　电容元件

电容元件是一种能够储存电场能量的元件,是实际电容器的理想化模型。

1. 电容

两块金属导体中间以绝缘材料相隔,并引出两个极,就形成了平行板电容器,如图 1.23(a)所示。图中的金属板称为极板,两极板之间的绝缘材料称为介质。图 1.23(b)为电容器的

一般表示符号。

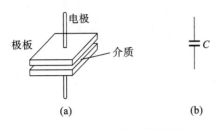

图 1.23　平行板电容器及符号

如果将电容器的两个极板分别接到直流电源的正、负极上,则两极板上分别聚集起等量异种电荷,与电源正极相连的极板带正电荷,与电源负极相连的极板带负电荷,这样极板之间便产生了电场。实践证明,对于同一个电容器,加在两极板上的电压越高,极板上储存的电荷就越多,且电容器任一极板上的带电荷量与两极板之间的电压的比值是一个常数,这一比值就称为电容量,简称电容,用 C 表示。其表达式为

$$C = \frac{q}{U} \tag{1.24}$$

在国际单位制中,电荷量的单位是库[仑](C),电压的单位是伏[特](V),电容的单位是法[拉](F)。在实际使用中,一般电容器的电容量都较小,故常用较小的单位,微法(μF)和皮法(pF)。

当电容两端的电压 u_C 与流入正极板的电流 i_C 在关联参考方向下(见图 1.24),有

$$i_C = \frac{\mathrm{d}q}{\mathrm{d}t} \tag{1.25}$$

把式(1.24)代入式(1.25),得

$$i_C = C\frac{\mathrm{d}u}{\mathrm{d}t} \tag{1.26}$$

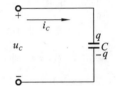

图 1.24　电容元件

从式(1.26)可以看出,电流与电容两端电压的变化率成正比。当电压为直流时,电流为零,电容相当于开路。

电容元件两端电压与通过的电流在关联参考方向下,从 0 到 τ 的时间内,电容元件所吸收的电能为

$$w_C = \int_0^\tau p\,\mathrm{d}t = \int_0^\tau ui\,\mathrm{d}t = C\int_0^\tau u\frac{\mathrm{d}u}{\mathrm{d}t}\mathrm{d}t = C\int_{u(0)}^{u(\tau)} u\,\mathrm{d}u = \frac{1}{2}Cu^2(\tau) - \frac{1}{2}Cu^2(0)$$

假定 $u(0)=0$,则

$$w_C = \frac{1}{2}Cu^2(\tau) \tag{1.27}$$

式(1.27)表明,电容元件是储能元件,储能与电压的二次方成正比。当电压增高时,储能增加,电容元件吸收能量;当电压降低时,储能减少,电容元件释放能量。

2. 电容的串联与并联

电容器的串联是指将几只电容器的极板首尾依次相接,连成一个无分支电路的连接方式,如图 1.25(a)所示。

电容器的并联是指将几只电容器的正极连在一起,负极也连在一起的连接方式,如图 1.25(b)所示。

在电路分析时,电容器的串、并联也可等效成类似于电阻器串、并联一样的电路,如图 1.25(c)所示。

（1）电容的串联。

在电容串联时，由于静电感应，每个电容器带的电荷量都相等。总电压等于各个电容器上的电压之和，即

$$U = U_1 + U_2 + \cdots + U_n \tag{1.28}$$

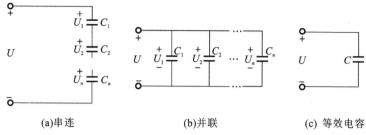

(a)串连　　　(b)并联　　　(c) 等效电容

图 1.25　电容的串联与并联

等效电容 C 的倒数之和等于各个电容器的倒数之和，即

$$\frac{1}{C} = \frac{1}{C_1} + \frac{1}{C_2} + \cdots + \frac{1}{C_n} \tag{1.29}$$

（2）电容的并联。

电容器并联时，每个电容器两端的电压相等。各电容器储存的总电荷量 q 等于各个电容器所带电荷量之和，即

$$q = q_1 + q_2 + \cdots + q_n \tag{1.30}$$

等效电容 C 等于各个电容器的电容之和，即

$$C = C_1 + C_2 + \cdots + C_n \tag{1.31}$$

例 1.5　如图 1.26 所示，已知：$C_1 = 20\ \mu\text{F}$，$C_2 = C_3 = 10\ \mu\text{F}$，三个电容器的耐压值是 $U_n = 50\ \text{V}$。试求：(1)等效电容；(2)混联电容器组合端电压不能超过多少伏？

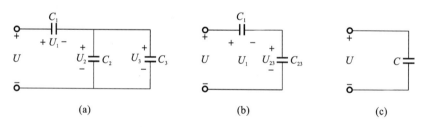

(a)　　　　　(b)　　　　　(c)

图 1.26　例 1.5 图

解　（1）先求 C_2、C_3 的等效电容。

$$C_{23} = C_2 + C_3 = (10 + 10)\ \mu\text{F} = 20\ \mu\text{F}$$

再将 C_1 与 C_{23} 串联(见图 1.25(b))，有

$$C = \frac{C_1 C_{23}}{C_1 + C_{23}} = \frac{20 \times 20}{20 + 20}\ \mu\text{F} = 10\ \mu\text{F}$$

（2）因为 C_1 和 C_{23} 串联，而且 $C_1 = C_{23}$，所以 C_1 和 C_{23} 承受的电压相同，而 C_1 和 C_{23} 的耐压值都是 50 V，因此，该混联组合，电压不能超过

$$U = U_1 + U_{23} = (50 + 50)\ \text{V} = 100\ \text{V}$$

3. 常用电容器及其选用

电容器的种类很多，按电容量的固定与否，可以分为固定式电容器、可变式电容器和半可

变式电容器三类；按介质的不同，分为空气电容器、纸质电容器、云母电容器、陶瓷电容器、电解电容器等。图 1.27 是各种固定式电容器的外形图，图 1.28 是电解电容器和可变式电容器的外形图。

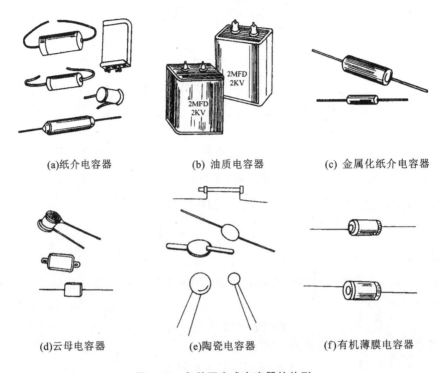

(a)纸介电容器　　　　　　　(b) 油质电容器　　　　　　(c) 金属化纸介电容器

(d)云母电容器　　　　　　(e)陶瓷电容器　　　　　　(f)有机薄膜电容器

图 1.27　各种固定式电容器的外形

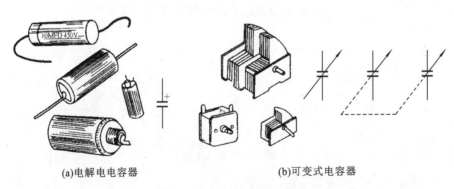

(a)电解电电容器　　　　　　　　　　(b)可变式电容器

图 1.28　电解电容器和可变式电容器外形及符号

电容器的主要性能指标有电容值、允许误差和额定工作电压，这些数值一般都直接标在电容器的外壳上，它们统称为电容器的标称值。

选择电容器应遵循以下几点原则。

（1）应满足电性能要求，即电容量、允许误差及额定工作电压符合电路要求。

（2）应考虑电路的特殊要求及使用环境。用于改善功率因数时，就选用高电压、大容量的电容器；用于电源滤波时，就选用大容量的电解电容器。

（3）应考虑电容器的装配形式和成本等。

1.2.4　电压源、电流源及其等效变换

电路中要有电流通过,就必须要在它的两端保持电压;要产生和保持电压就必须有能够提供电能的电源。电源是将其他形式的能量转换成电能的装置,它可用两种不同的电路模型表示。用电压形式表示的称为电压源,用电流形式表示的称为电流源。

1. 电压源

理想电压源的特点是能够提供确定的电压,即理想电压源的电压不随电路中电流的改变而改变,所以理想电压源也称恒压源。电池和发电机都可以近似看作恒压源。图 1.29(a)表示的是电压源的符号,图 1.29(b)是直流电压源伏安特性。

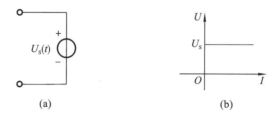

图 1.29　电压源及其伏安特性

从图 1.30(a)可看出电压源两端电压不随外电路的改变而改变。直流电压源也可用图 1.30(b)的符号表示。

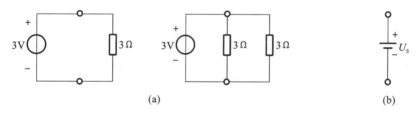

图 1.30　电压源的特点及直流电压源符号

当电流流过电压源时,如果从低电位流向高电位,则电压源向外提供电能;当电流流过电压源时,如果从高电位流向低电位,则电压源吸收电能,比如电池充电的情况。

2. 电流源

电流源的特点是能够提供确定的电流,即理想电流源的电流不随电路中电压的改变而改变,所以理想电流源也称恒流源。图 1.31(a)是电流源的模型符号,它既可以表示直流恒流源也可以表示交流恒流源,其中箭头指示电流的方向。图 1.31(b)表示了直流电流源的伏安特性。

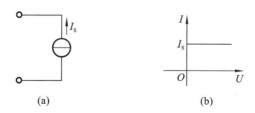

图 1.31　电流源及其伏安特性

同电压源一样,电流源不仅能够为电路提供能量,也有可能从电路中吸收能量。

3. 实际电源两种模型的等效变换

实际电源可用两种电路模型来表示,一种为电压源和一电阻(内阻 R_0)的串联模型,电压源是实际电源内阻为零的理想状态;另一种为电流源和一电阻(内阻 R_0)的并联模型,电流源是实际电源内阻为无穷大时的理想状态,如图 1.32 所示。

实际电源的这两种模型,在电路分析计算中,是能够等效互换的。所谓等效即变换前后对负载而言,端口处的伏安关系不变;也就是对电源的外电路而言,它的端电压 U 和提供的电流 I 无论大小、方向及它们之间的关系都保持不变。

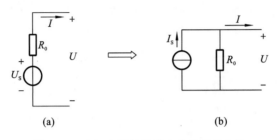

(a)　　　　　　　　　　　　(b)

图 1.32　实际电源的两种电路模型及变换

由图 1.32(a)可得

$$I = \frac{U_s}{R_0} - \frac{U}{R_0}$$

由图 1.32(b)可得

$$I = I_s - \frac{U}{R_0}$$

相比较可见,要保持 U、I 关系不变,两式的对应项应相等,即

$$I_s = \frac{U_s}{R_0} \tag{1.32}$$

电阻 R_0 数值不变,只是换了位置。总结其变换条件如下。

(1) 由实际电压源变换为等效实际电流源:$I_s = U_s / R_0$(方向与 U_s 相反),R_0 与电流源并联。

(2) 由实际电流源变换为等效实际电压源:$U_s = I_s R_0$(方向与 I_s 相反),R_0 与电压源串联。

应当指出,实际电源的等效变换理论可以推广到一般电路,即 R 不一定特指电源内电阻,只要是电压源和一个电阻的串联组合,就可以等效为电流源和同一电阻的并联组合。

例 1.6　如图 1.33(a)所示电路,已知 $U = 2$ V,求电阻 R。

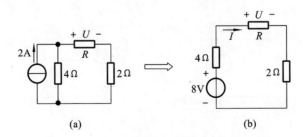

(a)　　　　　　　　　　　　(b)

图 1.33　例 1.6 图

解　将图 1.33(a)中的电流源与电阻 4 Ω 的并联组合等效变换成电压源与电阻的串联组

合,如图 1.33(b)所示。

其中　　　　　　　　　　　　$U_s = I_s R_0 = (2 \times 4) \text{ V} = 8 \text{ V}$(方向向下)

由欧姆定律可得

$$I = \frac{U}{R} = \frac{8}{4 + R + 2}$$

将 $U = 2 \text{ V}$ 代入,就可求出 $R = 2 \text{ Ω}$。

4. 受控源

前面所说的电源,无论是电压源和电流源都能够独立地对电路进行供电,称为独立源。除了独立源外,还有一种电源称为受控源。和独立源相比,受控源不能独立地提供能量或电信号,受控源是一种理想电路元件,主要用来描绘和构成电子器件的电路模型,从而便于分析电子电路。

由于受控源不能独立地提供能量或电信号,而只是用来反映电路中某一电压或电流对另一支路电压或电流的控制关系,所以受控源是一种非独立源。如果电路中不存在独立源,就不能为控制支路提供电压或电流,这时受控源的电压或电流就为零,那么受控源的作用也就不存在。

受控源由两支路组成,一条支路是控制支路,为开路或短路状态;另一条是受控支路,为一个电压源或电流源,但其电压值或电流值受第一条支路的电压或电流控制,受控源是一个二端元件。

为了区别于独立源,受控源用菱形符号表示,参考方向的表示与独立源相同,u_1、i_1 表示受控电压、电流,μ、r、g、α 表示有关的控制参数,四种受控源的电路符号如图 1.34 所示,根据控制量与受控量的不同,受控源分为以下四种类型:

(1) 电压控制的电压源,简称 VCVS,如图 1.34(a)所示;

(2) 电流控制的电压源,简称 CCVS,如图 1.34(b)所示;

(3) 电压控制的电流源,简称 VCCS,如图 1.34(c)所示;

(4) 电流控制的电流源,简称 CCCS,如图 1.34(d)所示。

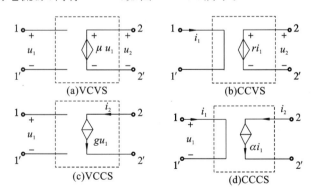

图 1.34　受控源

上述四种受控源的特性如下:

VCVS,$u_2 = \mu u_1$,其中 μ 为电压放大系数,无量纲;

CCVS,$u_2 = r i_1$,其中 r 为转移电阻,具有电阻的量纲;

VCCS,$i_2 = g u_1$,其中 g 为转移电导,具有电导的量纲;

CCCS,$i_2 = \alpha u_1$,其中 α 为电流放大倍数,无量纲;

当控制系数 μ、r、g、α 为常数时,受控量与控制量之间成正比关系,这样的受控源称为线性受控源,简称受控源,我们只讨论这种线性受控源。

1.3　基尔霍夫定律

基尔霍夫定律是电路中的基本定律,不仅适用于直流电路也适用于交流电路,它包括基尔霍夫电流定律(Kirchhoff's current law,简称 KCL)和基尔霍夫电压定律(Kirchhoff's voltage law,简称 KVL)。基尔霍夫电流定律是针对节点的,基尔霍夫电压定律是针对回路的。

基尔霍夫定律

1.3.1　术语

在具体讲述基尔霍夫定律之前,我们以图 1.35 为例,介绍电路中的几个基本概念。

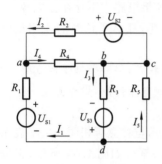

图 1.35　举例电路

(1)支路:电路中至少有一个电路元件且通过同一电流的路径称为支路,图中共有 5 条支路,分别是 ab、bd、cd、ac、ad。bc 之间没有元件,不是支路。

(2)节点:电路中三条或三条以上支路的连接点称为节点。图中共有 3 个节点,分别是节点 a、节点 b 和节点 d。因为 bc 不是一条支路,所以 b、c 实际上是一个节点。

(3)回路:电路中的任一闭合路径称为回路。图中共有 7 条回路,分别是 $abda$、$bcdb$、$abca$、$abcda$、$acbda$、$acdba$、$acda$。

(4)网孔:电路中无其他支路穿过的回路称为网孔。图中共有 3 个网孔,分别是 $abda$、$bcdb$、$abca$。

1.3.2　基尔霍夫电流定律

基尔霍夫电流定律(KCL)指出:对于电路中的任一节点,任一瞬时流入(或流出)该节点电流的代数和为零。我们可以选择电流流入时为正,流出时为负;或流出时为正,流入时为负。电流的这一性质也称为电流连续性原理,是电荷守恒的体现。

KCL 用公式表示为

$$\sum i = 0 \tag{1.33}$$

式(1.33)称为节点的电流方程。由此也可将 KCL 理解为流入某节点的电流之和等于流出该节点的电流之和。

下面以图 1.36 电路中的节点 a、b 为例,假设电流流入时为正,流出时为负,列出节点的电流方程。

对于节点 a 有

$$I_1 + I_2 - I_4 = 0 \quad 或 \quad I_1 + I_2 = I_4$$

对于节点 b 有

$$I_4 + I_5 - I_2 - I_3 = 0 \quad 或 \quad I_4 + I_5 = I_2 + I_3$$

KCL 不仅适用于电路中的任一节点,也可推广到包围部分电路的任一闭合面(因为可将任一闭合面缩为一个

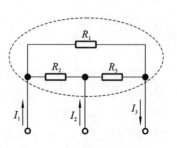

图 1.36　电路中的闭合面

节点)。可以证明流入或流出任一闭合面电流的代数和为 0。图 1.36 中,当考虑虚线所围的闭合面时,应有

$$I_1 + I_2 - I_3 = 0$$

1.3.3　基尔霍夫电压定律

基尔霍夫电压定律(KVL)指出:对于电路中的任一回路,任一瞬时沿该回路绕行一周,则组成该回路元件的各段电压的代数和恒等于零。可任意选择顺时针或逆时针的回路绕行方向,各段电压的正、负与绕行方向有关。一般规定当元件电压的方向与所选的回路绕行方向一致时为正,反之为负。

KVL 用公式表示为

$$\sum u = 0 \tag{1.34}$$

式(1.34)称为回路的电压方程。

下面以图 1.37 所示电路为例,列出相应回路的电压方程。注意:当选择了某一个回路时,应在回路内画一个环绕箭头,表示选择的回路的绕行方向。图 1.37 中,在两个网孔中分别选择了顺时针和逆时针的绕行方向。

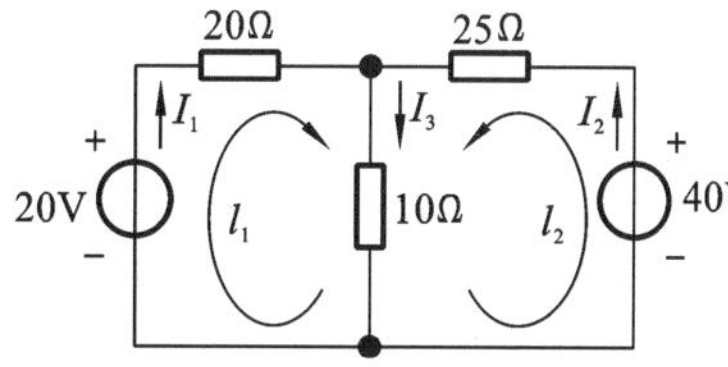

图 1.37　举例电路

对于回路 l_1,电压数值方程为

$$20I_1 + 10I_3 - 20 = 0$$

对于回路 l_2,电压数值方程为

$$25I_2 + 10I_3 - 40 = 0$$

上式也可写成

$$25I_2 + 10I_3 = 40$$

其意义为,在直流电路里,KVL 可以表述为回路中电阻的电压之和(代数和)等于回路中的电源电压之和,写成公式即

$$\sum(IR) = \sum U_s$$

注意:应用 KVL 时,首先要标出电路各部分的电流、电压的参考方向。列电压方程时,一般约定电阻的电流方向和电压方向一致。

KVL 不仅适用于闭合电路,也可推广到开口电路。图 1.38 中,a、b 点的左侧电路部分和右侧电路部分都可看作开口电路。

在所选择的回路绕行方向下,左侧开口电路 l_1 的电压数值方程为

$$U = -4I + 10$$

右侧开口电路 l_2 的电压数值方程为

$$U = 2I + 4$$

例 1.7　求图 1.39 电路中的 I_1 和 I_2。

解　选回路 l_1 的绕行方向如图 1.39 所示,列节点 a 的电流方程为

$$I_1 + 2 - I_2 = 0$$

列回路 l_1 的电压方程为

$$-20 + 8I_1 + 2I_2 = 0$$

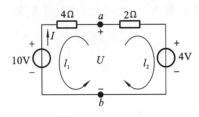

图 1.38 举例电路

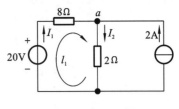

图 1.39 例 1.7 图

联立上面两个方程求解得

$$I_1 = 1.6 \text{ A}, \quad I_2 = 3.6 \text{ A}$$

1.4 复杂电路的分析与计算

1.4.1 支路电流法

支路电流法是以各条支路电流为未知量,应用基尔霍夫定律列出方程联立求解的分析方法。支路电流法的解题步骤如下:

①确定电路节点个数 n 和支路个数 m,并假定各支路电流的参考方向;

②应用 KCL 列出 $n-1$ 个独立的节点电流方程;

③选定回路的绕行方向,应用 KVL 列出 $m-(n-1)$ 个独立的回路电压方程式;

④代入数据,求解 m 个独立的联立方程,确定各支路的电流。

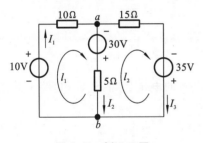

图 1.40 例 1.8 图

例 1.8 如图 1.40 所示电路,用支路电流法计算各支路电流。

解 (1)假定每一条支路电流的参考方向,并用箭头标在电路图上,如图中的 I_1、I_2、I_3。电路中有三条支路(即 $m=3$),两个节点(即 $n=2$)。

(2)电路中有两个节点,独立的节点电流方程个数为 $n-1=2-1=1$ 个,任选一个节点,列出电流方程

$$I_1 - I_2 - I_3 = 0$$

(3)前面已按 KCL 列出了一个独立方程,因此只需选 $m-1=3-1=2$ 个回路,应用 KVL 列出两个独立的方程式求解。这里选择回路 l_1 和回路 l_2,绕行方向如图 1.38 所示,可列出以下两个方程

$$10I_1 - 30 + 5I_2 - 10 = 0$$
$$15I_3 - 35 - 5I_2 + 30 = 0$$

(4)求解上述三个联立方程式,得

$$I_1 = 3 \text{ A}, \quad I_2 = 2 \text{ A}, \quad I_3 = 1 \text{ A}$$

计算结果中 I_1、I_2、I_3 均为正值,说明它们的实际电流方向与参考方向相同。

需要强调的是:对于例 1.8,不能直接应用三个回路电压方程式来求解三个未知电流。因为在三个回路方程式中,只有两个是独立的,另一个可以从其他两个方程式中导出。应用 KVL 列回路方程式时,为保证方程式的独立性,要求每列一个回路方程式都要包含一条新支

路的电流或电压。

例 1.9 如图 1.41 所示电路,用支路电流法计算各支路电流。

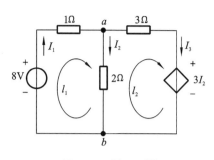

解 (1) 把受控电压源当作独立电压源处理就可以了。以 a 点列 KCL 方程

$$I_1 - I_2 - I_3 = 0$$

(2) 对左右两个网孔列 KVL 方程

$$I_1 + 2I_2 - 8 = 0$$
$$3I_3 + 3I_2 - 2I_2 = 0$$

图 1.41 例 1.9 图

(3) 联立求解上述三个方程式,得

$$I_1 = 2 \text{ A}, \quad I_2 = 3 \text{ A}, \quad I_3 = -1 \text{ A}$$

支路电流法的优点是比较直接,所求即所得,但它也有缺点,即当电路支路数目较多时,需要的方程数也会相应增加,计算较麻烦。

1.4.2 叠加定理

叠加定理是线性电路的一种重要的分析方法。其内容是:在由多个电源和线性电阻组成的线性电路中,任一支路中的电流(或电压)等于各个电源单独作用时,在此支路中所产生的电流(或电压)的代数和。

当某独立电源单独作用于电路时,应该除去其他独立电源,称为"除源"。对电压源来说,令其电源电压 $U_\text{S} = 0$,相当于短路;对电流源来说,令其电源电流 $I_\text{S} = 0$,相当于开路。

应当注意:叠加定理只能用来求电路中的电流或电压,而不能用来计算功率。

例 1.10 如图 1.42 所示电路,已知 $U_\text{S} = 12 \text{ V}, I_\text{S} = 3\text{A}, R_1 = 3 \ \Omega, R_2 = 6 \ \Omega$,应用叠加定理求各支路的电流。

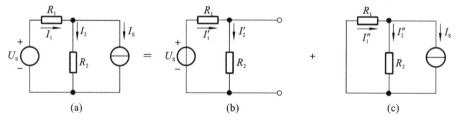

图 1.42 例 1.10 图

解 (1) 分别作出一个电源单独作用时的分图,另一电源作"除源"处理(对理想电压源,用短路替代;对理想电流源,用开路替代),如图 1.42(b)、(c)所示。

(2) 按电阻串、并联的计算方法,分别求出每个电源单独作用下的支路电流,对于图 1.42 (b),各支路电流为

$$I_1' = I_2' = \frac{U_\text{S}}{R_1 + R_2} = \frac{12}{3+6} \text{ A} = \frac{4}{3} \text{ A} \approx 1.33 \text{ A}$$

对于图 1.42(c)各支路电流为

$$I_1'' = \frac{R_2}{R_1 + R_2} I_\text{S} = \left(\frac{6}{3+6} \times 3 \right) \text{ A} = 2 \text{ A}$$

$$I_2'' = I_1'' - I_\text{S} = (2-3) \text{ A} = -1 \text{ A}$$

（3）求出各电源在各支路中产生的电流（或电压）的代数和，这些电流（或电压）就是各电源共同作用时，在各支路中产生的电流（或电压）。在求和时，要注意各电流（或电压）的正、负值。

$$I_1 = I_1' + I_1'' = \left(\frac{4}{3} + 2\right) \text{A} = \frac{10}{3} \text{A} \approx 3.33 \text{ A}$$

$$I_2 = I_2' + I_2'' = \left[\frac{4}{3} + (-1)\right] \text{A} = \frac{1}{3} \text{A} \approx 0.33 \text{ A}$$

1.4.3 戴维南定理

对于一个复杂的电路，有时并不需要了解所有支路的情况，而只要求出其中某一支路的电流或电压，这时应用戴维南定理非常方便。

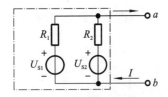

图 1.43 有源二端网络

首先介绍一下二端网络的概念。电路又称为电网络或网络，任何具有两个出线端的部分电路都称为二端网络。含有电源的二端网络称为有源二端网络；不含电源的二端网络称为无源二端网络。图 1.43 所示电路为有源二端网络。

戴维南定理叙述为：任何一个线性有源二端网络都可以用一个理想电压源与一个电阻串联的二端网络来代替，该电压源的电压等于二端网络的开路电压 U_{oc}，串联电阻 R_0 等于将有源二端网络看作无源网络（理想电压源短路，理想电流源开路）后，从两端看进去的电阻，如图 1.44 所示（三个部分）。

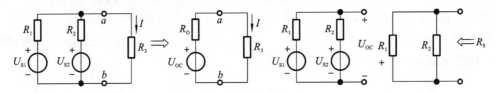

图 1.44 戴维南定理

例 1.11 用戴维南定理求图 1.45 所示电路的电流 I。

解 （1）求开路电压 U_{oc}，如图 1.46(a)所示。

$$U_{oc} = (5 \times 3 + 12) \text{ V} = 27 \text{ V}$$

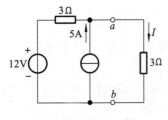

图 1.45 例 1.11 图

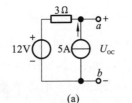

(a)

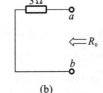

(b)

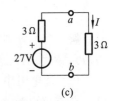

(c)

图 1.46 例 1.10 解答图

（2）求入端电阻 R_0（电压源短路，电流源开路，从 ab 两端看进去的电阻），如图 1.46(b)所示。

$$R_0 = 3 \ \Omega$$

（3）求电流 I，如图 1.46(c)所示。

$$I = \frac{27}{3+3} \text{ A} = 4.5 \text{ A}$$

1.5　一阶电路的过渡过程

1.5.1　过渡过程和换路定律

1. 过渡过程

在现实中,各种事物的运动过程通常是在稳定状态和过渡过程中进行的。例如,我们驾驶一辆汽车,当汽车还没启动时其速度为零,是一种稳定的状态;当汽车启动后,速度从零开始加速,达到所需的速度(比如 80 km/h),然后稳定运行,则是另一种稳定状态。而汽车从静止加速到所需的速度稳定运行,必须经过一定的时间,在这段时间内汽车的运行过程称为过渡过程。这样的现象在电路中也存在。

我们来观察一个实验,实验电路如图 1.47所示。

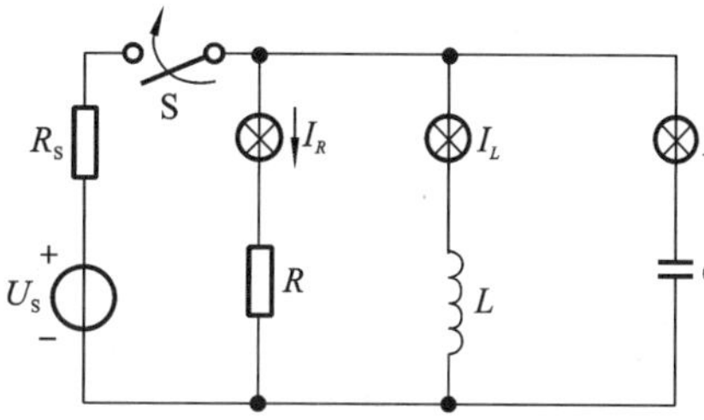

开关 S 未合上时,三只灯泡全不亮,即 $I_R = I_L = I_C = 0$,为稳定状态。

当开关 S 合上的瞬间,电阻 R 支路和电容 C 支路上的灯亮,电感 L 支路上的灯不亮,即 $I_L = 0$。

当开关 S 合上很久以后,电阻 R 支路上灯

图 1.47　过渡过程实验电路

的亮度不变,电感 L 支路上的灯最亮,电容 C 支路上的灯不亮,即 $I_C = 0$。这是另一种稳态。

实验表明,开关 S 合上后,I_R 未变,I_L 由小变大,I_C 由大变小,最后达到稳定。这种电路从一种稳定状态变化到另一种稳定状态的中间过程称为电路的过渡过程。

由实验可知,只含有电阻的支路从一种稳定状态到新的稳定状态可以突变并不需要过渡过程。而含有电容、电感的支路在从一种稳定状态到新的稳定状态需要一个过渡过程。在过渡过程中,电路的电压、电流是处在变化之中的,但变化的时间短暂。因此,通常把处于过渡过程中的电路工作状态称为瞬态或动态,把电感和电容称为动态元件,而把含有动态元件的电路称为动态电路。

2. 换路定律

电路的过渡过程是在电路发生变化时才出现的,我们把电路的改变(如接通、断开、短路等),电信号的突然变动,电路参数突然变化等统称为电路的换接,简称为换路。

电容两端的电压不能发生突变。这一点可以通过电容上的电压、电流关系 $i_C = C \dfrac{\mathrm{d}u_C}{\mathrm{d}t}$ 来理解,如果电压 u_C 突变,则 i_C 趋于无穷大,这对实际电路是不可能的。

对于电感元件,根据 $u_L = L \dfrac{\mathrm{d}i_L}{\mathrm{d}t}$ 也能知道 i_L 不能发生突变,否则 u_L 将趋近于无穷大。

通过上述分析可知,电容的电压 u_C 和电感的电流 i_L 不可能发生突变,即 u_C 和 i_L 在换路后的一瞬间仍然维持前一瞬间的值,不仅大小不变,而且方向也不变,然后才开始逐渐变化,这就是换路定律。

一般把换路发生的时间作为计算时间的起点,记为 $t = 0$,则换路前一瞬间记为 $t = 0_-$,换

路后一瞬间记为 $t=0_+$。换路是在瞬间完成的,于是可写出换路定律的数学表达式

$$u_C(0_-) = u_C(0_+) \tag{1.35}$$

$$i_L(0_-) = i_L(0_+) \tag{1.36}$$

式中:$u_C(0_-)$ 和 $i_L(0_-)$ 是换路前的稳态值;而 $u_C(0_+)$ 和 $i_L(0_+)$ 则是换路后瞬态过程开始的初始值,两者相等,它是换路后进行计算的初始条件。

应当注意,换路定律说明了 u_C 和 i_L 不可能发生突变,是因为它们与储能元件的储能直接有关;而与储能无关的量,如 u_L 和 i_C 则可以突变,即换路前后,u_L 和 i_C 都有可能发生突变。

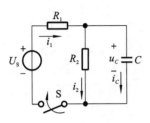

图 1.48　例 1.12 图

例 1.12　如图 1.48 所示电路,已知 $U_s=12$ V,$R_1=4$ kΩ,$R_2=8$ kΩ,$C=1\mu$F。求当开关 S 闭合后 $t=0_+$ 时,各支路电流及电容电压的初始值。

解　已知在开关 S 闭合前,$u_C(0_-)=0$(换路前电容上无电压)。根据换路定律

$$u_C(0_+) = u_C(0_-) = 0$$

由于 R_2 与 C 并联,故有

$$i_2(0_+) = \frac{u_C(0_+)}{R_2} = 0$$

为求 $i_1(0_+)$,可根据 KVL 列出回路电压方程,即

$$i_1(0_+)R_1 + i_2(0_+)R_2 - U_s = 0$$

$$i_1(0_+) = \frac{U_s - i_2(0_+)R_2}{R_1} = \frac{12-0}{4\times10^3} = 3\times10^{-3} \text{ A} = 3 \text{ mA}$$

利用 KCL 有

$$i_C(0_+) = i_1(0_+) - i_2(0_+) = 3 - 0 = 3 \text{ mA}$$

例 1.13　如图 1.49(a)所示,$U_s=9$ V,$R_1=3$ Ω,$R_2=6$ Ω。$t=0$ 时,开关由位置 1 扳向位置 2,在 $t<0$ 时,电路处于稳定,求初始值 $i_1(0_+)$、$i_2(0_+)$ 和 $u_L(0_+)$。

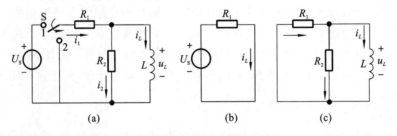

(a)　　　　　　　　(b)　　　　　　　　(c)

图 1.49　例 1.13 图

解　在换路前,即 $t=0_-$ 时,电感相当于短路,如图 1.49(b)所示,即

$$i_L(0_-) = \frac{U_s}{R_1} = \frac{9}{3} \text{ A} = 3 \text{ A}$$

换路之后的电路图如图 1.49(c)所示,根据换路定律有

$$i_L(0_+) = i_L(0_-) = 3 \text{ A}$$

$$i_1(0_+) = \frac{R_2}{R_1+R_2} i_L(0_+) = \left(\frac{6}{3+6} \times 3\right) \text{ A} = 2 \text{ A}$$

$$i_2(0_+) = i_1(0_+) - i_L(0_+) = (2-3) \text{ A} = -1 \text{ A}$$

$$u_L(0_+) = i_2(0_+)R_2 = [6\times(-1)] \text{ V} = -6 \text{ V}$$

1.5.2 RC 串联电路的过渡过程

1. RC 串联电路的零输入响应

如图 1.50 所示电路,开关 S 原合于位置 1,RC 电路与直流电源连接,电源通过电阻器 R 对电容器充电到 U_0,此时电路已处在稳态。在 $t=0$ 时,开关 S 由位置 1 扳向位置 2,这时 RC 电路脱离电源,电容器便通过电阻器 R 放电,电容器上电压逐渐减小,放电电流随之逐渐下降,我们把这种外施电源为零时,仅由电容元件初始储存的能量在电路中产生的电压 u_C 和电流 i 称为电路的零输入响应。

按图 1.50 所示的电压电流参考方向,根据 KVL 有

$$u_C - u_R = 0$$

式中:$u_R = iR$,以 $i = -C \dfrac{\mathrm{d}u_C}{\mathrm{d}t}$($u_C$ 与 i 的参考方向相反)

代入上式得

$$RC \frac{\mathrm{d}u_C}{\mathrm{d}t} + u_C = 0$$

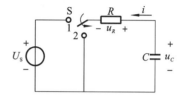

图 1.50 RC 电路的零输入响应

这是一阶常系数齐次微分方程,此方程的通解为 $u_C = A\mathrm{e}^{pt}$,代入上式得

$$RCpA\mathrm{e}^{pt} + A\mathrm{e}^{pt} = 0$$

于是有

$$p = -\frac{1}{RC}$$

则

$$u_C = A\mathrm{e}^{-\frac{t}{RC}} \tag{1.37}$$

式中,常数 A 由初始条件确定,在 $t=0$ 时,开关 S 合于位置 2,有

$$u_C(0_+) = u_C(0_-) = U_0$$

代入式(2.3)有

$$U_0 = A\mathrm{e}^{-\frac{0}{RC}}$$

所以

$$A = U_0$$

得

$$u_C = U_0 \mathrm{e}^{-\frac{t}{RC}} \tag{1.38}$$

而电流的变化规律为

$$i = -C \frac{\mathrm{d}u_C}{\mathrm{d}t} = \frac{U_0}{R} \mathrm{e}^{-\frac{t}{RC}} \tag{1.39}$$

电阻上的电压变化规律为

$$u_R = u_C = U_0 \mathrm{e}^{-\frac{t}{RC}} \tag{1.40}$$

式中,RC 称为时间常数,用 τ 来表示。τ 是反应一阶电路过渡过程特性的一个量,由电路参数 R、C 的大小确定,单位为 s。表 1.3 列出了电容放电时,电容电压 u_C 随时间的变化情况。

表 1.3 u_C 随时间变化情况表

t	0	τ	2τ	3τ	4τ	5τ
$\mathrm{e}^{\frac{t}{\tau}}$	1	0.368	0.135	0.050	0.018	0.007
u_C	U_0	$0.368U_0$	$0.135U_0$	$0.050U_0$	$0.018U_0$	$0.007U_0$

可以看出经过$(3\sim5)\tau$ 时间后,指数项衰减到 5% 以下,可以认为过渡过程已经基本结束。

引用时间常数的概念,主要是为了反映电路中过渡过程进程的快慢,时间常数 τ 越大,u_C 衰减越慢,过渡过程的时间也就越长。因此,τ 是表示过渡过程中电压电流变化快慢的一个物理量,它与换路情况及外加电源无关,而仅与电路元件参数 R、C 有关。电容 C 越大,电容储能就越多;电阻 R 越大,放电电流就越小,这都促使放电过程变慢。所以,改变电路中 R 和 C 的

数值，就可以改变电路的时间常数，以控制电路过渡过程的快慢。

u_C 和 i 随时间的变化曲线如图 1.51 所示。

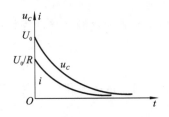

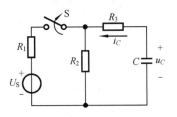

图 1.51　u_C 和 i 随时间的变化曲线　　　　图 1.52　例 1.14 图

例 1.14　图 1.52 中，开关 S 打开前电路已达稳定，已知 $U_S=12$ V，$R_1=1$ kΩ，$R_2=3$ kΩ，$R_3=2$ kΩ，$C=4$ μF，求打开后的 u_C 和 i_C。

解　开关 S 打开前电路已达稳定，电容器可视为开路，故可求得

$$u_C(0_-) = U_S \cdot \frac{R_2}{R_1+R_2} = \left(12 \times \frac{3}{1+3}\right) \text{V} = 9 \text{ V}$$

由换路定律得
$$u_C(0_+) = u_C(0_-) = 9 \text{ V}$$

在 $t=0_+$ 换路后，RC 电路脱离电源，电容器的初始储能将通过电阻放电，电容电压逐渐下降。求电路的时间常数

$$\tau=RC=(R_2+R_3)C=[(3+2)\times10^3\times4\times10^{-6}] \text{ s}=2\times10^{-2} \text{ s}$$

由式(2.5)可得

$$u_C = U_0 \text{e}^{-\frac{t}{\tau}} = \left(9 \times \text{e}^{-\frac{t}{2\times10^{-2}}}\right) \text{V} = 9\text{e}^{-50t} \text{ V}$$

由式(2.6)可得

$$i_C = \frac{U_0}{R}\text{e}^{-\frac{t}{\tau}} = \left(\frac{9}{(3+2)\times10^3}\text{e}^{-50t}\right) \text{mA} = 1.8\text{e}^{-50t} \text{ mA}$$

2. RC 串联电路的零状态响应

如图 1.53(a)所示，开关 S 闭合前，电容器没有充电，称电路处于零状态，$u_C(0_-)=0$。在零状态下，开关 S 闭合后直流电源 U_S 经电阻器对电容器充电，电路中产生的 u_R、i 及 u_C 称为零状态响应。

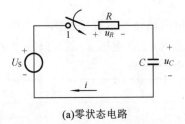

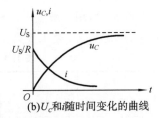

(a)零状态电路　　　　　　　　(b)U_C 和 i 随时间变化的曲线

图 1.53　RC 电路零状态响应

在 $t=0$ 时开关闭合，根据 KVL 有

$$u_R+u_C=U_S$$

或者
$$Ri+u_C=U_S$$

因为 $i = C\dfrac{\text{d}u_C}{\text{d}t}$，代入上式得

$$RC \frac{\mathrm{d}u_C}{\mathrm{d}t} + u_C = U_{\mathrm{S}} = U_{\mathrm{S}}$$

这是一阶常系数线性非齐次微分方程,该微分方程的解为 $u_C = u_C' + u_C''$,其中 u_C' 是特解,u_C'' 为通解。因为过渡过程结束,达到稳态,$u_C = U_{\mathrm{S}}$,故有特解

$$u_C' = U_{\mathrm{S}}$$

而其通解 u_C'' 取决于齐次方程

$$RC \frac{\mathrm{d}u_C}{\mathrm{d}t} + u_C = 0$$

可得通解
$$u_C'' = A \mathrm{e}^{-\frac{t}{RC}}$$

因此
$$u_C = U_{\mathrm{S}} + A \mathrm{e}^{-\frac{t}{RC}} \tag{1.41}$$

式中的常数 A 由初始条件确定,因为

$$u_C(0_+) = u_C(0_-) = 0$$

代入式(2.7)有

$$0 = U_{\mathrm{S}} + A \mathrm{e}^{-\frac{0}{RC}}$$

得
$$A = -U_{\mathrm{S}}$$

所以
$$u_C = U_{\mathrm{S}} - U_{\mathrm{S}} \mathrm{e}^{-\frac{t}{RC}} = U_{\mathrm{S}}(1 - \mathrm{e}^{-\frac{t}{\tau}}) \tag{1.42}$$

$$i = C \frac{\mathrm{d}u_C}{\mathrm{d}t} = \frac{U_{\mathrm{S}}}{R} \mathrm{e}^{-\frac{t}{\tau}} \tag{1.43}$$

u_C、i 随时间的变化曲线如图 1.53(b)所示。

1.5.3　RL 串联电路的过渡过程

1. RL 串联电路的零输入响应

RL 电路的零输入响应的分析与 RC 电路的相同。在图 1.54(a)中,开关由 1 合向 2 之前,$i_L = \dfrac{U_{\mathrm{S}}}{R_1} = I_0$,在 $t = 0$ 时,开关由 1 合向 2。

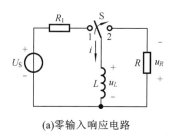

(a)零输入响应电路　　　　　　(b)i、u_R、u_L 随时间变化的曲线

图 1.54　RL 串联电路零输入响应

根据 KVL 有
$$u_R + u_L = 0$$

或
$$Ri + u_L = 0$$

因为 $u_L = L \dfrac{\mathrm{d}i}{\mathrm{d}t}$,代入上式得

$$L \frac{\mathrm{d}i}{\mathrm{d}t} + Ri = 0$$

上式为一阶线性常系数齐次微分方程,此方程的通解为 $i = A \mathrm{e}^{pt}$,代入上式有

$$LpA\mathrm{e}^{pt} + RA\mathrm{e}^{pt} = 0$$

得　　　　　　　　　　　　　　$$p = -\frac{R}{L}$$

则　　　　　　　　　　　　　　$$i = A\mathrm{e}^{-\frac{R}{L}t}$$

根据 $i_L(0_+) = i_L(0_-) = I_0$ ，代入上式可得 $A = I_0$

于是　　　　　　　　　　　　$$i = I_0\mathrm{e}^{-\frac{R}{L}t}$$

定义 $\tau = \dfrac{L}{R}$ 为时间常数，则有

$$i = I_0\mathrm{e}^{-\frac{t}{\tau}} \tag{1.44}$$

$$u_L = L\frac{\mathrm{d}i}{\mathrm{d}t} = -RI_0\mathrm{e}^{-\frac{t}{\tau}} \tag{1.45}$$

$$u_R = Ri = RI_0\mathrm{e}^{-\frac{t}{\tau}} \tag{1.46}$$

i、u_L 及 u_R 的变化曲线如图 1.54(b)所示。

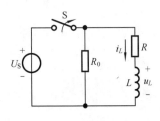

图 1.55　例 1.15 图

例 1.15　如图 1.55 所示，已知 $U_s = 100$ V，$R_0 = 30$ Ω，$R = 20$ Ω，$L = 5$ H，求 $t = 0$ 时，断开开关后的 i 和 u_L。

解　开关断开前电感中的电流

$$I_0 = i(0_-) = \frac{U_s}{R} = \frac{100}{20}\text{ A} = 5\text{ A}$$

换路后的时间常数

$$\tau = \frac{L}{R} = \frac{5}{20 + 30}\text{ s} = 0.1\text{ s}$$

将 I_0 和 τ 代入式(2.10)和式(2.11)中，得

$$i = 5\mathrm{e}^{-\frac{t}{0.1}}\text{ A} = 5\mathrm{e}^{-10t}\text{ A}$$

$$u_L = L\frac{\mathrm{d}i}{\mathrm{d}t} = -RI_0\mathrm{e}^{-\frac{t}{\tau}} = -(30 + 20) \times 5\mathrm{e}^{-10t}\text{ V} = -250\mathrm{e}^{-10t}\text{ V}$$

在开关 S 断开的瞬间，$i(0_+)$ 不能发生突变，如果回路电阻过大，则电感会产生很高的电压，严重时会使电感线圈绝缘击穿，或者使开关触点击穿而产生电弧放电，引起人身及设备事故，这一点要特别引起注意。

例 1.16　如图 1.56(a)所示，电感线圈两端并联一量程为 50 V 的电压表，内阻 $R_V = 20$ kΩ，已知电源电压 $U_s = 36$ V，$R = 10$ Ω，开关 S 打开前电路已处于稳态，求开关断开瞬间电压表两端所承受的电压。

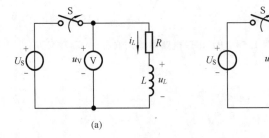

(a)　　　　　　　　　　(b)

图 1.56　例 1.16 图

解　开关打开前电路已处于稳态，这时线圈中的电流

$$i_L(0_-) = \frac{U_s}{R} = \frac{36}{10} \text{ A} = 3.6 \text{ A}$$

开关打开瞬间,由于电感线中的电流不能突变,故 $i_L(0_+) = 3.6$ A。该电流要流过电压表,由于电压的内阻 R_V 很大,故换路瞬间,电压表两端承受的电压

$$u_V = -i_L(0_+) \cdot R_V = -3.6 \times 20 \times 10^3 \text{ V} = -72 \times 10^3 \text{ V} = -72 \text{ kV}$$

而此电压将使电压表损坏。为防止断开电感电路时所产生的高压,常在电感线圈两端并联一个二极管,如图 1.54(b)所示。开关 S 打开前,二极管处于反向截止状态不导通;开关断开时,电感线圈中电流通过二极管向电阻放电,而按指数规律逐渐衰减到零,这样就避免了产生高压,这个二极管又称续流二极管。

2. RL 串联电路的零状态响应

在图 1.57(a)中,已知电感线圈在开关合上前,电流的初始值 $i_L(0_-) = 0$,在 $t = 0$ 时,开关合上。

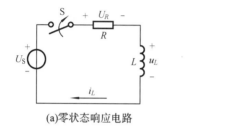 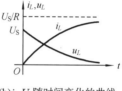

(a)零状态响应电路　　　　　　(b)i_L,U_L随时间变化的曲线

图 1.57 RL 串联电路的零状态响应

根据 KVL 有 $\qquad\qquad\qquad u_L + u_R = U_s$

因为 $u_L = L\dfrac{\mathrm{d}i_L}{\mathrm{d}t}$,代入上式得

$$L\frac{\mathrm{d}i_L}{\mathrm{d}t} + Ri_L = U_s$$

上式是一阶常系数线性非齐次微分方程,该微分方程的解为 $i_L = i_L' + i_L''$,其中 i_L' 是特解,i_L'' 为通解。因为过渡过程结束,达到稳态,$i_L = \dfrac{U_s}{R}$,故有特解

$$i_L' = \frac{U_s}{R}$$

而其通解 u_C'' 取决于齐次方程 $\qquad L\dfrac{\mathrm{d}i_L}{\mathrm{d}t} + Ri_L = 0$

可得通解 $\qquad\qquad\qquad i_L'' = Ae^{-\frac{R}{L}t}$

因此 $\qquad\qquad\qquad i_L = \dfrac{U_s}{R} + Ae^{-\frac{R}{L}t}$

式中的常数 A 由初始条件确定,因为

$$i_L(0_+) = i_L(0_-) = 0$$

代入上式有 $\qquad\qquad 0 = \dfrac{U_s}{R} + Ae^{-\frac{R}{L} \times 0}$

得 $\qquad\qquad\qquad A = -\dfrac{U_s}{R}$

所以
$$i_L = \frac{U_s}{R} - \frac{U_s}{R}e^{-\frac{R}{L}t}$$

或
$$i_L = \frac{U_s}{R}(1 - e^{-\frac{t}{\tau}}) \tag{1.47}$$

电感上的电压响应为
$$u_L = L\frac{\mathrm{d}i_L}{\mathrm{d}t} = U_se^{-\frac{t}{\tau}} \tag{1.48}$$

u_L、i_L 随时间的变化曲线如图 1.57(b)所示。

1.5.4　一阶电路的全响应

1. 一阶电路的全响应

假如一阶电路的电容或电感的初始值不为零,同时又有外加电源的作用,这时电路的响应为一阶电路的全响应。

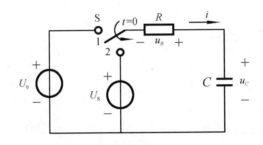

图 1.58　RC 串联电路的全响应

如图 1.58 所示电路,开关 S 接在 1 位,$u_C(0_-) = U_0$,电容为非零初始状态。$t = 0$ 时,开关 S 与 2 闭合进行换路,换路后继续有电源 U_s 通过电阻向电容充电(激励),因此电路发生的过渡过程是全响应。同样利用求解微分方程的方法,可以求得电容电压全响应的计算通式为

$$u_C(t) = u_C(0_+)e^{-\frac{t}{\tau}} + u_C(\infty)(1 - e^{-\frac{t}{\tau}}) \quad (t \geqslant 0) \tag{1.49}$$

式(1.49)也可写为

$$u_C(t) = u_C(\infty) + [u_C(0_+) - u_C(\infty)]e^{-\frac{t}{\tau}} \quad (t \geqslant 0) \tag{1.50}$$

由式(1.49)和式(1.50)可以看出,全响应是零输入响应与零状态响应的叠加,或稳态响应与暂态响应的叠加。

2. 一阶电路的三要素法

前面对 RC 串联电路和 RL 串联电路进行分析时,用的都是经典法,即对零输入或零状态(外接直流电源)的电路首先列出一阶微分方程,把解电路换成求解这个微分方程。实际上通过研究发现,对于只含一种储能元件的一阶电路,可以不列出求解微分方程,而可以直接写出响应随时间的变化情况,这一方法称为一阶电路的三要素法。

从前面 RC 串联电路和 RL 串联电路分析可知,对于一阶电路的过渡过程,电路中的电流、电压都是随时间按指数规律变化的,从初始值逐渐增加或逐渐衰减到稳定值,而且同一电路中各支路的电压和电流都是以相同的时间常数 τ 变化的,因此在过渡过程中,电路中各部分的电压或电流均由初始值、稳态值和时间常数三个要素确定。若以 $f(0_+)$ 表示初始值,$f(\infty)$ 表示稳态值,电路的时间常数为 τ,则 $t = 0$ 换路后的电压、电流便可按三要素公式来计算:

$$f(t) = f(\infty) + [f(0_+) - f(\infty)]e^{-\frac{t}{\tau}}, t \geqslant 0 \tag{1.51}$$

式中的 τ：对于 RC 电路，$\tau=RC$；对于 RL 电路，$\tau=L/R$。

这里，R 是指换路后($t\geqslant0$)，从储能电容器或电感两端看进去的电路其余部分的戴维南等效电路的等效电阻。即计算 R 时，应将 C 或 L 断开，并将电路化成无源网络(电压源短接，电流源断路)，求出入端电阻。

必须指出，三要素法只适用一阶线性电路，且只适用于零输入、直流激励、正弦激励及阶跃激励；对于二阶电路则不适用。

例 1.17　电路如图 1.59 所示 $t=0$ 时，开关闭合前，电路已达稳态，求开关闭合后的电压 $u_C(t)$ 和电流 $i_C(t)$，并绘出曲线。

解　用三要素法求解。

开关 S 闭合前电路已达稳态

$$u_C(0_-)=20\ \text{V}$$

开关闭合瞬间

$$u_C(0_+)=u_C(0_-)=20\ \text{V}$$

电路在开关闭合后 $t=\infty$ 时

$$u_C(\infty)=\left(\frac{20}{1+1}\times1\right)\ \text{V}=10\ \text{V}$$

用戴维南定理求电路等效电阻

$$R=\frac{1\times1}{1+1}\ \text{k}\Omega=0.5\ \text{k}\Omega$$

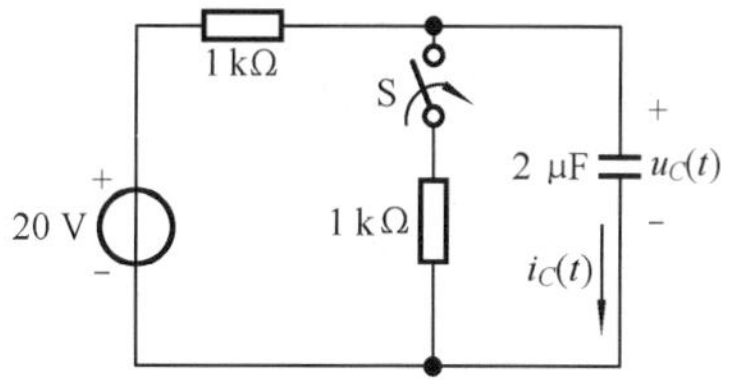

$$\tau=RC=(0.5\times10^3\times2\times10^{-6})\ \text{s}=10^{-3}\ \text{s}$$

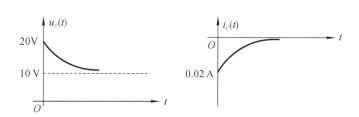

图 1.59　例 1.17 图

得到
$$u_C(t)=\left[10+(20-10)\mathrm{e}^{-\frac{t}{10^{-3}}}\right]\ \text{V}=(10+10\mathrm{e}^{-1\,000t})\ \text{V}$$

$$i_C(t)=C\frac{\mathrm{d}u_C}{\mathrm{d}t}=\left[2\times10^{-6}\times(-1\,000)\times10\mathrm{e}^{-1\,000t}\right]\ \text{A}=-0.02\mathrm{e}^{-1\,000t}\ \text{A}$$

$u_C(t)$ 和 $i_C(t)$ 的变化曲线如图 1.60 所示。

图 1.60　$u_C(t)$ 和 $i_C(t)$ 的变化曲线

1.6　本章实验与实训

一、数字万用表的使用方法

数字万用表是一种多用途电子测量仪器，可用来测量直流电压和交流电压、直流电流和交流电流、电阻、电容、伴随频率、二极管、三极管、通断测试、温度、自动关机功能的开启与关闭、背光功能等参数，是实验室、工厂、无线电爱好者及家庭的理想工具。

1. 数字万用表的外形图

图 1.61 所示为数字万用表的外形图,不同厂家的产品会略有不同。

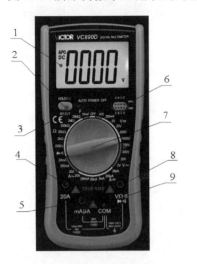

图 1.61　数字万用表外形图

1-液晶显示屏;

2-切换、保持、灯光键;

3-通断指示灯;

4、5-电流插孔

6-三极管测量孔;

7-功能选择开关;

8-电压电阻等插孔;

9-公共插孔

2. 数字万用表安全操作准则

(1) 各量程测量时,禁止输入超过量程的极限值。

(2) 36 V 以下的电压为安全电压,在测量高于 36 V 直流、25 V 交流电压时,要检查万用表,是否正确连接、是否绝缘良好等,以避免电击。

(3) 换功能和量程时,表笔应离开测试点。

(4) 选择正确的功能和量程,谨防误操作。

(5) 在电池没有装好和后盖没有上紧时,请不要使用万用表进行测试工作。

(6) 测量电阻、电容、二极管、通断测试,请勿输入电压信号。

(7) 在更换电池或保险丝前,请将测试表笔从测试点移开,并关闭电源开关。

3. 数字万用表的使用

(1) 直流电压的测量。

①将红表笔插入"VΩ"插孔,黑表笔插入"COM"插孔。

②将量程开关转至相应的 DCV 挡位上,并将表笔跨接在被测电路上。红表笔所接的该点电压与极性显示在屏幕上。

③从显示器上读取测量结果。

注意:

①如果事先对被测电压范围没有概念,应将量程开关转到最高的挡位,然后根据显示值转至相应挡位上;

②如果屏幕显示"OL",表明已超过量程范围,须将量程开关转至较高挡位上。

(2) 交流电压的测量。

①将红表笔插入"VΩ"插孔,黑表笔插入"COM"插孔。

②将量程开关转至相应的 KCV 挡位上,并将表笔跨接在被测电路上。

③从显示器上读取测量结果。

注意:

①如果事先对被测电压范围没有概念,应将量程开关转到最高的挡位,然后根据显示值转至相应挡位上。

②如果屏幕显示"OL",表明已超过量程范围,须将量程开关转至较高挡位上。

(3) 直流电流的测量。

①将红表笔插入"mAμm"(最大为 200 mA)或"20 A"(最大为 20 A)插孔,黑表笔插入"COM"插孔。

②将量程开关转至相应 DCA 挡位上,并将表笔串联接入被测电源或电路中。被测电流值及红色表笔点的电流极性将同时显示在屏幕上。

③从显示器上读取测量结果。

注意：

①如果事先对被测电流范围没有概念，应将量程开关转至较高挡位，然后按显示值转至相应挡上。

②如果屏幕显示"OL"，表明已超过量程范围，须将量程开关转至较高挡位上；

③在测量 20 A 电流时要注意，连续测量大电流将会使电路发热，影响测量精度甚至损坏仪表。

（4）交流电流的测量。

①将黑表笔插入"COM"插座，红表笔插入"mAμm"（最大为 200 mA）或"20A"（最大为 20 A）插孔。

②将量程开关转至相应 ACA 挡位上，然后将仪表的表笔串联接入被测电路中。

③从显示器上读取测量结果。

注意：

①如果事先对被测电流范围没有概念，应将量程开关转到最高的挡位，然后按显示值转至相应挡上。

②如果屏幕显示"OL"，表明已超过量程范围，须将量程开关转至较高的挡位上。

③在测量 20 A 电流时要注意，连续测量大电流将会使电路发热，影响测量精度甚至损坏仪表。

（5）电阻测量。

①将黑表笔插入"COM"插孔，红表笔插入"VΩ"插孔。

②将量程开关转至相应的电阻量程上，然后将两表笔跨接在被测电阻上。

③从显示器上读取测量结果。

注意：

①如果电阻值超过所选的量程值，则会显示"OL"，这时应将开关转至较高挡位上；当测量电阻值超过 1 MΩ 以上时，读数需几秒时间才能稳定，这在测量高电阻时是正常的。

②当输入端开路时，则显示"OL"。

③测量在线电阻时，要确认被测电路中所有电源已关断及所有电容都已完全放电后，才可进行。

（6）二极管及通断测试。

①将黑表笔插入"COM"插孔，红表笔插入"VΩ"插孔（注意红表笔极性为"＋"极）；

②将量程开关转至"二极管蜂鸣器"挡；开机默认二极管挡，二极管挡与蜂鸣器挡自动转换；将表笔连接到待测试二极管，读数为二极管正向压降的近似值；当测量电压低于 50 mV 时自动转换为通断测试功能。

将表笔连接到待测线路的两点，如果两点之间的电阻值低于 50 Ω，则屏幕显示"蜂鸣器图案"，内置蜂鸣器发声。当电阻值高于 200 Ω 时，自动转换为二极管测试功能。

（7）三极管 hFE。

①将量程开关置于 hFE 挡。

②判断所测晶体管为 NPN 或 PNP 型，将发射极、基极、集电极分别插入相应的插孔。

③显示器的数值就是三极管的直流放大倍数。

(8) 电容测量。

①将红表笔插入"VΩ"插孔,黑表笔插入"COM"插孔。

②将量程开关转至相应的电容量程,表笔对应极性(注意红表笔极性为"＋"极)接入被测电容。

③从显示器上读取测量结果。

注意:

①电容量程自动转换时,如果屏幕显示"OL",表明已超过量程范围,最大测量 20 mF。

②在测量电容时,由于引线和仪表的分布电容影响,未接入被测电容时可能有些残留读数,在小电容量程测量时较为明显。为了得到准确结果可以将测量读数减去残留读数,这不会影响测量的准确度。

③大电容挡测量严重漏电或击穿电容时,将显示一些数值且不稳定。

④请在测试电容容量之前,必须对电容充分放电,以防止损坏仪表。

二、应用 Mutisim 软件进行基尔霍夫定律仿真验证

**基尔霍夫
定律仿真验证**

1. 实验目的

(1) 验证基尔霍夫定律,加深对基尔霍夫定律的理解。

(2) 加深对电流、电压参考方向的认识。

(3) 学习 Multisim 软件的基本使用方法。

2. 实验原理及说明

(1) 基尔霍夫电流定律:电路中任一时刻,对于电路中的任一节点,任一瞬时流入(或流出)该节点电流的代数和为零。其数学表达式为

$$\sum i = 0$$

应用上式时,若规定参考方向为流入节点的电流取正号,则流出节点的电流取负号。

(2) 基尔霍夫电压定律:对于电路中的任一回路,任一瞬时沿该回路绕行一周,则组成该回路各元件上的电压的代数和恒等于零。其数学表达式为

$$\sum u = 0$$

应用上式时,先选定一个绕行方向,参考方向与绕行方向一致的电压取正号,参考方向与绕行方向相反的电压则取负号。

3. 实验内容及步骤

(1) 验证基尔霍夫电流定律。

①在 Mutisim 软件中建立如图 1.62 所示实验电路,其中,电阻在基本器件库选取,直流电源、接地端在电源库选取,万用表在仪器库选取,在放置万用表时要特别注意万用表的极性应与电路图中的参考方向一致并将万用表调至"～、A"位置。万用表 XMM1 用来测量流过 R_1 的电流 I_1,万用表 XMM2 用来测量流过 R_2 的电流 I_2,万用表 XMM3 用来测量流过 R_3 的电流 I_3。

②单击仿真开关,运行仿真,测量各支路电流,将各万用表的读数记入表 1.4 中。

③根据测量数据,验证每个节点是否满足 $\sum i = 0$。

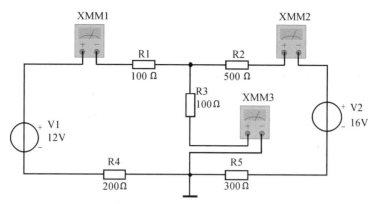

图 1.62 验证基尔霍夫电流定律的仿真实验电路

表 1.4 各支路上的电流值与电流代数和   （单位：mA）

I_1	I_2	I_3	$\sum i$

（2）验证基尔霍夫电压定律。

①在 Mutisim 软件中建立如图 1.63 所示实验电路，其中，万用表在仪器库选取，在放置万用表时要特别注意万用表的极性应与电路图中的参考方向一致并将万用表调至"～、V"位置。万用表 XMM1、XMM2、XMM3、XMM4、XMM5 分别用来测量电阻 R_1、R_2、R_3、R_4、R_5 上的电压。

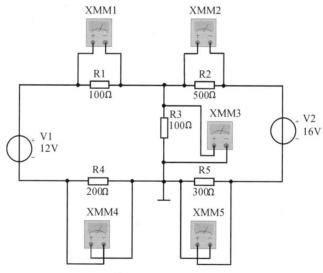

图 1.63 验证基尔霍夫电压定律的仿真实验电路

②单击仿真开关，运行仿真，测量各电阻上的电压，将各万用表的读数记入表 1.5 中。

③根据测量数据，验证每条回路是否满足 $\sum u = 0$。

表 1.5 各电阻上的电压值与电压代数和   （单位：V）

U_1	U_2	U_3	U_4	U_5	左回路 $\sum u$	右回路 $\sum u$

4. 思考题

(1) 如何确定电流、电压的实际方向?

(2) 如果改变电流表、电压表的极性,即参考方向改变了,读数将如何变化? 还满足基尔霍夫定律吗?

三、应用 Mutisim 软件进行戴维南定理验证仿真实验

1. 实验目的

(1) 掌握仿真实验验证戴维南定理的方法,加深对等效概念的理解。

(2) 学习线性有源二端网络等效电路参数的测试方法。

2. 实验原理及说明

任何一个线性有源二端网络都可以用一个理想电压源与一个电阻串联的二端网络来代替,该电压源的电压等于二端网络的开路电压 U_{oc},串联电阻 R_0 等于有源二端网络化为无源网络(理想电压源短路,理想电流源开路)后,从两端看进去的电阻。

开路电压的测量:当外电路开路时,相当于等效电源空载,可用高内阻直流电压表直接测量开路电压 U_{oc}。等效电阻的测量:将有源二端网络中所有电源置零(电压源短路,电流源开路),用万用表测量两端点间的电阻即为等效电阻。

3. 实验内容及步骤

(1) 在 Mutisim 软件中建立如图 1.64 所示的实验电路原图,用万用表 XMM1 和万用表 XMM2 测量负载上的电流和电压,万用表 XMM1 调至"～、A"位置;万用表 XMM2 调至"～、V"位置。将变阻器 R_5 看作外电路,除 R_5 以外的电路视为一个有源二端网络。单击仿真开关,运行仿真,按表 1.6 的要求改变变阻器 R_5 阻值的百分比,并将测得的数据记入表 1.6 中。

表 1.6　有源二端网络伏安特性的测量数据

可变电阻器百分比	20%	40%	50%	60%	80%
万用表 XMM1/A					
万用表 XMM2/V					

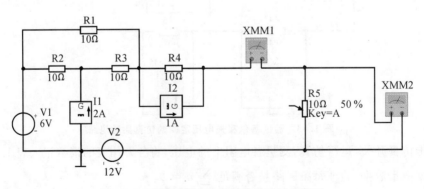

图 1.64　验证戴维南定理的仿真实验电路图

(2) 测量有源二端网络的等效电动势。

将图 1.64 电路图中的可变电阻器 R_5 断开变成图 1.65 测量开路电压电路图,用万用表 XMM2 测量有源二端网络的开路电压 U_{oc},即该有源二端网络的等效电动势。单击仿真开关,运行仿真,测量开路电压 U_{oc}。

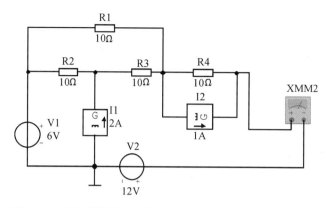

图 1.65　验证戴维南定理的仿真实验测量等效电动势电路图

（3）测量有源二端网络的等效电阻。

将有源二端网络中的所有电源置零（电压源短路、电流源开路），图 1.64 变成了图 1.66，用万用表 XMM2 测量该电路两端点之间的电阻即等效电阻 R_0，万用表 XMM2 调至"～、Ω"位置。单击仿真开关，运行仿真，测量等效电阻 R_0。

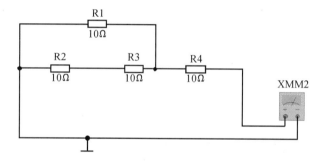

图 1.66　验证戴维南定理的仿真实验测量等效电阻电路图

（4）戴维南定理的验证。

在 Mutisim 软件中建立如图 1.67 所示戴维南等效电路图，万用表 XMM1 调至"～、A"位置；万用表 XMM2 调至"～、V"位置。使等效电路图中的电压源的电压等于步骤（2）中测出的 U_{OC}，电源内阻等于步骤（3）测出的 R_0，再用步骤（1）的方法。单击仿真开关，运行仿真，按表 1.7 所示的百分比改变变阻器 R_5 的阻值，并将测得的数据记入表 1.7 中。对比步骤（1）中原有源二端网络和戴维南等效电路的伏安特性数据，验证戴维南定理。

表 1.7　等效电路伏安特性的测量数据

可变电阻器百分比	20%	40%	50%	60%	80%
万用表 XMM1/A					
万用表 XMM2/V					

4. 思考题

在 Mutisim 软件中搭建例 1.11 所示电路的戴维南定理的仿真实验电路，测试电路的开路电压和串联电阻，并与计算值相比较。

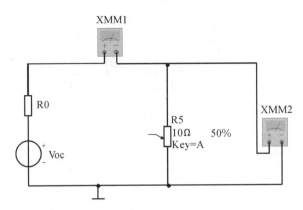

图 1.67　验证戴维南定理的仿真实验等效电路图

四、应用 Mutisim 软件进行一阶电路仿真实验

1. 实验目的

(1) 通过仿真实验进一步了解一阶 RC 电路充放电特性。

(2) 掌握时间常数对电容器充放电过程快慢的影响。

(3) 学习虚拟示波器的使用和测量方法。

2. 实验原理及说明

RC 串联电路零输入响应是指外施电源为零时,仅由电容元件初始储存的能量在电路中产生的电压 u_R、u_C 和电流 i;零状态响应是指电容器没有充电,仅由外施电源对电容器充电在电路中产生的电压 u_R、u_C 和电流 i。

时间常数 τ 是表示过渡过程中电压电流变化快慢的一个物理量,它与换路情况及外加电源无关,而仅与电路元件参数 R、C 有关。电容 C 越大,电容储能就越多;电阻 R 越大,放电电流就越小,这都促使放电过程变慢。理论上、电容充放电是一个无限长的过程,但实际上,经过 5τ 的时间后,就可认为过渡过程已结束。

3. 实验内容及步骤

(1) 在 Mutisim 软件中建立如图 1.68 所示实验电路。其中:电阻、电容在基本器件库选取;直流电源、接地端在电源库选取;示波器在仪器库选取;双掷开关在机电库选取。

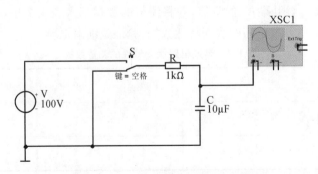

图 1.68　一阶电路的仿真实验电路

(2) 单击仿真开关,运行仿真。

(3) 反复按空格键,使双掷开关 S 反复切换,示波器屏幕上便显示出电容反复充电和放电

的电容电压波形。

（4）单击暂停按钮,拖动示波器屏幕下面的滚动块,移动波形,使屏幕上显示出电容放电时电容电压的波形,把 1 号读数指针放在开始放电时的位置上, T_1 时刻电容电压为 100.000 V,该电路时间常数 $\tau = RC = 10$ ms,把 2 号读数指针放在距 1 号读数指针 5τ 即 $T_2 - T_1 = 50$ ms 的位置上,记录 T_2 时刻的电容电压。

（5）拖动滚动块,移动波形,使屏幕上显示出电容充电时电容电压的波形,把 1 号读数指针放在开始充电时的位置上, T_1 时刻电容电压为 0 V;把 2 号读数指针放在距 1 号读数指针 5τ 即 $T_2 - T_1 = 50$ ms 的位置上,记录 T_2 时刻的电容电压。

（6）改变电阻 R 的电阻值,观察电容电压波形的变化。

（7）改变电容 C 的电容值,观察电容电压波形的变化。

4. 思考题

（1）电容 C 的电容值和电压源的电压值保持不变,增大或减小电阻 R 的电阻值,电容电压的波形怎样变化? 为什么?

（2）电阻 R 的电阻值和电压源的电压值保持不变,增大或减小电容 C 的电容值,电容电压的波形怎样变化? 为什么?

（3）电容 C 的电容值和电阻 R 的电阻值保持不变,增大或减小电压源的电压值,电容电压的波形怎样变化? 为什么?

本 章 小 结

1. 电路的组成:电源、负载和中间环节。电路的作用:①实现电能的传输和转换;②实现信号的传递和处理。

2. 电路的基本物理量有电流、电压、电位、功率等。在分析电路时,应先标出电流、电压的参考方向。当参考方向与实际方向一致时取正号;反之,取负号。

3. 电阻串联时,流过每个电阻的电流相同;电阻并联时,每个电阻上的电压相同。两个电阻并联的等效电阻为 $R = \dfrac{R_1 R_2}{R_1 + R_2}$,分流公式为

$$I_1 = \frac{R_2}{R_1 + R_2} I$$

$$I_2 = \frac{R_1}{R_1 + R_2} I$$

4. 电路的基本元件有电阻、电感、电容以及电压源和电流源。各个元件两端的电压和通过的电流之间的关系如下(电压与电流为关联方向)。

电阻元件:
$$u_R = R i_R$$

电感元件:
$$u_L = L \frac{\mathrm{d} i_L}{\mathrm{d} t}$$

电容元件:
$$i_C = C \frac{\mathrm{d} u}{\mathrm{d} t}$$

直流电压源:两端的电压 U 不变,通过的电流可以改变。

直流电流源:流出的电流 I 不变,两端的电压可以改变。

5. 基尔霍夫定律包括基尔霍夫电流定律(KCL)和基尔霍夫电压定律(KVL)。

KCL：　　　　　　　　　　　　　$\sum i = 0$

KVL：　　　　　　　　　　　　　$\sum u = 0$

6. 支路电流法：

①确定电路节点个数 n 和支路个数 m，并假定各支路电流的参考方向。

②应用 KCL 列出 $n-1$ 个独立的节点电流方程。

③选定回路的绕行方向，应用 KVL 列出 $m-(n-1)$ 个独立的回路电压方程式。

④代入数据，求解 m 个独立的联立方程，确定各支路的电流。

7. 叠加定理：在由多个电源和线性电阻组成的线性电路中，任一支路中的电流（或电压）等于各个电源单独作用时，在此支路中所产生的电流（或电压）的代数和。

当某独立电源单独作用于电路时，其他独立电源应该除去，方法是：对电压源来说，令其电源电压 $U_s=0$，相当于短路；对电流源来说，令其电源电流 $I_s=0$，即相当于开路。

8. 戴维南定理：任何一个线性有源二端网络都可以用一个理想电压源与一个电阻串联的二端网络来代替，该电压源的电压等于二端网络的开路电压 U_{oc}，串联电阻 R_0 等于有源二端网络转化为无源网络（理想电压源短路，理想电流源开路）后的入端电阻。

9. 含有动态电感和电容的电路称为动态电路。电路从一种稳定状态变化到另一种稳定状态的中间过程称为电路的动态过渡过程。

10. 换路定律的数学表达式

$u_C(0_-)=u_C(0_+)$，表示电容上的电压不能突变；

$i_L(0_-)=i_L(0_+)$，表示电感中的电流不能突变；

而电容电流 i_C 及电感电压 u_L 却是可以突变的。

11. 过渡过程的快慢由电路的时间常数 τ 来决定，在 RC 电路中，$\tau=RC$；在 RL 电路中，$\tau=\dfrac{L}{R}$，单位为 s。

12. 含有一个储能元件的一阶电路的过渡过程，可以用经典法即根据 KVL 列出对应的微分方程，然后求解微分方程。也可以用三要素法求解。

关系式为　　　　　　　$f(t) = f(\infty) + [f(0_+) - f(\infty)]e^{-\frac{t}{\tau}}, t \geqslant 0$

式中：$f(\infty)$ 为待求量的稳态值；$f(0_+)$ 为待求量的初始值；τ 是电路的时间常数。求 τ 时，涉及求电路的等效电阻，一般用戴维南定理来求解。

习　　题

第 1 章即测题

1.1　已知某元件的电流参考方向如题 1.1 图(a)、(b)所示，试说明图(a)、(b)中电流的实际方向。

题 1.1 图　　　　　　　　　　　　题 1.2 图

1.2　已知某元件的电压参考方向如题 1.2 图(a)、(b)所示，试说明图(a)、(b)中电压的实际方向。

1.3　求题 1.3 图所示元件 A、B 的功率,并说明元件是电源还是负载?

题 1.3 图　　　　　　　　　　题 1.4 图

1.4　如题 1.4 图所示,已知元件 A 吸收功率 10 W,元件 B 提供功率 20 W,求元件 A、B 中流过的电流的大小和实际方向。

1.5　如题 1.5 图(a)、(b)所示,求图(a)、(b)中的电流 I。

题 1.5 图　　　　　　　　　　题 1.6 图

1.6　在指定电压 u 和电流 i 的参考方向下,写出题 1.6 图所示电感元件和电容元件的约束方程。

1.7　如题 1.7 图所示,求 a、b、c、d 各点的电位。

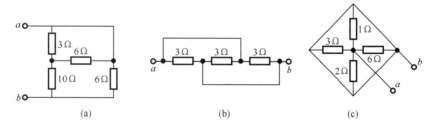

题 1.7 图

1.8　如题 1.8 图所示,求 ab 两端的等效电阻。

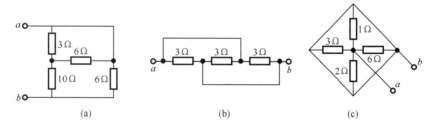

题 1.8 图

1.9　如题 1.9 图所示,电流表头的内阻 $R_g = 5\ k\Omega$,允许通过的最大电流 $I_g = 200\ \mu A$。问直接用这个表头可测量多大电压? 如果改成量程为 10 V、50 V 的电压表进行测量时,求分压电阻 R_1 和 R_2。

1.10　写出题 1.10 图电路中电流与电压的关系。

1.11　电路如题 1.11 图所示,设 $U_x = 10$ V。

(1)求电流 I;

(2)求电流源电流 I_s。

1.12　某电路的一部分如题 1.12 图所示,试求电流 I 和电压 U。

1.13　电路如题 1.13 图所示,试求图(a)、(b)中的电流 I 和电压 U。

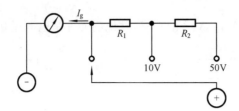

题 **1.9** 图

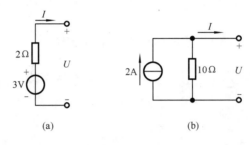

题 **1.10** 图

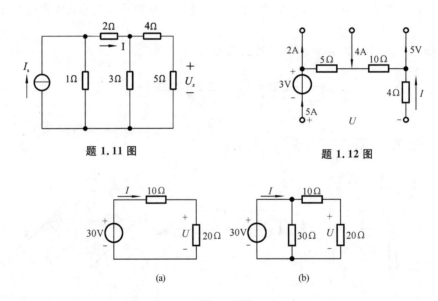

题 **1.11** 图　　　　　　　　　　　题 **1.12** 图

题 **1.13** 图

1.14　电路如题 1.14 图所示,求各支路电流和 5 V 电压源上的功率,并判断是吸收功率还是发出功率。

1.15　电路如题 1.15 图所示,试求电流 I 和电压 U。

1.16　电路如题 1.16 图所示,已知 $U=28$ V,求电阻 R。

1.17　电路如题 1.17 图所示,已知 $U_S=3$ V,$I_S=2$ A,求电压 U 和电流 I。

1.18　电路如题 1.18 图所示,在下列几种情况下,分别求电压 U 和电流 I_2、I_3。

(1) $R=8$ kΩ;

(2) $R=\infty$(开路);

(3) $R=0$(短路)。

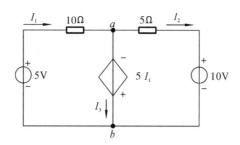

题 1.14 图

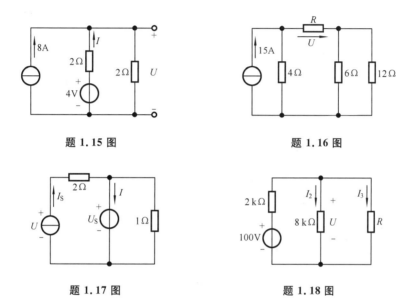

题 1.15 图　　　　　　　　　题 1.16 图

题 1.17 图　　　　　　　　　题 1.18 图

1.19　电路如题 1.19 图所示,试用叠加法求电压 U。

1.20　电路如题 1.20 图所示,求电流 I_x 以及 R_2 电阻消耗的功率。

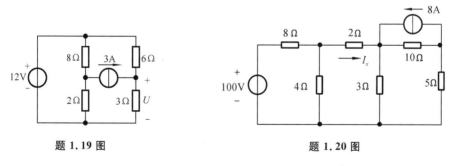

题 1.19 图　　　　　　　　　题 1.20 图

1.21　求题 1.21 图所示电路的开路电压 U_{ab}。

1.22　电路如题 1.22 图所示,试利用戴维南定理求二端网络的戴维南电路。

1.23　求题 1.23 图所示电路中的电压 U。

1.24　题 1.24 图所示电路中,已知 $U_S=100$ V,$R_1=20$ Ω,$R_2=30$ Ω,求开关闭合以后 $u_C(0_+)$,$i_C(0_+)$ 及 $u_C(\infty)$,$i_C(\infty)$。

1.25　题 1.25 图所示电路中,已知 $i_S=2$ A,$R_1=3$ Ω,$R_2=5$ Ω,求开关由 1 合向 2 后的 u_C、i_C 及 u_{R1}、u_{R2} 的初始值。(换路前电路处于稳态)

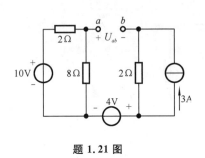

题 **1.21** 图

1.26 题 1.26 图所示电路中,已知 $U_S = 10$ V, $R_1 = 2$ Ω, $R_2 = 8$ Ω, $L = 1$ H, 求开关闭合后的 $i_L(0_+), i(0_+), u_L(0_+)$ 及 $i_L(\infty), i(\infty), u_L(\infty)$。

1.27 题 1.27 图所示电路中,已知 $U_S = 12$ V, $R_1 = 2$ Ω, $R_2 = 4$ Ω, $L = 10$ mH, 求开关闭合后的 $i_L(0_+), i(0_+), u_L(0_+)$ 及 $i_L(\infty), i(\infty), u_L(\infty)$。

1.28 求题 1.28 图所示各电路中,换路后的时间常数。

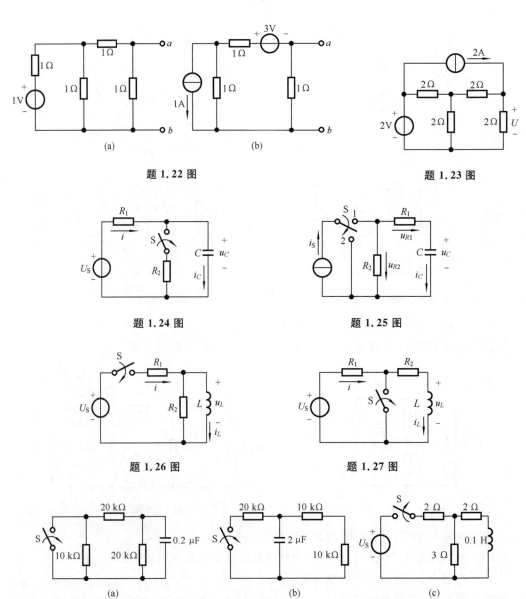

题 **1.22** 图 (a) (b)

题 **1.23** 图

题 **1.24** 图

题 **1.25** 图

题 **1.26** 图

题 **1.27** 图

题 **1.28** 图 (a) (b) (c)

1.29 题 1.29 图所示电路中,已知 $U_S = 100$ V, $R_1 = R_2 = R_3 = 10$ Ω, $C = 50 \mu$F, 开关 S 打

开前,电路处于稳态,当 $t=0$ 时,开关 S 打开,求 $u_C(t)$,$i_C(t)$,并画出其波形图。

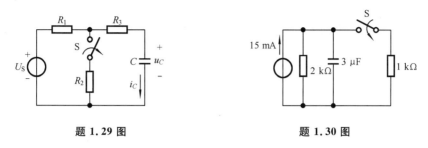

题 1.29 图　　　　　　　　　　　　题 1.30 图

1.30　题 1.30 图所示电路中,开关打开很久,当 $t=0$ 时,开关 S 闭合,求 1 kΩ 电阻中的电流 $i(t)$。

1.31　题 1.31 图所示电路中,开关 S 合在 1 上时,电路处于稳态。当 $t=0$ 时,开关 S 合在 2 上,求 $u_C(t)$ 和 $i_C(t)$。

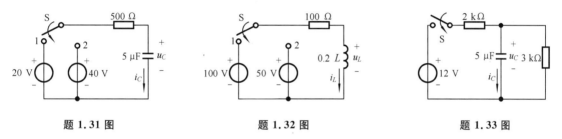

题 1.31 图　　　　　　　题 1.32 图　　　　　　　题 1.33 图

1.32　题 1.32 图所示电路中,开关 S 合在 1 上时,电路处于稳态。当 $t=0$ 时,开关 S 合在 2 上,求 $i_L(t)$ 和 $u_L(t)$,并画出 $i_L(t)$ 和 $u_L(t)$ 的曲线图。

1.33　题 1.33 图所示的 RC 电路中,开关 S 闭合前电容没有储能,求:

(1) 当开关 S 闭合后,电容电压 $u_C(t)$;

(2) 当开关 S 闭合后,电路达到稳态,求将开关 S 打开后的电容电压 $u_C(t)$;

(3) 定性地画出 $u_C(t)$ 的波形图。

第 2 章　正弦交流电路

交流发电机产生的电动势大多是正弦交流电。正弦交流电很容易用变压器改变电压,便于输送和使用。因此,在生产及日常生活中,正弦交流电应用最为广泛。本章主要讨论正弦交流电路的基本概念、基本规律、引入相量对正弦交流电路进行分析计算。讨论谐振电路的特点以及提高电路功率因数的方法以及三相电路不同连接时的电流、电压关系。介绍安全用电常识。

2.1　正弦交流电的基本概念

正弦交流电是指大小和方向都随时间按正弦规律周期变化的电流、电压、电动势的总称。交流电在每一时刻的数值称为瞬时值,以小写字母表示,如 u、i、e 分别表示正弦交流电压、正弦交流电流、正弦交流电动势。

2.1.1　正弦交流电的瞬时值表示法

无论是正弦交流电的电流、电压或电动势都可用一个随时间变化的函数表示。这个函数式有时又被称为正弦交流电的瞬时表达式。例如一个正弦交流电压可表示为

$$u(t) = U_m \sin(\omega t + \phi_u) \tag{2.1}$$

它的波形可用图 2.1 表示。

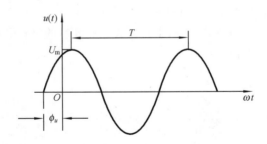

图 2.1　正弦电压

在分析交流电路时,必须与直流电路一样,先假设电压或电流的正方向,当正弦电压或电流的 u 或 i 瞬时值大于零时,正弦波形处于正半周,否则就处于负半周。u 或 i 的参考方向即代表正半周时的方向,在正半周,由于 u、i 的值为正,所以参考方向与实际方向相同;在负半周,由于其值为负,所以参考方向与实际方向相反。

由数学知识可知,一个正弦量的特征可由它的频率(或周期)、幅值和初相位来表示,这三个量称为正弦函数的三要素。一个正弦交流电也可以由这三个要素唯一确定。

1. 频率和周期

正弦量的每个值及变化趋势在经过一定的时间后会重复出现(见图 2.1),再次重复出现所需的最短时间间隔称为周期,用 T 表示,单位为 s。

每秒钟内重复出现的次数称为频率,用 f 表示,单位是赫兹(Hz)。显然

$$f = \frac{1}{T} \tag{2.2}$$

正弦量的变化快慢还可以用角频率 ω 来表示。正弦量在一个周期内变化的角度为 2π 弧度,因此

$$\omega = \frac{2\pi}{T} = 2\pi f \tag{2.3}$$

ω 的单位为弧度/秒(rad/s)。例如,我国电力标准频率是 50 Hz,习惯上称为工频,它的周期和角频率分别为 0.02 s 和 314 rad/s。

2. 幅值和有效值

正弦量在任一瞬间的值称为瞬时值,瞬时值中最大的值称为幅值或最大值(见图2.1),用带下标"m"的大写字母表示,如 U_m、I_m 分别表示电压、电流的幅值。

交流电的幅值不适宜用来表示交流电做功的效果,常用有效值来表示交流电的大小。交流电的有效值是根据交流电的热效应来规定的,让交流电与直流电同时分别通过同样阻值的电阻,如果它们在同样的时间内产生的热量相等,即

$$\int_0^T i^2 R \mathrm{d}t = I^2 RT$$

那么,这个交流电流的有效值在数值上就等于这个直流电流的大小。

由上式可得交流电流 i 的有效值为

$$I = \sqrt{\frac{1}{T} \int_0^T i^2 \mathrm{d}t}$$

对于正弦交流电流　　　　　　　　$i(t) = I_m \sin\omega t$

因为　　　　　$\int_0^T \sin^2 \omega t \, \mathrm{d}t = \int_0^T \frac{1 - \cos 2\omega t}{2} \mathrm{d}t = \frac{T}{2}$

所以　　　　　$I = \sqrt{\frac{1}{T} I_m^2 \cdot \frac{T}{2}} = \frac{I_m}{\sqrt{2}} \tag{2.4}$

同理正弦电压的有效值为

$$U = \frac{U_m}{\sqrt{2}} \tag{2.5}$$

习惯规定,有效值都用大写字母表示。通常所讲的正弦电压或电流的大小,都是指的有效值。例如,交流电压 220 V,其最大值为$(\sqrt{2} \times 220)$ V$= 311$ V。通常使用的交流电表也是以有效值来作为刻度的。

3. 初相位

从式(2.1)可以看出,反映正弦量的初始值($t = 0$ 时)为

$$u(0) = U_m \sin\phi_u$$

这里,ϕ_u 反映了正弦电压初始值的大小,称为初相位,简称初相,而 $\omega t + \phi_u$ 称为相位角或相位。初相 ϕ_u 和相位($\omega t + \phi_u$)用弧度作单位,工程上也常用度作单位。

不同的相位对应不同的瞬时值,因此,相位反映了正弦量的变化进程。

在正弦电路中,经常遇到同频率的正弦量,它们只在幅值及初相上有所区别。如图2.2所示。

这两个频率相同,幅值和初相不同的正弦电压和电流分别表示为

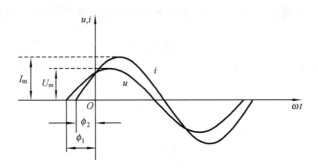

图 2.2　两个频率相同初相不同的电压和电流

$$u(t) = U_m\sin(\omega t + \phi_1)$$
$$i(t) = I_m\sin(\omega t + \phi_2)$$

初相不同,表示它们随时间变化的步调不一致。例如,它们不能同时达到各自的最大值或零。图中 $\phi_1 > \phi_2$,电压 u 比电流 i 先达到正的最大值,称电压 u 比电流 i 超前$(\phi_1 - \phi_2)$角,或称电流 i 比电压 u 滞后$(\phi_1 - \phi_2)$角。

两个同频率的正弦量相位角之差称为相位差,用 ψ 表示,即

$$\psi = (\omega t + \phi_1) - (\omega t + \phi_2) = \phi_1 - \phi_2 \tag{2.6}$$

可见,两个同频率正弦量之间的相位差等于它们的初相角之差,与时间 t 无关,在任何瞬间都是一个常数。

图 2.3 表示两个同频率正弦量的两种特殊的相位关系。

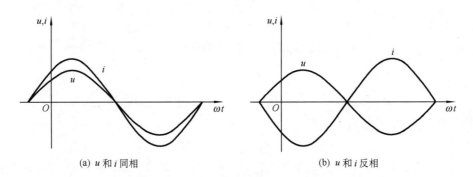

(a) u 和 i 同相　　　　　　　　　　　(b) u 和 i 反相

图 2.3　两个同频率正弦量的相位关系

在图 2.3(a)中,$\psi = \varphi_1 - \varphi_2 = 0°$,电压 u 和电流 i 同相位。在图 2.3(b)中,$\psi = \phi_1 - \phi_2 = \pi$,电压 u 和电流 i 反相。

例 2.1　已知电压 $u_A = 10\sin(\omega t + 60°)$ V 和 $u_B = 10\sqrt{2}\sin(\omega t - 30°)$ V,指出电压 u_A、u_B 的有效值、初相、相位差,画出 u_A、u_B 的波形图。

解　$U_A = \dfrac{10}{\sqrt{2}}$ V $= 5\sqrt{2}$ V $= 7.07$ V,　$\phi_A = 60°$

$$U_B = \frac{10\sqrt{2}}{\sqrt{2}} \text{ V} = 10 \text{ V}, \quad \phi_B = -30°$$

$$\phi_A - \phi_B = 60° - (-30°) = 90°$$

u_A、u_B 的波形图如图 2.4 所示。

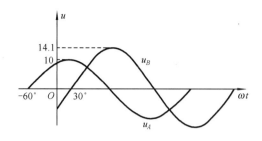

图 2.4　u_A、u_B 的波形图

2.1.2　正弦量的相量表示法

如果直接用正弦量的瞬时表达式或波形图来分析计算正弦交流电路,将是非常烦琐和困难的。因此,工程中通常采用复数来表示正弦量,把正弦量的各种运算转化为复数的代数运算,从而使正弦量的分析与计算得以简化,我们把这种方法称为正弦量的相量表示法。

1. 复数

复数及其运算是相量法的基础,因此,下面对复数进行必要的复习。

(1) 复数的表示形式。

从数学中可知,在复平面上的任意一个 A 点对应着一个复数,如图 2.5 所示。复数 A 在实轴上的投影用 a 表示,称为复数的实部,单位是 $+1$;复数 A 在虚轴上的投影用 b 表示,称为复数的虚部,单位用 $+j$ 表示($j=\sqrt{-1}$)。这样得到复数 A 的代数式为

$$A = a + jb \tag{2.7}$$

复数在复平面上也可以用有向线段来表示。在图 2.5 中,把直线 OA 长度记作 r,称作复数的模。把 OA 与实轴的夹角记作 ϕ,称为复数的辐角。于是式(2.7)又可表示成

$$A = a + jb = r\cos\phi + jr\sin\phi = r(\cos\phi + j\sin\phi) \tag{2.8}$$

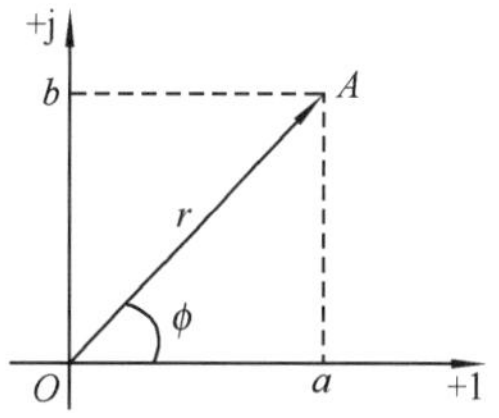

式(2.8)称为复数 A 的三角函数形式。利用欧拉公式

$$e^{j\phi} = \cos\phi + j\sin\phi$$

可得

图 2.5　复数的矢量表示

$$A = re^{j\phi} \tag{2.9}$$

式(2.9)称为复数 A 的指数形式。工程上常把此式记作

$$A = r\angle\phi \tag{2.10}$$

式(2.10)称为复数 A 的极坐标形式。

(2) 复数的四则运算。

两个复数相加或相减就是把它们的实部和虚部分别相加和相减。

设两个复数为

$$A_1 = a_1 + jb_1, \quad A_2 = a_2 + jb_2$$

则
$$A_1 \pm A_2 = (a_1 \pm a_2) + j(b_1 \pm b_2)$$

用复数的极坐标形式表示,乘除运算比较方便。

设
$$A_1 = r_1\angle\phi_1, \quad A_2 = r_2\angle\phi_2$$

则
$$A_1 \cdot A_2 = r_1 \cdot r_2 \angle(\phi_1 + \phi_2)$$

$$\frac{A_1}{A_2} = \frac{r_1}{r_2} \angle(\phi_1 - \phi_2)$$

例 2.2 $A = 3 + j4, B = 10\angle 36.9°$，求 $C = A + B$。

解 将 B 化成代数式

$$B = 10\angle 36.9° = 10\cos 36.9° + j10\sin 36.9° = 8 + j6$$

$$C = A + B = (3 + j4) + (8 + j6) = 11 + j10 = 14.86\angle 42.27°$$

例 2.3 $A = 6 + j8, B = 4 - j3$，求 $C = A/B$。

解 将 A、B 化成复数的极坐标形式

$$A = 6 + j8 = 10\angle 53.1°$$

$$B = 4 - j3 = 5\angle(-36.9°)$$

$$C = \frac{A}{B} = \frac{10\angle 53.1°}{5\angle(-36.9°)} = 2\angle 90°$$

2. 相量

任意一个正弦量都可以用旋转的有向线段表示，如图 2.6 所示。有向线段的长度表示正弦量的幅值；有向线段（初始位置）与横轴的夹角表示正弦量的初相位；有向线段旋转的角速度表示正弦量的角频率。正弦量的瞬时值由旋转的有向线段在纵轴上的投影表示。

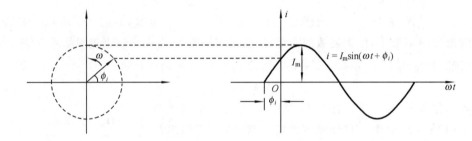

图 2.6 正弦量用旋转的有向线段表示

一个正弦量可以用旋转的有向线段表示，而有向线段可以用复数表示，因此正弦量可以用复数来表示，表示正弦量的复数称为相量。用大写字母表示，并在字母上加一点。

复数的模表示正弦量的幅值或有效值，复数的辐角表示正弦量的初相位。

正弦电流 $i(t) = I_m\sin(\omega t + \phi_i)$ 的相量形式为

幅值相量 $\qquad \dot{I}_m = I_m(\cos\phi_i + j\sin\phi_i) = I_m e^{j\phi_i} = I_m\angle\phi_i \qquad (2.11)$

有效值相量 $\qquad \dot{I} = I(\cos\phi_i + j\sin\phi_i) = I e^{j\phi_i} = I\angle\phi_i \qquad (2.12)$

相量 $\dot{I}_m$ 包含了该正弦电流的幅值和初相两个要素。给定角频率 ω，就可以完全确定一个正弦电流。

相量在复平面上的图示称为相量图。经常把几个正弦量的有向线段画在一起，它可以形象地表示出各正弦量的大小和相位关系。从图 2.7 中可以看到，电压 $\dot{U}_m$ 超前电流 $\dot{I}_m$，$\psi = \phi_u - \phi_i$，但要注意，只有同频率的正弦量才能画在一张相量图上。

必须指出，相量只能表示正弦量，但相量并不等于正弦量，即

$$\dot{I}_m \neq i(t), \quad \dot{U}_m \neq u(t)$$

例 2.4 写出表示 $u_A = 220\sqrt{2}\sin 314t$ V，$u_B = 220\sqrt{2}\sin(314t - 120°)$ V，$u_C = 220\sqrt{2}\sin(314t + 120°)$ V 的相量，并画出相量图。

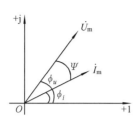

图 2.7　相量图

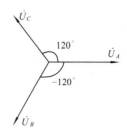

图 2.8　例 2.4 图

解　用有效值相量表示

$$\dot{U}_A = 220\angle 0° \text{ V}, \quad \dot{U}_B = 220\angle(-120°) \text{ V}, \quad \dot{U}_C = 220\angle 120° \text{ V}$$

相量图如图 2.8 所示。

例 2.5　已知两个正弦电压分别为 $u_1 = 3\sqrt{2}\sin(314t+30°)$，$u_2 = 4\sqrt{2}\sin(314t-60°)$，求 $u = u_1 + u_2$。

解　这是两个同频率的相量，相加运算可以转换成对应的相量相加。先求出两个正弦量的对应相量

$$\dot{U}_1 = 3\angle 30° \text{ V} = (2.6+j1.5) \text{ V}$$

$$\dot{U}_2 = 4\angle(-60°) \text{ V} = (2-j3.46) \text{ V}$$

所以 $\dot{U} = \dot{U}_1 + \dot{U}_2 = [(2.6+2)+j(1.5-3.46)] \text{ V} = (4.6-j1.96) \text{ V} = 5\angle(-23°) \text{ V}$

$$u = 5\sqrt{2}\sin(314t-23°) \text{ V}$$

2.2　单相交流电路

单相交流电路是我们日常生活中遇见的最多的电路，比如照明电路以及各种家用电器电路几乎都是单相交流电路。单相交流电路的负载可归纳为电阻性、电感性或电容性负载。本节从最简单的纯电阻、纯电感和纯电容电路开始，对单相交流电路进行讨论。

2.2.1　纯电阻电路

在图 2.9(a) 中的电阻器两端施加正弦交流电压

$$u_R = \sqrt{2}U_R\sin(\omega t + \phi_u)$$

在图示参考方向下，根据欧姆定律，流过电阻器的电流为

$$i_R = \frac{u_R}{R} = \frac{\sqrt{2}U_R}{R}\sin(\omega t + \theta_u) = \sqrt{2}I_R R\sin(\omega t + \phi_i) \tag{2.13}$$

比较式(2.13)两端有

$$I_R = \frac{U_R}{R} \tag{2.14}$$

$$\varphi_i = \phi_u \tag{2.15}$$

电阻元件上电压 u_R 和电流 i_R 的波形图如图 2.9(b) 所示。从式(2.15)和波形图上可看出纯电阻电路中的电流和电压同相。

用相量表示

$$\dot{U}_R = U_R\angle \phi_u$$

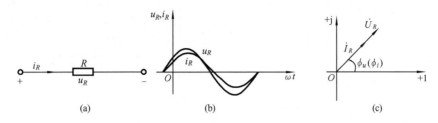

图 2.9   电阻元件的交流电路

$$\dot{I}_R = \frac{U_R}{R}\angle\phi_u = \frac{\dot{U}_R}{R} \tag{2.16}$$

用相量图表示如图 2.9(c)所示。

同理,幅值相量表示为

$$\dot{I}_{Rm} = \frac{\dot{U}_{Rm}}{R}$$

例 2.6   在交流电路中接有一段电热丝,已知电热丝的电阻 $R = 100\ \Omega$,交流电压的表达式为 $u_R = 220\sqrt{2}\sin\left(314t + \frac{\pi}{3}\right)$ V,求:①电路中电流有效值的大小;②写出通过电热丝的电流瞬时表达式。

解   由题意得

$$U_R = 220\ \text{V}$$

所以

$$I_R = \frac{U_R}{R} = \frac{220}{100}\ \text{A} = 2.2\ \text{A}$$

电热丝可看作纯电阻电路,电流与电压同相,故所求表达式为

$$i_R = 2.2\sqrt{2}\sin\left(314t + \frac{\pi}{3}\right)\ \text{A}$$

2.2.2   纯电感电路

在图 2.10(a)中,假定在任何瞬间,电压 u_L 和电流 i_L 在关联参考方向下,设流过电感的电流为

$$i_L = \sqrt{2}I_L\sin(\omega t + \phi_i)$$

根据关系式

$$u_L = L\frac{\mathrm{d}i_L}{\mathrm{d}t}$$

$$u_L = \sqrt{2}\omega L I_L\sin\left(\omega t + \phi_i + \frac{\pi}{2}\right) = \sqrt{2}U_L\sin(\omega t + \phi_u) \tag{2.17}$$

比较式(2.17)两端有

$$U_L = \omega L I_L = X_L I_L \tag{2.18}$$

$$\phi_u = \phi_i + \frac{\pi}{2} \tag{2.19}$$

式(2.18)中

$$X_L = \frac{U_L}{I_L} = \omega L = 2\pi f L \tag{2.20}$$

X_L 称为感抗,感抗与频率成正比。当频率的单位是 Hz,电感的单位是 H 时,感抗的单位为 Ω。

电感元件上电压 u_L 和电流 i_L 的波形图如图 2.10(b)所示。从式(2.19)和波形图上可看

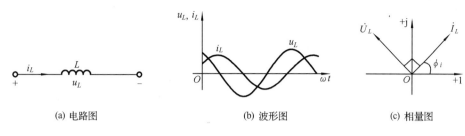

(a) 电路图　　　　　　　　　　(b) 波形图　　　　　　　　　　(c) 相量图

图 2.10　电感元件的交流电路

出纯电感电路中的电压超前电流 $\dfrac{\pi}{2}$。

用相量表示

$$\dot{I}_L = I_L \angle \phi_i$$

$$\dot{U}_L = \omega L I_L \angle \left(\phi_i + \frac{\pi}{2}\right) = \omega L \angle \frac{\pi}{2} \cdot I_L \angle \phi_i$$

因为 $1\angle \dfrac{\pi}{2} = +\mathrm{j}$，所以上式可写为

$$\dot{U}_L = \mathrm{j}\omega L \dot{I}_L = \mathrm{j}X_L \dot{I}_L \tag{2.21}$$

用相量图表示如图 2.10(c)所示。

例 2.7　已知某线圈的电感 $L = 2.5$ mH，加在线圈两端的电压为 $u_L = 15\sqrt{2}\sin\left(1570t + \dfrac{\pi}{3}\right)$ V，求：①线圈的感抗 X_L 和通过线圈的电流有效值 I_L；②写出通过线圈的电流瞬时表达式。

解　①由题意得

$$X_L = \omega L = (1\,570 \times 2.5 \times 10^{-3})\ \Omega = 3.925\ \Omega$$

线圈中电流的有效值为

$$I_L = \frac{U_L}{X_L} = \frac{15}{3.925}\ \text{A} = 3.82\ \text{A}$$

②因为

$$\phi_i = \phi_u - \frac{\pi}{2} = \frac{\pi}{3} - \frac{\pi}{2} = -\frac{\pi}{6}$$

所以

$$i_L = 3.82\sqrt{2}\sin\left(1570t - \frac{\pi}{6}\right)\ \text{A}$$

2.2.3　纯电容电路

在图 2.11(a)中，假定在任何瞬间，电压 u_C 和电流 i_C 在关联参考方向下，设电容两端的电压为

$$u_C = \sqrt{2}U_C\sin(\omega t + \phi_u)$$

根据关系式

$$i_C = C\frac{\mathrm{d}u_C}{\mathrm{d}t}$$

$$i_C = \sqrt{2}\omega C U_C\sin\left(\omega t + \phi_u + \frac{\pi}{2}\right) = \sqrt{2}I_C\sin(\omega t + \phi_i) \tag{2.22}$$

比较式(2.22)两端有

$$I_C = \omega C U_C = \frac{U_C}{X_C} \tag{2.23}$$

$$\phi_i = \phi_u + \frac{\pi}{2} \tag{2.24}$$

式(2.23)中
$$X_C = \frac{U_C}{I_C} = \frac{1}{\omega C} = \frac{1}{2\pi f C} \tag{2.25}$$

X_C 称为容抗,感抗与频率成反比。当频率的单位是 Hz,电容的单位是 F 时,感抗的单位为 Ω。

电容元件上电压 u_C 和电流 i_C 的波形图如图 2.11(b)所示。从式(2.24)和波形图上可看出纯电容电路中的电流超前电压 $\frac{\pi}{2}$。

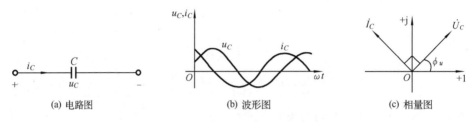

图 2.11　电容元件的交流电路

用相量表示
$$\dot{U}_C = U_C \angle \phi_u$$

$$\dot{I}_C = \omega C U_C \angle \left(\phi_u + \frac{\pi}{2}\right) = \omega C \angle \frac{\pi}{2} \cdot U_C \angle \phi_u$$

因为 $1\angle\frac{\pi}{2} = +j$,所以上式可写为

$$\dot{I}_C = j\omega C \dot{U}_C = \frac{\dot{U}_C}{-jX_C} \tag{2.26}$$

用相量图表示如图 2.11(c)所示。

例 2.8　已知 $C=75~\mu F$,接通正弦电压为 $u_C=380\sqrt{2}\sin(314t+52°)$ V,求电容的容抗 X_C 和流过电容的电流 i_C。

解　由题意得

$$X_C = \frac{1}{\omega C} = \frac{1}{314 \times 75 \times 10^{-6}}~\Omega = 42.46~\Omega$$

由式(2.22)得

$$\dot{I}_C = \frac{\dot{U}_C}{-jX_C} = \frac{380\angle 52°}{42.46\angle(-90°)}~A$$
$$= 8.95\angle 142°~A$$

所以
$$i_C = 8.95\sqrt{2}\sin(314t+142°)~A$$

2.3　简单正弦电路的分析

2.3.1　正弦交流电路的一般分析方法

将正弦交流电路中的电压、电流用相量表示,元件参数用阻抗来代替。运用基尔霍夫定律的相量形式和元件欧姆定律的相量形式来求解正弦交流电路的方法称为相量法。运用相量法分析正弦交流电路时,直流电路中的结论、定理和分析方法同样适用于正弦交流电路。

1. 基尔霍夫定律的相量形式

基尔霍夫电流定律的相量形式:对于电路中的任一节点在任一时刻有

$$\sum \dot{I} = 0 \tag{2.27}$$

该式表示,在任一时刻,流经电路任一节点的电流相量的代数和为零。

基尔霍夫电压定律的相量形式:在电路中,任一时刻沿任一闭合回路有

$$\sum \dot{U} = 0 \tag{2.28}$$

该式表示,在任一时刻,沿任一闭合回路的各支路电压相量的代数和为零。

例 2.9　如图 2.12 所示,流过元件 A、B 的电流分别为 $i_A = 6\sqrt{2}\sin(\omega t + 30°)$ A,$i_B = 8\sqrt{2}\sin(\omega t - 60°)$ A,求总电流 i。

解

$$\dot{I}_A = 6\angle 30° = 5.196 + j3 \text{ A}$$

$$\dot{I}_B = 8\angle(-60°) = 4 - j6.928$$

根据 KCL 的相量形式有

$$\dot{I} = \dot{I}_A + \dot{I}_B = (5.196 + j3 + 4 - j6.928) \text{ A}$$
$$= (9.196 - j3.928) \text{ A}$$
$$= 10\angle(-23.1°) \text{ A}$$
$$i = 10\sqrt{2}\sin(\omega t - 23.1°) \text{ A}$$

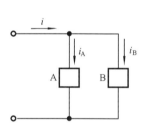

图 2.12　例 2.9 图

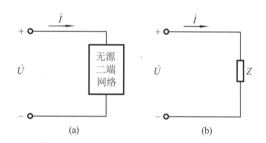

图 2.13　阻抗的定义

2. 阻抗及欧姆定律的相量形式

(1) 阻抗的定义。

如图 2.13 所示,无源二端网络端口电压相量和端口电流相量的比值为该无源二端网络的阻抗,用符号 Z 表示,即

$$Z = \frac{\dot{U}}{\dot{I}} \tag{2.29}$$

这个式子也可写成 $\dot{U} = Z\dot{I}$,它与直流电路欧姆定律相似,称为欧姆定律的相量形式。根据式(2.16)、式(2.21)和式(2.26)可以得出,纯电阻、纯电感和纯电容的阻抗分别为 R、$j\omega L$ 和 $-j\dfrac{1}{\omega C}$。

(2) 阻抗的串联与分压。

如图 2.14(a)所示,两个阻抗串联,有

$$Z = Z_1 + Z_2 \tag{2.30}$$

$$\dot{U}_1 = \frac{Z_1}{Z_1 + Z_2}\dot{U}, \dot{U}_2 = \frac{Z_2}{Z_1 + Z_2}\dot{U} \tag{2.31}$$

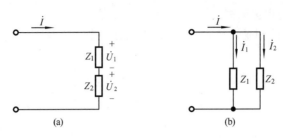

图 2.14　阻抗的串联与并联

（3）阻抗的并联与分流。

如图 2.14（b）所示，两个电阻并联，有

$$Z = \frac{Z_1 Z_2}{Z_1 + Z_2} \tag{2.32}$$

$$\dot{I}_1 = \frac{Z_2}{Z_1 + Z_2}\dot{I}, \quad \dot{I}_2 = \frac{Z_1}{Z_1 + Z_2}\dot{I} \tag{2.33}$$

例 2.10　如图 2.14（b）所示，两个阻抗 $Z_1 = 3 + j4$ Ω，$Z_2 = 8 - j6$ Ω，并联在 $\dot{U} = 220\angle 0°$ V 的电源上，计算各支路的电流和总电流。

解　$Z_1 = (3 + j4)$ Ω $= 5\angle 53°$ Ω，$Z_2 = (8 - j6)$ Ω $= 10\angle(-37°)$ Ω

$$Z = \frac{Z_1 Z_2}{Z_1 + Z_2} = \frac{5\angle 53° \times 10\angle -37°}{3 + j4 + 8 - j6} \text{ Ω} = \frac{50\angle 16°}{11 - j2} \text{ Ω} = \frac{50\angle 16°}{11.8\angle(-10.5°)} \text{ Ω}$$

$$= 4.47\angle 26.5° \text{ Ω}$$

$$\dot{I}_1 = \frac{\dot{U}}{Z_1} = \frac{220\angle 0°}{5\angle 53°} \text{ A} = 44\angle(-53°) \text{ A}$$

$$\dot{I}_2 = \frac{\dot{U}}{Z_2} = \frac{220\angle 0°}{10\angle -37°} \text{ A} = 22\angle 37° \text{ A}$$

$$\dot{I} = \frac{\dot{U}}{Z} = \frac{220\angle 0°}{4.47\angle 26.5°} \text{ A} = 49.2\angle(-26.5°) \text{ A}$$

验算方法：$\dot{I}_1 + \dot{I}_2 = \dot{I}$ 是否成立。

2.3.2　RLC 串联电路

RLC 串联电路

由电阻、电感、电容元件串联组成的电路称为 RLC 串联电路，如图 2.15（a）所示。由于这种电路包含了 R、L、C 三个不同的电路参数，所以是最具一般意义的串联电路。常用的串联电路，都可认为是它的特例。下面分析电阻、电感和电容串联电路。

在串联电路中，通过各元件的电流相同，所以，对串联电路一般选择电流为参考正弦量，电流与各元件电压的参考方向如图 2.15（a）所示。

假设电流为

$$i = \sqrt{2}I\sin\omega t$$

根据 KVL 有

$$u = u_R + u_L + u_C$$

把正弦量的代数运算转换为对应的相量的代数运算，如图 2.15（b）所示。

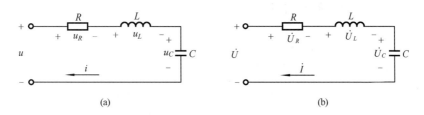

(a)　　　　　　　　　　　　　　　(b)

图 2.15　RLC 串联交流电路

$$\dot{U} = \dot{U}_R + \dot{U}_L + \dot{U}_C$$

已知
$$\dot{U}_R = R\dot{I}_R, \quad \dot{U}_L = j\omega L\dot{I}_L, \quad \dot{U}_C = \frac{1}{j\omega C}\dot{I}_C$$

在串联电路中,通过电阻、电感、电容元件中的正弦电流 $\dot{I}$ 相同,所以有

$$\dot{U} = R\dot{I} + j\omega L\dot{I} + \frac{1}{j\omega C}\dot{I}$$
$$= \left[R + j\left(\omega L - \frac{1}{\omega C}\right) \right]\dot{I}$$
$$\dot{U} = Z\dot{I} \tag{2.34}$$

式(2.34)为欧姆定律的向量形式。式中,Z 为 RLC 串联电路的复阻抗,单位是 Ω。

$$Z = R + j\left(\omega L - \frac{1}{\omega C}\right)$$
$$= R + j(X_L - X_C) \tag{2.35}$$
$$= R + jX$$

或
$$Z = |Z| \angle \phi = \sqrt{R^2 + (X_L - X_C)^2}\angle \arctan \frac{X_L - X_C}{R} \tag{2.36}$$

即
$$|Z| = \sqrt{R^2 + (X_L - X_C)^2}, \quad \phi = \arctan \frac{X_L - X_C}{R} \tag{2.37}$$

复阻抗 Z 的实部是电阻 R,虚部 $X = X_L - X_C$ 是感抗和容抗的代数和,称为电抗。复阻抗是复数可用阻抗三角形来表示,如图 2.16 所示。

由式(2.33)可得

(1) 当 $X_L = X_C$ 时,$\phi = 0$,$Z = R$,电路呈现电阻性。

(2) 当 $X_L > X_C$ 时,$\phi > 0$,电路呈现电感性。

(3) 当 $X_L < X_C$ 时,$\phi > 0$,电路呈现电容性。

利用相量图,可求出总电压与各元件电压、总电压与总电流的关系。下面介绍用多边形法则画相量图,如图 2.17 所示。

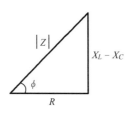

图 2.16　阻抗三角形

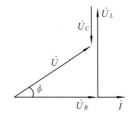

图 2.17　RLC 电路相量图

（1）先画出参考正弦量即电流相量 $\dot{I}$ 的方向；

（2）画出相量 $\dot{U}_R$ 与相量 $\dot{I}$ 同相；

（3）在相量 $\dot{U}_R$ 的末端作相量 $\dot{U}_L$ 超前相量 $\dot{I}$ 为 $90°$；

（4）在相量 $\dot{U}_L$ 的末端作相量 $\dot{U}_C$ 滞后相量 $\dot{I}$ 为 $90°$；

（5）从相量 $\dot{U}_R$ 始端到相量 $\dot{U}_C$ 末端作相量 $\dot{U}$，即所求电压相量。

从相量图上可以看出，总电压相量 $\dot{U}$ 与总电流相量 $\dot{I}$ 的相位差为

$$\phi = \arctan \frac{U_L - U_C}{U_R} = \arctan \frac{X_L - X_C}{R} \tag{2.38}$$

例 2.11　有一个 RLC 串联电路，已知 $R = 15\ \Omega$，$L = 30\ \text{mH}$，$C = 20\ \mu\text{F}$，外接电压 $u = 100\sqrt{2}\sin(\omega t + 30°)$ V，电压频率 $f = 300$ Hz。求电路中的电流 i。

解　电路中 X_L、X_C 及 Z 分别为

$$X_L = 2\pi f L = (2\pi \times 300 \times 30 \times 10^{-3})\ \Omega = 56.52\ \Omega$$

$$X_C = \frac{1}{2\pi f C} = \frac{1}{2\pi \times 300 \times 20 \times 10^{-6}}\ \Omega = 26.54\ \Omega$$

$$Z = R + j(X_L - X_C) = [15 + j(56.52 - 26.54)]\ \Omega = (15 + j29.98)\ \Omega = 33.52\angle 63.42°\ \Omega$$

已知　　　　　　　　　　　　　　$\dot{U} = 100\angle 30°$ V

所以　　　　　　$\dot{I} = \frac{\dot{U}}{Z} = \frac{100\angle 30°}{33.52\angle 63.42°}$ A $= 2.98\angle(-33.42°)$ A

$$i = 2.98\sqrt{2}\sin(\omega t - 33.42°)\ \text{A}$$

2.3.3　正弦交流电路中的谐振

具有电阻、电感和电容的电路，在一定条件下，电路的端口电压与电流出现了相位相同的情况，即整个电路呈阻性。通常把此时电路的工作状况称为谐振。

发生在串联电路中的谐振称为串联谐振，发生在并联电路中的谐振称为并联谐振。

1. 串联谐振

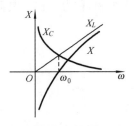

图 2.18　电抗与 ω 的关系

由式（2.35）可知，RLC 串联电路的总阻抗为

$$Z = R + j\left(\omega L - \frac{1}{\omega C}\right) = R + j(X_L - X_C) = R + jX$$

式中，电抗 $X = X_L - X_C$ 是角频率 ω 的函数，X 随 ω 变化的情况如图 2.18 所示。由图可知，当 $\omega = \omega_0$ 时

$$X = X_L - X_C = 0$$

即　　　　　　　　　　　　　$\omega_0 L - \frac{1}{\omega_0 C} = 0$

所以　　　　　　　　　　　　　　$\omega_0 = \frac{1}{\sqrt{LC}}$

或谐振频率　　　　　　　　　　$f_0 = \frac{1}{2\pi\sqrt{LC}}$ 　　　　　　　　　(2.39)

谐振时电抗 $X = 0$，感抗 X_L 和容抗 X_C 相等。但 X_L 和 X_C 本身不为零。复阻抗 $Z = R$，阻抗最小。在一定电压 U 的作用下，电路中的电流达到最大值。用 I_0 来表示，并称为谐振电流，即 $I_0 = \frac{U}{R}$。串联谐振时，$U_R = U$，$U_L = U_C$。

谐振时的感抗和容抗称为谐振电路的特性阻抗,记为 ρ,即

$$\rho = \omega_0 L = \frac{1}{\omega_0 C} = \sqrt{\frac{L}{C}} \tag{2.40}$$

特性阻抗的单位是 Ω。它是一个仅由电路的参数 L 和 C 决定的量,与频率高低无关。

把特性阻抗与电阻的比值 Q 称为谐振电路的品质因数。

$$Q = \frac{\omega_0 L}{R} = \frac{1}{\omega_0 C R} = \frac{1}{R}\sqrt{\frac{L}{C}} \tag{2.41}$$

Q 是一个仅与电路参数有关的常数。因为通常绕组的电阻较小,所以 Q 值往往很高。质量较好的绕组,Q 值可高达 $200\sim300$。这样,即使外加电压不高,谐振时电感或电容的端电压仍然会很高。因此,串联谐振又称为电压谐振。

例 2.12 如图 2.19 所示电路,已知 $L=30\,\mu H$、$C=200$ pF、$R=10\ \Omega$,端口电压 $U=100$ mV,求:①电路的谐振频率;②电路的特性阻抗;③电路的品质因数;④电容上的输出电压。

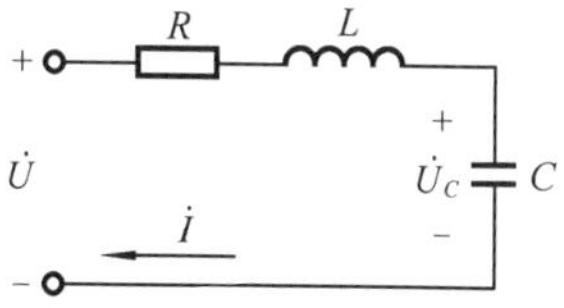

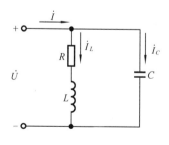

图 2.19　例 2.12 图

解　① $f_0 = \frac{1}{2\pi\sqrt{LC}}$

$\qquad = \frac{1}{2\times3.14\sqrt{30\times10^{-6}\times200\times10^{-12}}}$ Hz

$\qquad = 2.05\times10^6$ Hz $= 2.05$ MHz

② $\rho = \sqrt{\frac{L}{C}} = \sqrt{\frac{30\times10^{-6}}{200\times10^{-12}}} = 387\ \Omega$

③ $Q = \frac{\rho}{R} = \frac{387}{10} = 38.7$

④ $U_C = \frac{U}{R}\times\rho = U\times Q = 100\times10^{-3}\times38.7$ V $= 3.87$ V(电容输出电压是电源输入电压的 38.7 倍)

2. 并联谐振

并联谐振电路由电感线圈和电容构成,如图 2.20 所示。电感线圈和电容的复阻抗分别为

$$Z_L = R + j\omega L, \quad Z_C = \frac{1}{j\omega C}$$

电路的复阻抗为

$$Z = Z_L \,//\, Z_C = \frac{(R+j\omega L)\dfrac{1}{j\omega C}}{R+j\omega L+\dfrac{1}{j\omega C}}$$

电感线圈的电阻一般较小,特别是在频率较高时,$\omega L \gg R$,于是有

$$Z = \frac{\dfrac{L}{C}}{R+j\omega L+\dfrac{1}{j\omega C}} = \frac{1}{\dfrac{RC}{L}+j\left(\omega C-\dfrac{1}{\omega L}\right)}$$

图 2.20　并联谐振电路

谐振时,复阻抗的虚部为零,即

$$\omega_0 C - \frac{1}{\omega_0 L} = 0$$

$$\omega_0 = \frac{1}{\sqrt{LC}}, \quad f_0 = \frac{1}{2\pi\sqrt{LC}} \tag{2.42}$$

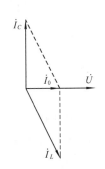

图 2.21　并联谐振时
电流相量

在 $\omega L \gg R$ 的情况下，从式（2.42）中可以得到并联谐振与串联谐振的谐振频率相同。并联谐振时，电压、电流同相位，阻抗最大，$Z_0 = \dfrac{L}{RC}$。在谐振时，通过电感线圈和电容的电流远远大于电路的总电流，如图 2.21 所示。所以并联谐振又称为电流谐振。

电路的谐振广泛应用在电子技术中，例如，电视机和收音机的信号接收电路、振荡电路、中频放大电路等。但在电力工程系统中，电路发生谐振的话，有可能产生高电压或强电流，使系统的正常工作受到破坏，因此，又要避免谐振给电气设备造成的危害。研究和分析电路的谐振，就是要让我们更好地用其所长，避其所短。

2.4　正弦交流电路的功率

2.4.1　瞬时功率

设有一无源二端网络，如图 2.22 所示。其电流、电压分别为

$$i = \sqrt{2}I\sin\omega t$$

$$u = \sqrt{2}U\sin(\omega t + \phi)$$

则瞬时功率为

$$p = ui = 2UI\sin(\omega t + \phi)\sin\omega t \tag{2.43}$$
$$= UI[\cos\phi - \cos(2\omega t + \phi)]$$

图 2.22　无源二端网络

式中：ϕ 为二端网络电压与电流的相位差。

由式（2.43）可以看出瞬时功率是随时间而变化的，当瞬时功率为正时，表示负载从电源吸收功率；当瞬时功率为负时，表示从负载中的储能元件（电感或电容）释放了能量送回到电源。

2.4.2　有功功率

我们把一个周期内瞬时功率的平均值称为"平均功率"或称为"有功功率"，用字母"P"表示，即

$$P = \frac{1}{T}\int_0^T p\,\mathrm{d}t = \frac{1}{T}\int_0^T UI[\cos\phi - \cos(2\omega t + \phi)]\mathrm{d}t \tag{2.44}$$
$$= UI\cos\phi$$

上式表明，正弦电路的平均功率不仅取决于电压和电流的有效值，而且还与它们的相位差有关，其中，$\cos\phi$ 称为电路的功率因数，ϕ 称为功率因数角。

对于电阻元件　　　　　$\phi = 0, \quad P_R = U_R I_R = I_R^2 R \geqslant 0$

对于电感元件　　　　　$\phi = \dfrac{\pi}{2}, \quad P_L = U_L I_L \cos\dfrac{\pi}{2} = 0$

对于电容元件　　　　　　$\phi=-\dfrac{\pi}{2}$，　$P_C=U_CI_C\cos\left(-\dfrac{\pi}{2}\right)=0$

可见，在正弦交流电路中，电阻总是消耗电能的；电感、电容元件只与电源进行能量交换，实际不消耗电能。有功功率实际上就是二端网络中各电阻消耗的功率之和，其单位是瓦特（W）。

2.4.3　无功功率

二端网络的无功功率定义为

$$Q=UI\sin\phi \tag{2.45}$$

Q 表示二端网络与外电路进行能量交换的幅度。为了区别于有功功率，无功功率用乏（var）作为单位。

对于电阻元件　　　　　　　　　　$\phi=0,Q_R=0$

对于电感元件　　　　　　$\phi=\dfrac{\pi}{2}$，　$Q_L=U_LI_L>0$

对于电容元件　　　　　　$\phi=-\dfrac{\pi}{2}$，　$Q_C=-U_CI_C<0$

2.4.4　视在功率

二端网络的视在功率定义为

$$S=UI \tag{2.46}$$

S 表示电源向二端网络提供的总功率。为了与有功功率、无功功率相区别，视在功率用伏·安（V·A）作为单位。

根据对有功功率、无功功率和视在功率的分析，可以得到

$$S^2=P^2+Q^2 \tag{2.47}$$

由上面的分析很容易作出功率三角形，功率三角形如图 2.23 所示。

需要说明的是，虽然视在功率 S 具有功率的量纲，但它与有功功率和无功功率是有区别的。视在功率的实际意义在于它表明了交流电气设备能够提供或取用功率的能力。交流电气设备的能力是按照预先设计的额定电压和额定电流来确定的，我们有时称为容量。

例 2.13　已知一阻抗 Z 上的电压、电流分别为 $\dot{U}=220\angle30°$ V，$\dot{I}=5\angle(-30°)$ A，且电压和电流的参考方向一致，求 $Z,\cos\phi,P,Q,S$。

解　$Z=\dfrac{\dot{U}}{\dot{I}}=\dfrac{220\angle30°}{5\angle(-30°)}$ Ω$=44\angle60°$ Ω

$$\cos\phi=\cos60°=0.5$$

$$P=UI\cos\phi=(220\times5\times0.5)\ \text{W}=550\ \text{W}$$

$$Q=UI\sin\phi=\left(220\times5\times\frac{\sqrt{3}}{2}\right)\ \text{var}=550\sqrt{3}\ \text{var}$$

$$S=\sqrt{P^2+Q^2}=\sqrt{550^2+(550\sqrt{3})^2}\ \text{V·A}=1\ 100\ \text{V·A}$$

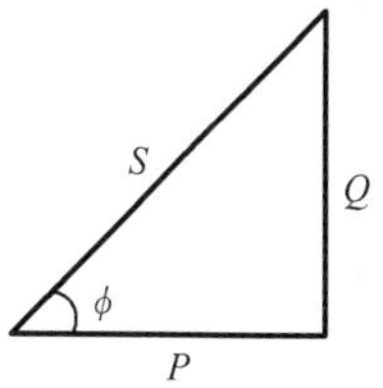

图 2.23　功率三角形

2.4.5　功率因数的提高

为了充分利用电气设备的容量和减少线路损失，就需要提高功率因数。功率因数不高主要是由于大量电感性负载的存在。工厂生产中广泛使用的三相异步电动机就相当于电感性负

载。在额定负载时,功率因数为 $0.7\sim0.9$,轻载或空载时功率因数常常只有 $0.2\sim0.3$。为了提高功率因数,常用的方法就是在电感性负载的两端并联适当大小的电容器,其电路图和相量图如图 2.24 所示。

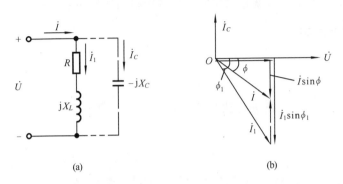

图 2.24　电感性负载并联电容的电路图和相量图

根据图 2.24 可知,电动机通过的电流为 $\dot{I}_1$,没并联电容之前电路的功率因数角为 ϕ_1。并联电容后,电容支路通过的电流为 $\dot{I}_C$,总电流 $\dot{I}=\dot{I}_1+\dot{I}_C$,电路的功率因数角为 ϕ。由于两支路为并联关系,所以,电路相量图中以端电压 $\dot{U}$ 作为参考相量。由相量图分析可得

$$I_C = I_1\sin\phi_1 - I\sin\phi = \left(\frac{P}{U\cos\phi_1}\right)\sin\phi_1 - \left(\frac{P}{U\cos\phi}\right)\sin\phi$$

$$= \frac{P}{U}(\tan\phi_1 - \tan\phi)$$

又　　　　　　　　　　　　　　　$$I_C = \omega CU$$

所以　　　　　　　　　　$$C = \frac{P}{\omega U^2}(\tan\phi_1 - \tan\phi) \qquad (2.48)$$

例 2.14　把一台功率 $P=3$ kW 的感应电动机接于工频电压为 220 V 的电源上,电动机的功率因数等于 0.5。问:

①使用时,电源供给的电流是多少? 无功功率 Q 是多少?

②现在要把线路的功率因数提高为 0.9,问需要在电动机两端并联多大电容的电容器? 这时电源供给的电流是多少?

解　① $P=UI\cos\phi$,$I_1=\dfrac{P}{U\cos\phi_1}=\dfrac{3\times10^3}{220\times0.5}$ A$=27.3$ A

$$Q=UI\sin\phi_1=220\times27.3\times\frac{\sqrt{3}}{2} \text{ var}=5196 \text{ var}=5.196 \text{ kvar}$$

②因为

$$\cos\phi_1=0.5, \quad \tan\phi_1=1.732$$
$$\cos\phi=0.9, \quad \tan\phi=0.484$$

根据式(2.48)可得

$$C=\frac{3\times10^3}{314\times220^2}(1.732-0.484) \text{ F}=246.3\times10^{-6} \text{ F}=246.3 \text{ } \mu\text{F}$$

$$I=\frac{P}{U\cos\phi}=\frac{3\times10^3}{220\times0.9} \text{ A}=15.2 \text{ A}$$

2.5　三相交流电路

2.5.1　三相电源

1. 单相电动势的产生

如图 2.25(a)所示,在两个磁极之间放一个线圈,让线圈以 ω 的角速度旋转。根据楞次定律可知,线圈中会产生感应电动势,其方向为由 A 至 X。合理设计磁极形状,使磁通量按正弦规律分布,线圈两端便可得到单相交流电动势。

$$e_{AX} = \sqrt{2}E\sin\omega t$$

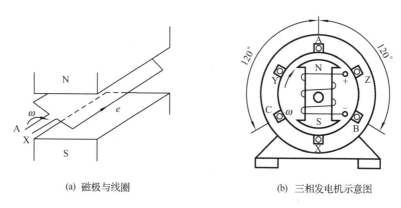

(a) 磁极与线圈　　　　　　　　(b) 三相发电机示意图

图 2.25　三相电动势的产生

2. 三相电动势的产生

图 2.25(b)所示的是三相发电机的示意图,图中 AX、BY、CZ 是完全相同而彼此空间位置相差 120°的三个定子绕组,分别称为 A 相、B 相和 C 相绕组,其中 A、B、C 分别为始端,X、Y、Z 分别为末端。当转子上装有磁极并以 ω 角速度匀速旋转时,三个线圈中便产生三个单相电动势,参考方向由末端指向首端。

对称的三个单相电动势的瞬时表达式为

$$e_{XA} = \sqrt{2}E\sin\omega t$$

$$e_{YB} = \sqrt{2}E\sin(\omega t - 120°)$$

$$e_{ZC} = \sqrt{2}E\sin(\omega t - 240°)$$

$$= \sqrt{2}E\sin(\omega t + 120°)$$

这三个单相电动势幅值和频率相同,彼此间相位差为 120°。把这样三个单相交流电的组合称为对称三相交流电。其波形图如图 2.26(a)所示。从波形图上可以看出任意时刻有

$$e_{XA} + e_{YB} + e_{ZC} = 0 \tag{2.49}$$

若用相量来表示这三个单相电动势,有

$$\dot{E}_A = E\angle 0°, \quad \dot{E}_B = E\angle(-120°), \dot{E}_C = E\angle 120°$$

其相量图如图 2.26(b)所示。从相量图上同样可以看出

$$\dot{E}_A + \dot{E}_B + \dot{E}_C = 0$$

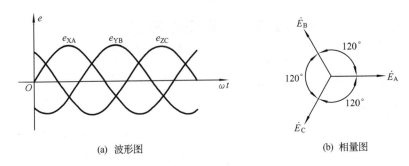

(a) 波形图　　　　　　　　　　(b) 相量图

图 2.26　三相电动势的波形图和相量图

2.5.2　三相电源的连接

三相电源绕组有星形(Y)和三角形(△)两种连接方式。

1. 三相电源的星形(Y)连接

把电源绕组的三个末端 X、Y、Z 连在一起,由三相绕组始端 A、B、C 向外引出三条输出线,这种连接方式称为星形连接,如图 2.27 所示。三相绕组的末端连接点称为电源的中性点,在电路图上用"N"标示。从中性点引出的导线称为中性线(或零线),简称中线。由三个始端 A、B、C 向外引出的三条输电线称为相线,俗称火线。电路图上常用"L₁、L₂、L₃"标示。这种具有中线的三相供电线路,称为三相四线制。

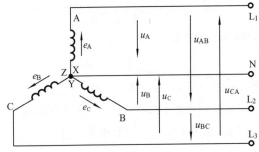

图 2.27　三相绕组的星形连接

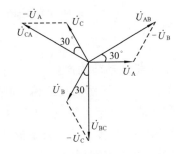

图 2.28　星形连接电压相量图

图 2.27 中,三条相线与中线间的电压称为相电压,有效值用 U_A、U_B、U_C 表示。当三个相电压对称时,可用 U_p 表示。任意两根相线之间的电压称为线电压,有效值用 U_{AB}、U_{BC}、U_{CA} 表示,对称的线电压可用 U_l 表示。很显然

$$\dot{U}_{AB} = \dot{U}_A - \dot{U}_B$$
$$\dot{U}_{BC} = \dot{U}_B - \dot{U}_C$$
$$\dot{U}_{CA} = \dot{U}_C - \dot{U}_A$$

根据上述关系可画出图 2.28 所示的电压相量图,由图可知,相电压是对称的,线电压也对称,并可推出

$$\frac{1}{2}U_l = U_p\cos30°$$

即　　　　　　　　　　　　　　　　$$U_l = \sqrt{3}U_p \qquad\qquad (2.50)$$

从式(2.50)可知,线电压有效值 U_l 为相电压有效值的 $\sqrt{3}$ 倍,并且线电压超前其相对应的相电

压 30°。即

$$\dot U_{AB}=\sqrt 3\dot U_A\angle 30°,\quad \dot U_{BC}=\sqrt 3\dot U_B\angle 30°,\quad \dot U_{CA}=\sqrt 3\dot U_C\angle 30°$$

由此可知,当电源绕组接成星形时,可向负载提供两种电压。通常低压供电系统中,相电压为 220 V,线电压为 380 V。

2. 三相电源的三角形(△)连接

将三相绕组的一相的末端与另一相的始端依次相连,再从端点 A、B、C 向外引出三条输出线 L_1、L_2、L_3 给用户供电,这种连接方式称为三相三线制的三角形连接,如图 2.29 所示。

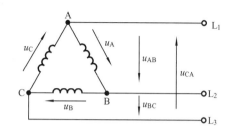

图 2.29　三相电源的三角连接

从图上可清楚地看出,电源作三角形连接时,线电压等于相应的相电压,即

$$u_{AB}=u_A,\quad u_{BC}=u_B,\quad u_{CA}=u_C$$

用相量表示有

$$\dot U_{AB}=\dot U_A,\quad \dot U_{BC}=\dot U_B,\quad \dot U_{CA}=\dot U_C$$

或

$$\dot U_{l△}=\dot U_{p△} \tag{2.51}$$

三相电源作三角形连接时,应特别注意各相绕组的始末端不能接错,如果接错,$\dot U_A+\dot U_B+\dot U_C\neq 0$,引起的环流将会把电源烧毁。

2.5.3　三相负载的连接

三相负载的连接方式和三相电源的连接方式一样,也有星形(Y)连接和三角形(△)连接两种。

1. 负载的星形(Y)连接

三相负载的星形连接方式如图 2.30 所示。三个负载 Z_A、Z_B、Z_C 的一端连接在一起接到三相四线制的供电电源的中线上,另一端分别与三根相线的 A、B、C 端相连。

三相电路中,各相负载中通过的电流称为三相交流电路的相电流,如图 2.30 中的 $\dot I_{AN}$、$\dot I_{BN}$、$\dot I_{CN}$;把相线上通过的电流称为线电流,如图 2.30 中的 $\dot I_A$、$\dot I_B$、$\dot I_C$。容易看出,在星形连接方式下,各线电流等于相应的相电流。即

$$\dot I_A=\dot I_{AN},\quad \dot I_B=\dot I_{BN},\quad \dot I_C=\dot I_{CN}$$

若用 I_l 表示线电流,I_p 表示相电流,则有

$$I_l=I_p \tag{2.52}$$

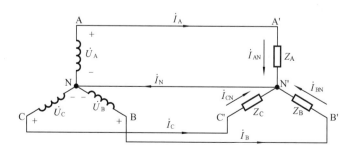

图 2.30　负载星形连接的三相电路

在三相电路中,计算某一相电流的方法与计算单相电路的电流一样,如果忽略输电线的电压降,则各相负载两端的电压就等于电源相电压。把每相负载都作为一个单相电路,则相电流的求法与单相交流电路相同,即

$$\dot{I}_A = \frac{\dot{U}_A}{Z_A}, \quad \dot{I}_B = \frac{\dot{U}_B}{Z_B}, \quad \dot{I}_C = \frac{\dot{U}_C}{Z_C} \tag{2.53}$$

中线上通过的电流,可根据相量形式的 KCL 得出

$$\dot{I}_N = \dot{I}_A + \dot{I}_B + \dot{I}_C \tag{2.54}$$

当 $Z_A = Z_B = Z_C = |Z| \angle \phi$ 时,称为对称负载。由于星形连接的各负载的相电压是对称的,由公式(2.48)可知,当负载对称时,相电流也是对称的,因此,线电流也是对称的三相电流,此时的中线电流为

$$\dot{I}_N = \dot{I}_A + \dot{I}_B + \dot{I}_C = 0 \tag{2.55}$$

在实际应用中三相异步电动机、三相电炉和三相变压器等都属于对称三相负载。对称三相电路由于中线电流为零,因此,可把中线省略而不会影响电路的工作,这样三相四线制就变为三相三线制。

当三相负载中有任何一相阻抗与其他两相阻抗的模值或幅角不同时,就构成了不对称的三相负载。不对称的负载只有采用三相四线制供电方式才能保证负载正常工作。

例 2.15　有一三相用电器,已知每相的电阻 $R = 6\ \Omega$,感抗 $X_L = 8\ \Omega$。电源电压对称,设 $u_{AB} = 380\sqrt{2}\sin(\omega t + 30°)$ V,试求三相电流。

解　因为负载对称,只需计算一相。

$U_A = \dfrac{U_{AB}}{\sqrt{3}} = \dfrac{380}{\sqrt{3}}$ V $= 220$ V,u_A 比 u_{AB} 滞后 $30°$。所以

$$u_A = 220\sqrt{2}\sin\omega t\ \text{V}$$

$$I_A = \frac{U_A}{|Z_A|} = \frac{220}{\sqrt{6^2 + 8^2}}\ \text{A} = 22\ \text{A},i_A\ \text{滞后于}\ u_A。$$

$$\phi = \arctan\frac{X_L}{R} = \arctan\frac{8}{6} = 53°$$

所以　　　　　　　　　　　　$$i_A = 22\sqrt{2}\sin(\omega t - 53°)\ A$$

因为电流对称,所以

$$i_B = 22\sqrt{2}\sin(\omega t - 53° - 120°) = 22\sqrt{2}\sin(\omega t - 173°)\ A$$

$$i_C = 22\sqrt{2}\sin(\omega t - 53° + 120°) = 22\sqrt{2}\sin(\omega t + 67°)\ A$$

例 2.16　某三相三线制供电线路上,电灯负载接成星形连接,如图 2.31(a)所示,设线电压为 380 V,每组电灯负载的电阻是 1 000 Ω,试计算:

①正常工作时,电灯负载的电压和电流为多少?

②如图 2.31(b)所示一相断开时,其他两相负载的电压和电流为多少?

③如图 2.31(c)所示一相发生短路时,其他两相负载的电压和电流为多少?

④如图 2.31(d)所示采用三相四线制供电,试重新计算一相断开时或一相短路时,其他各相负载的电压和电流。

解　①正常情况下,三相负载对称,有

$$U_p = \frac{U_1}{\sqrt{3}} = \frac{380}{\sqrt{3}}\ \text{V} = 220\ \text{V}$$

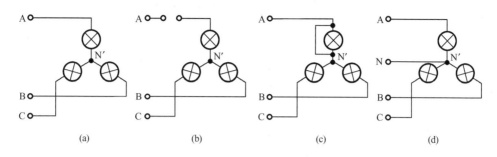

图 2.31　例 2.16 图

$$I_1 = I_p = \frac{220}{1\ 000}\ \text{A} = 0.22\ \text{A}$$

②一相断开，有

$$U_{BN'} = U_{CN'} = \frac{380}{2}\ \text{V} = 190\ \text{V}$$

$$I_B = I_C = \frac{190}{1\ 000}\ \text{A} = 0.19\ \text{A}（灯变暗）$$

$I_A = 0$，B、C 相电灯的端电压低于额定电压，电灯不能正常工作。

③一相短路，有

$$U_{BN'} = U_{CN'} = 380\ \text{V}$$

$$I_B = I_C = \frac{380}{1\ 000} = 0.38\ \text{A}$$

B、C 相电灯两端电压超过额定电压，电灯将被损坏。

④采用三相四线制，则

一相断开，其他的 B、C 两相 $U_{BN'} = U_{CN'} = 220\ \text{V}$，负载正常工作。

一相短路，其他的 B、C 两相 $U_{BN'} = U_{CN'} = 220\ \text{V}$，负载仍能正常工作。这就是三相四线制供电的优点。为了保证每相负载都能正常工作，中性线不能断开，并且中性线是不允许接入开关或保险丝的。

2. 负载的三角形(△)连接

三相负载的三角形连接方式如图 2.32 所示。三个负载 Z_A、Z_B、Z_C 的始末端依次连接一个闭环，再由各相相线的始端分别接到电源的三根相线上。

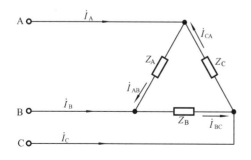

图 2.32　负载的三角形连接

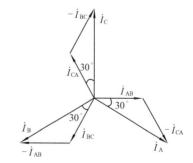

图 2.33　负载的三角形连接的电流相量图

由图 2.32 可见,不论负载是否对称,各相负载的相电压均为电源的线电压,它们是对称的。即

$$U_p = U_1 \tag{2.56}$$

在对称负载时,各相电流也是对称的,而线电流分别为

$$\dot{I}_A = \dot{I}_{AB} - \dot{I}_{CA}$$

$$\dot{I}_B = \dot{I}_{BC} - \dot{I}_{AB}$$

$$\dot{I}_C = \dot{I}_{CA} - \dot{I}_{BC}$$

由图 2.33 可以看出,线电流也是对称的,以 I_1 表示线电流的有效值,I_p 表示相电流的有效值,则满足关系

$$\frac{1}{2}I_1 = I_p \cos 30°$$

$$I_1 = \sqrt{3} I_p \tag{2.57}$$

从图 2.33 还可以看出,在相位上,线电流比相电流滞后 30°。

例 2.17 三相对称负载,每相等效电阻 $R = 12\ \Omega$,等效感抗 $X_L = 16\ \Omega$,接到线电压为 380 V 的三相四线制电源上。试分别计算负载星形连接和三角形连接时的相电流和线电流的有效值。

解 ①负载星形连接时,有

$$U_p = \frac{U_1}{\sqrt{3}} = \frac{380}{\sqrt{3}}\ V = 220\ V$$

$$I_p = \frac{U_p}{|Z_p|} = \frac{220}{\sqrt{12^2 + 16^2}}\ A = 11\ A$$

$$I_1 = I_p = 11\ A$$

②负载三角形连接时,有

$$U_p = U_1 = 380\ V$$

$$I_p = \frac{U_p}{|Z_p|} = \frac{380}{\sqrt{12^2 + 16^2}}\ A = 19\ A$$

$$I_1 = \sqrt{3} I_p = 1.73 \times 19\ A = 33\ A$$

此例说明,同一负载,在同一电源线电压的情况下,如果采取不同的连接方式,加在负载两端的电压就会不同,通过各相负载的电流也会不同。连接时应注意负载的额定电压是多少,根据额定电压值确定连接方式,不能随意连接,否则就会出现欠压或过压和过流的情况,使负载无法正常工作。

2.5.4　三相电路的功率

三相交流电路可以看成是 3 个单相交流电路的组合。因此,三相交流电路的有功功率可用下式来计算。

$$P = P_A + P_B + P_C$$

$$= U_{pA} I_{pA} \cos\phi_A + U_{pB} I_{pB} \cos\phi_B + U_{pC} I_{pC} \cos\phi_C$$

ϕ_1、ϕ_2、ϕ_3 分别是 A 相、B 相、C 相的相电压与相电流之间的相位差。

当三相负载对称时,无论负载是星形连接还是三角形连接,各相功率都是相等的,因此,三相有功功率是每相有功功率的 3 倍,即

$$P = 3U_p I_p \cos\phi = \sqrt{3}U_1 I_1 \cos\phi \tag{2.58}$$

同理,对称三相负载的无功功率和视在功率分别为

$$Q = \sqrt{3}U_1 I_1 \sin\phi \tag{2.59}$$

$$S = \sqrt{3}U_1 I_1 \tag{2.60}$$

例 2.18　三相对称负载,每相负载的电阻 $R = 5\ \Omega$,感抗 $X_L = 8.7\ \Omega$,接到 380 V 三相三线制的电源上,求:①负载接成星形和三角形两种情况的各种功率;②两种接法的线电流之比和功率之比。

解　①每相阻抗

$$Z = (5 + j8.7)\ \Omega = 10 \angle 60°\ \Omega,\quad |Z| = 10\ \Omega$$

负载为星形连接时

$$U_1 = 380\ \text{V},\quad U_p = \frac{U_1}{\sqrt{3}} = 220\ \text{V}$$

$$I_1 = I_p = \frac{U_p}{|Z|} = \frac{220}{10}\ \text{A} = 22\ \text{A}$$

三相有功功率为

$$P = \sqrt{3}U_1 I_1 \cos\phi = (\sqrt{3} \times 380 \times 22 \times \cos 60°)\ \text{W} = 7\ 240\ \text{W}$$

三相无功功率为

$$Q = \sqrt{3}U_1 I_1 \sin\phi = (\sqrt{3} \times 380 \times 22 \times \sin 60°)\ \text{var} = 12\ 540\ \text{var}$$

三相总视在功率为

$$S = \sqrt{3}U_1 I_1 = (\sqrt{3} \times 380 \times 22)\ \text{V} \cdot \text{A} = 14\ 480\ \text{V} \cdot \text{A}$$

负载为三角形连接时

$$U_p = U_1 = 380\ \text{V}$$

$$I_p = \frac{U_p}{|Z|} = \frac{380}{10}\ \text{A} = 38\ \text{A}$$

$$I_1 = \sqrt{3}I_p = 1.73 \times 38 = 65.7\ \text{A}$$

三相有功功率为

$$P = \sqrt{3}U_1 I_1 \cos\phi = (\sqrt{3} \times 380 \times 65.7 \times \cos 60°)\ \text{W} = 21\ 660\ \text{W}$$

三相无功功率为

$$Q = \sqrt{3}U_1 I_1 \sin\phi = (\sqrt{3} \times 380 \times 65.7 \times \sin 60°)\ \text{var} = 37\ 516\ \text{var}$$

三相总视在功率为

$$S = \sqrt{3}U_1 I_1 = (\sqrt{3} \times 380 \times 65.7)\ \text{V} \cdot \text{A} = 43\ 320\ \text{V} \cdot \text{A}$$

②三角形连接线电流 $I_{1\triangle}$ 与星形连接线电流 I_{1Y} 之比

$$\frac{I_{1\triangle}}{I_{1Y}} = \frac{\sqrt{3} \times 38}{22} = 3$$

三角形连接有功功率 $P_\triangle$ 与星形连接有功功率 P_Y 之比

$$\frac{P_\triangle}{P_Y} = \frac{21\ 660}{7\ 240} = 3$$

2.6　供配电与安全用电

2.6.1　供电与配电

1. 发电

发电厂按照所利用的能源种类可分为水力、火力、风力、核能、太阳能、沼气发电厂等。世界上建造最多的是水力发电厂、火力发电厂和核电站。

发电厂中的发电机几乎都是三相同步发电机,包括定子和转子两部分。

2. 输电

(1)电力网。

发电站大多建在产煤地区或水力资源丰富的地区,距离用电地区一般很远。发电厂生产的电能需要通过导线系统——电力网用高压输电线输送到用电地区,再降压分配给各用户。

(2)交流输电。

如图 2.34 为交流输电示意图。交流输电没有逆变和整流过程,相对来说操作过程较简单,但能耗较大,无线电干扰较大,电路造价较高。

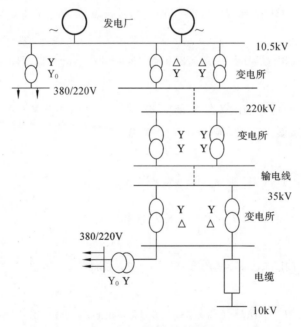

图 2.34　交流输电示意图

(3)直流输电。

如图 2.35 为直流输电示意图。直流输电的能耗较小,无线电干扰较少,输电线路造价较低。

3. 配电

输电线末端的变电所将电能分配给各工、企业和城市。工、企业设有中央变电所和车间变电所。中央变电所接受送来的电能,然后分配到各车间,再由车间变电所或配电箱(屏)将电能分配到各用电设备。配电线又有高压和低压之分。高压配电线的额定电压有 3 kV、6 kV 和

图 2.35　直流输电示意图

10 kV 三种。低压配电线的额定电压是 380/220 V。低压配电线路的连接方式主要有放射式和树干式。

当负载点比较分散而各个负载点具有相当大的集中负载时,采用放射式连接,如图 2.36 所示。

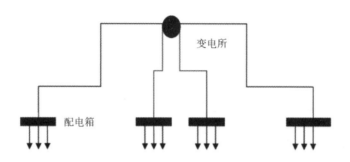

图 2.36　放射式低压配电示意图

当负载集中,同时各个负载点位于变电所或配电箱的同一侧,其间距较短时,采用树干式连接,如图 2.37 所示。

2.6.2　安全用电

1. 触电的危害和因素

触电是指当人体触及带电体承受过高的电压而导致死亡或局部受伤的现象。触电依伤害程度不同可分为电击和电伤两种。

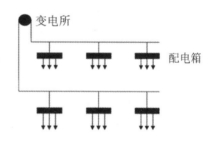

图 2.37　树干式低压配电示意图

(1) 电击。

电击是指电流通过人体,影响呼吸系统、心脏和神经系统,造成人体内部组织的破坏乃至死亡。电击多发生在对地电压为 220 V 的低压线路或带电设备上,因为这些带电体是人们日常工作和生活中容易接触到的。

(2) 电伤。

电伤是指在电弧作用下或熔断丝熔断时,对人体外部的伤害,如烧伤、金属溅伤等。严重时也能危及人命。电伤多发生在 1000 V 及 1000 V 以上的高压带电体上。

电击所引起的伤害程度与下列各种因素有关:

① 人体电阻的大小。

当皮肤有完好的角质外层并且很干燥时,人体电阻为 $10^4 \sim 10^5$ Ω,当角质外层破坏时,则降到 800~1000 Ω。

② 电流的大小。

如果通过人体的电流在 0.05 A(50 mA)以上时,就有生命危险。对于工频交流电,按照人体对所通过大小不同的电流所呈现的反应,通常可将电流划分为三级,表 2.1 为三级触电电流的定义。

表 2.1 三级触电电流的定义

名 称	定 义	大小	
		男子	女子
感知电流	引起感觉的最小电流	1.1 mA	0.7 mA
摆脱电流	人触电后能自主摆脱电源的最大电流	9 mA	6 mA
致命电流	较短时间内引起心室颤动,危及生命的电流	与通过的时间有关	

③ 电流的频率。

直流和频率在 40 Hz～60 Hz 的交流电流对人体的伤害最大。而 20 kHz 以上的交流电对人体无害。

④ 电流持续时间与路径。

电流通过人体的时间越长,则伤害越大。电流的路径通过心脏会导致心跳停止、血液循环中断,危险性最大。其中电流从右手到左脚的路径是最危险的。

2. 触电的方式及注意事项

(1) 接触正常带电体。

①电源中性点接地系统的单相触电。

这时人体处于相电压下,危险较大。如图 2.38 所示。

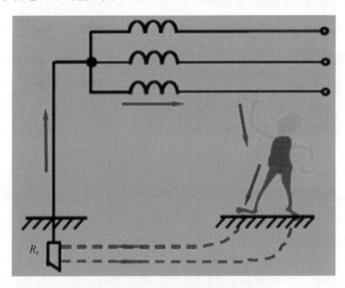

图 2.38 电源中性点接地系统单相触电

这时通过人体的电流 $I_b = \dfrac{U_p}{R_0 + R_b} = 219 \text{ mA} \gg 50 \text{ mA}$

式中:U_p 为电源相电压,$U_p = 220$ V;R_0 为接地电阻,$R_0 \leqslant 4\ \Omega$;R_b 为人体电阻,$R_b = 1000\ \Omega$。

②电源中性点不接地系统的单相触电。

这种触电也有危险,通过人体的电流取决于人体电阻与输电线对地绝缘电阻的大小,如图 2.39 所示。

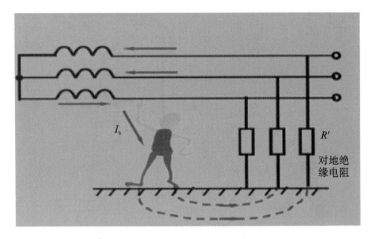

图 2.39　电源中性点不接地系统单相触电

③双相触电。

双相触电最为危险,如图 2.40 所示。此时人体处于线电压之下。通过人体的电流为

$$I_b = \frac{U_1}{R_b} = \frac{380}{1000}\ \text{A} = 380\ \text{mA} \gg 50\ \text{mA}$$

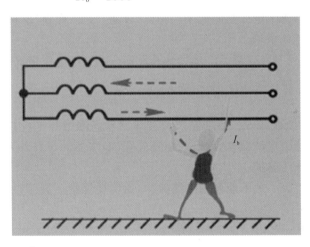

图 2.40　双相触电

(2)接触正常不带电的金属体。

例如电机外壳是不带电的,但电机内线圈绕组绝缘损坏而与外壳接触使其带电,当人触及带电的外壳时,相当于单相触电。为防止这种情况发生,应对电气设备安装保护接地和保护接零的保护装置。

(3)跨步电压触电。

如图 2.41 所示,输电线路火线断线落地时,落地点的电位即导线电位,电流将从落地点流入地中。离落地点越远,电位越低。根据实际测量,在离导线落地点 20 m 以外的地方,由于入地电流非常小,地面的电位近似等于零。如果有人走近导线落地点附近,由于人的两脚电位不同,则在两脚之间出现电位差,这个电位差叫作跨步电压,由跨步电压产生的触电称为跨步电压触电。距离电流入地点越近,人体承受的跨步电压越大;距离电流入地点越远,人体承受的跨步电压越小;在 20 m 以外,跨步电压很小,可以看作为零。

图 2.41　跨步电压触电

3. 防止触电的措施

（1）绝缘。

绝缘是用绝缘材料把带电体封闭起来。陶瓷、玻璃、云母、橡胶、木材、胶木、塑料、布、纸和矿物油等都是常用的绝缘材料。

应当注意：很多绝缘材料受潮后会丧失绝缘性能或在强电场作用下会遭到破坏，丧失绝缘性能。

（2）屏护。

屏护是采用遮拦、护罩、护盖、箱匣等把带电体同外界隔绝开来，用来防止直接触电的措施。例如，铁壳开关、磁力启动器、电动机的金属外壳、断路器的塑料外壳等，在公共场所的变配电装置都要设遮拦作为屏护。

电器开关的可动部分一般不能使用绝缘保护，而需要屏护。高压设备不论是否有绝缘保护，均应采取屏护。

（3）间距。

间距是保证人体与带电体之间的安全距离，防止人体无意接触或过分接近带电体。安全距离的大小由电压高低决定，如表 2.2 所示。

表 2.2　人体遮拦和绝缘板与带电体间的最小距离

电压等级/kV	安全距离/m	
	无遮拦	有遮拦
1 以下	0.10	—
10	0.70	0.35
35	1.00	0.60
110	1.50	1.50
220	3.00	3.00

间距除了可防止触及或过分接近带电体外，还能起到防止火灾、防止混线、方便操作的作

用。在低压工作中,最小检修距离不应小于 0.1 m。

4. 流电气设备安全用电措施的装接

(1) 三相五线制供电系统。

由于运行和安全的需要,我国的 380 V/220 V 低压供配电系统广泛采用电源中性点直接接地(这种接地方式为工作接地)的运行方式,同时分别引出零线或中性线(N)和保护线(PE),形成三相五线制系统,国际上称为 TN-S 系统,如图 2.42 所示。

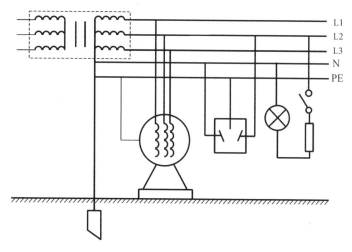

图 2.42　三相五线制供电系统

在整个供电系统中,中性线与保护线是分开的,中性线 N 作为通过单相回路和三相不平衡电流之用。保护线 PE 是保障人身安全、防止发生触电事故用的接地线,专门通过单相短路电流和漏电电流。采用三相五线制供电方式,能有效隔离三相四线制供电方式所造成的危险电压,使用电设备外壳上电位始终处在“地”电位,从而消除了设备产生危险电压的隐患。

三相五线制供电系统用彩色标记,三根相线(L1、L2、L3)分别用黄、绿、红三种颜色表示,零线(N)用蓝色表示,保护线(PE)用黄、绿双色表示。采用保护接零的低压供电系统,均是三相五线制供电的应用范围。国家有关部门已做出规定,对新建建筑、扩建建筑、企事业建筑、商业建筑、居民住宅、智能建筑、基建施工现场内的线路及临时线路,实行三相五线制供电方式,做到保护线和零线单独敷设。并应在现有企业内逐步将三相四线制供电改为三相五线制供电。

(2) 保护接地。

把电气设备不带电的金属外壳或框架通过接地线与深埋在地下的接地体紧密连接,这种保护人身安全的接地方式称为保护接地。当电气设备绝缘损坏而使其外壳带电时,外壳电位上升,当人体接触设备外壳时,将有触电危险。图 2.43 所示为电气设备外壳无保护接地的情形。

如果电气设备外壳采用了保护接地,人体接触到带电外壳时,接地电阻与人体电阻呈并联关系,由于人体电阻远大于接地电阻,所以通过人体的电流很小,避免了触电危险,如图 2.44 所示。保护接地,是中性点不接地的低压系统的主要安全措施。

(3) 保护接零。

保护接零就是将电气设备在正常情况下不带电的金属部分与电网的零线紧密地连接起来。在中性点接地的可靠的三相四线制和三相五线制供电系统中,电气设备的外壳与系统零

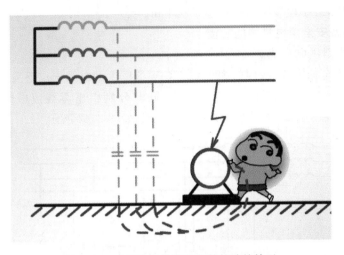

图 2.43　电气设备外壳无保护接地的情形

图 2.44　电气设备外壳采用了保护接地的情形

线(或中性线)相连接,称为保护接零。如图 2.45 所示。在三相五线制(TN-S)系统中,保护线用符号 PE 表示。

当发生单相碰壳时,就使该相和电源中性点形成单相短路,该故障会使保护电器迅速启动,如熔断器烧断、自动开关跳闸动作等切断电源,从而防止了触电的可能。

应当注意的是,在三相四线制的电力系统中,通常是把电气设备的金属外壳同时接地、接零,这就是所谓的重复接地保护措施,但还应该注意,零线回路中不允许装设熔断器和开关。

(4)采用安全电压。

这是用于小型电气设备或小容量电气线路的安全措施。根据欧姆定律,电压越大,电流也就越大。因此,可以把可能加在人身上的电压限制在某一范围内,使得在这种电压下,通过人体的电流不超过允许范围,这一电压就称为安全电压。安全电压的工频有效值不超过 50 V,直流不超过 120 V。我国规定工频有效值的等级为 42 V、36 V、24 V、12 V 和 6 V。

凡手提照明灯、高度不足 2.5 m 的一般照明灯,如果没有特殊安全结构或安全措施,应采用 42 V 或 36 V 的安全电压。

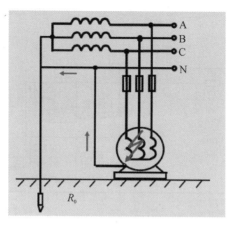

图 2.45　保护接零

凡是在金属容器、隧道、矿井等空间狭窄、行动不便，以及周围有大面积接地导体的环境下，使用手提照明灯时应采用 12 V 的安全电压。

2.7　本章仿真实训

一、应用 Mutisim 软件进行 RLC 串联谐振仿真实验

1. 实验目的

（1）验证 RLC 串联电路谐振条件及谐振电路的特点。

（2）加深对 RLC 串联谐振电路的认识。

（3）学习使用 Multisim 软件进行电路模拟。

2. 实验原理及说明

（1）串联谐振时，电抗 $X = X_L - X_C = 0$，谐振频率为

$$f_0 = \frac{1}{2\pi \sqrt{LC}}$$

串联谐振时，$U_R = U$，$U_L = U_C$。

（2）谐振时电抗 $X = 0$，感抗 X_L 和容抗 X_C 相等。但 X_L 和 X_C 本身不为零。复阻抗 $Z = R$，阻抗最小。当外加电压不变时，电流最大，$I_0 = \dfrac{U}{R}$。

3. 实验内容及步骤

在 Mutisim 软件中建立如图 2.46 所示实验电路图。电感器 L 为可变电感器，万用表 XMM1 和 XMM2 分别用来测量电感 L 和电容 C 上的电压，调至"～、V"位置，示波器 XSC1 用来观察电源电压和电阻电压波形和相位，示波器 XSC2 用来观察电感电压和电容电压的波形和相位，万用表 XMM3 用来测量电路的电流，调至"～、A"位置。

点击仿真开关，运行仿真，按照表 2.1 改变可变电感器 L 上的百分比，可以得出 U_L、U_C 和 I 的数值。将这些数值填入表 2.3，用示波器 XSC1 和示波器 XSC2 分别观察电源电压和电阻电压波形与电感电压和电容电压波形。

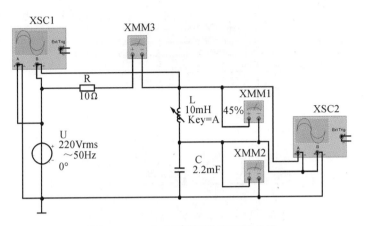

图 2.46 RLC 串联谐振仿真实验电路

表 2.3 RLC 串联谐振电感电压、电容电压和电路和电流测量数据

可变电感器百分比	20%	40%	45%	50%	60%	80%
万用表 XMM1/V						
万用表 XMM2/V						
万用表 XMM3/A						
判断是否发生谐振						

　　根据表 2.3 的数据,容易发现当 $U_L \approx U_C$,I 接近于最大值,这时可判断电路发生了谐振,通过示波器 XSC1 可以观察到电源电压与电阻电压波形和相位如图 2.47 所示,蓝色线为电源电压波形,红色线为电阻电压波形;通过示波器 XSC2 可以观察到电感电压和电容电压波形与相位如图 2.48 所示,蓝色线为电感电压波形,红色线为电容电压波形。谐振时,电源电压与电阻电压大小相等、同相,电感电压与电容电压大小相等、反相。

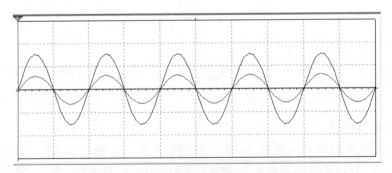

图 2.47 RLC 串联谐振时电源电压与电阻电压波形图

4. 讨论与思考

　　(1)当电源频率和电容值确定的情况下,要使 RLC 串联电路实现谐振,如何确定电感值的大小?

　　(2)谐振时,理论计算出来的 L 值和实验做出来的 L 值一般都会有误差,产生误差的原因有哪些?

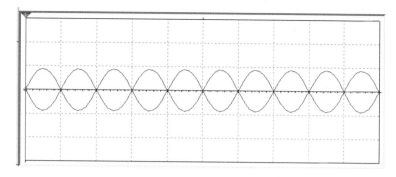

图 2.48　RLC 串联谐振时电感电压与电容电压波形图

二、应用 Mutisim 软件进行功率因数提高仿真实验

1. 实验目的

(1) 通过仿真实验,进一步了解提高功率因数的意义和方法。

(2) 掌握感性负载并联电容器后,电路功率因数的变化情况。

(3) 学习在 Mutisim 软件中测量正弦交流电路与功率因数的方法。

2. 实验原理及说明

为了充分利用电气设备的容量和减少线路损失,就需要提高功率因数。功率因数不高主要是由于大量电感性负载的存在。工厂生产中广泛使用的三相异步电动机就相当于电感性负载。在额定负载时,功率因数为 0.7~0.9,轻载或空载时功率因数常常只有 0.2~0.3。为了提高功率因数,常用的方法就是在电感性负载的两端并联适当大小的电容器。

电感性负载两端并联补偿电容器后,负载支路的电流和负载消耗的有功功率不变,但是随着负载端功率因数的提高,输电线路上的总电流减小,线路损耗降低,因此提高了电源设备的利用率和传输效率。

3. 实验内容和步骤

(1) 在 Mutisim 软件中按图 2.49 建立实验电路,其中,电感性负载由 RL 串联电路构成,参数设置如图 2.49 所示,并联补偿电容器 C 采用可调电容,并由开关控制其是否接入电路。用万用表 XMM1 测量总电流 I,用万用表 XMM2、XMM3 分别测量电感性负载 RL 上的电流 I_L 和电容器 C 上的电流 I_C,万用表全部调到"～、A"位置;功率表中电压测量端并联在电源两端,电流测量端串联在被测电路中,双击功率表图标,可打开其显示面板,显示被测电路的有功

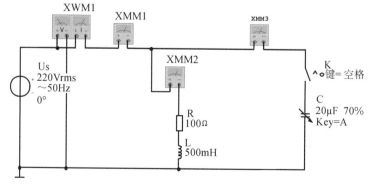

图 2.49　功率因数提高仿真实验电路图

功率和功率因数。

（2）按空格键使开关 K 断开，电容先不接入电路，单击仿真开关，运行仿真，测量电感性负载的电流 I_L、电容器电流 I_C、有功功率 P 和功率因数 $\cos\phi$，记录在表 2.4 中。

表 2.4　功率因数提高仿真实验电路测试数据

电容值 $C/\mu F$	有功功率 P/W	功率因数 $\cos\phi$	总电流 I/A	电感性负载电流 I_L/A	电容电流 I_C/A
0					
4					
8					
12					
16					
20					

（3）再按空格键使开关 K 闭合，将电容器 C 并联在电感性负载两端，通过键 A 来调节电容的容量大小，在不同的容量下分别单击仿真开关运行仿真，将所测结果记录在表 2.4 中。

4. 讨论与思考

（1）电路中的电容容量改变时，电路的有功功率是否改变？为什么？

（2）并联的补偿电容容量越大，电路的功率因数 $\cos\phi$ 是否越高？为什么？

（3）要提高感性负载的功率因数，能否采用串联电容的办法？为什么？

三、应用 Mutisim 软件进行三相负载星形连接仿真实验

1. 实验目的

（1）通过仿真实验，进一步了解三相负载的星形连接。

（2）通过仿真实验掌握负载星形连接时的线电压与相电压之间的关系。

（3）通过仿真实验进一步理解三相四线制的中线在负载不对称时的作用。

2. 实验原理及说明

对称三相负载作星形连接时，负载的相电压与相电流对称，负载的线电压是相电压的 $\sqrt{3}$ 倍，负载的线电流与相电流相等，中线电流为零。

三相负载星形连接，有中线时，不论负载对称与否，负载中性点的电位与电源中性线的电位相同，负载的端电压保持对称关系，线电压有效值是相电压有效值的 $\sqrt{3}$ 倍。

无中线时：负载对称时，与有中线时相同；负载不对称时，负载中性点的电位将与电源中性线的电位不同，各相负载的端电压不再保持对称关系。

3. 实验内容和步骤

（1）在 Mutisim 软件中，按图 2.50 建立实验电路，在电路中接入两只开关 K_1 和 K_2，K_1 用来控制中性线的通断，使电路成为三相三线制或三相四线制；K_2 用来控制 A 相负载的切换，电路成为对称负载或不对称负载连接电路。电路中接入四只交流电流表分别用来测量各相的线电流和中线电流，接入六只电压表，分别用来测量相电压和三根端线之间的电压。

（2）分别按空格键和 A 键，闭合开关 K_1 和 K_2，使电路成为三相四线制对称电路，单击仿真开关，测量相电压、线电压、线电流、中线电流，并将所得数据记录在表 2.5 中。

（3）按空格键，断开开关 K_1，使电路成为三相三线制对称电路，单击仿真开关，运行仿真，测量相电压、线电压、线电流、中线电流，并将所得数据记录在表 2.3 中。

（4）按 A 键，断开开关 K_2，按空格键，闭合开关 K_1，使电路成为三相四线制不对称电路，单击仿真开关，运行仿真，测量相电压、线电压、线电流、中线电流，并将所得数据记录在表 2.5 中。

（5）按空格键，断开开关 K_1，使电路成为三相三线制不对称电路，单击仿真开关，运行仿真，测量相电压、线电压、线电流、中线电流，并将所得数据记录在表 2.5 中。

（6）根据实验数据，分析电路中对称负载时的线电压与相电压的关系，以及线电流与相电流的关系；分析不称负载的中性线电流大小及中线的作用。

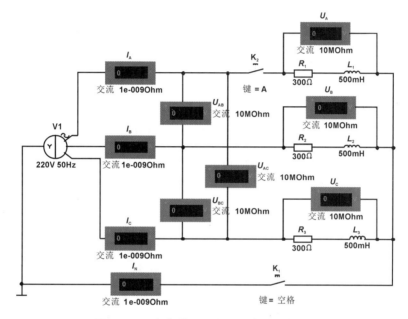

图 2.50　三相负载星形连接仿真实验电路图

表 2.5　三相负载星形连接仿真实验测试数据

项目		线电流			线电压			相线压			中线电流/A
		I_A	I_B	I_C	U_{AB}	U_{BC}	U_{CA}	U_A	U_B	U_C	I_N
对称负载	有中线										
	无中线										
不对称负载	有中线										
	无中线										

5. 讨论与思考

（1）根据实验数据分析三相三线制电路和三相四线制电路的特点。

（2）根据实验数据分析三相线制的中性线的作用，讨论中性线上是否应该安装熔断器。

本 章 小 结

1. 正弦交流电的电流、电压、电动势可由三个要素唯一确定，这三个要素是有效值（或幅值）、频率（或周期）和初相。

幅值与有效值的关系：$U_m = \sqrt{2}U$，$I_m = \sqrt{2}I$

2. 相量是用复数表示正弦量的数学模型，它把正弦量的有效值和初相两个要素统一表示出来，便于用复数来分析正弦量。

正弦量 $u(t) = \sqrt{2}U\sin(\omega t + \phi)$，则其相量表达式为 $\dot{U} = U\angle\phi$。

3. 电阻、电感和电容元件伏安关系的相量形式为

$$\dot{U}_R = R\dot{I}_R, \quad \dot{U}_L = j\omega L\dot{I}_L, \quad \dot{U}_C = \frac{1}{j\omega C}\dot{I}_C$$

RLC 串联电路的伏安关系的相量形式为

$$\dot{U} = \left[R + j\left(\omega L - \frac{1}{\omega C}\right)\right]\dot{I}$$

4. 将正弦交流电路中的电压、电流用相量表示，元件参数用阻抗来代替，就可以用直流电路中的结论、定理和分析方法来分析正弦交流电路。纯电阻、纯电感和纯电容的阻抗分别为 R、$j\omega L$ 和 $-j\frac{1}{\omega C}$。

5. RLC 串联电路的谐振条件、特征。

条件：
$$f_0 = \frac{1}{2\pi\sqrt{LC}}$$

特征：谐振时电抗 $X=0$，感抗 X_L 和容抗 X_C 相等。但 X_L 和 X_C 本身不为零。复阻抗 $Z=R$，阻抗最小。当外加电压不变时，最大电流为 $\dot{I} = \frac{\dot{U}}{R}$。电压、电流同相位。

6. 正弦交流电路的功率。

有功功率 $P = UI\cos\phi$，表示负载消耗的功率即电路中所有电阻消耗的功率之和。

无功功率 $Q = UI\sin\phi$，表示电路与电源互换能量的规模。

视在功率 $S = UI$，表示电源或设备的容量。

三者之间的关系
$$S^2 = P^2 + Q^2$$

功率因数 $\cos\phi = \frac{P}{S}$，ϕ 表示电路（或网络）的总电压与总电流的相位差。

7. 对称三相电源连接的特点。

星形连接　　　　　　　　　　$U_l = \sqrt{3}U_p$

三角形连接　　　　　　　　　$U_l = U_p$

对称三相负载连接的特点

星形连接　　　　　　　$U_l = \sqrt{3}U_p$，　　$I_l = I_p$

三角形连接　　　　　　$U_l = U_p$，　　$I_l = \sqrt{3}I_p$

对称三相电路中，三相负载的总功率

$$P = \sqrt{3}U_1 I_1 \cos\phi$$

ϕ 是相电压与相电流之间的相位差。

习　　题

第 2 章即测题

2.1　计算下列正弦量的周期、频率和初相：

(1) $8\sin(314t + 60°)$

(2) $5\cos(\pi t + 30°)$

2.2　正弦交流电 $i = I_m\sin(\omega t + 120°)$ A，已知在 $t = 0$ 时，电流的瞬时值为 $i_0 = 0.433$ A，试求该电流的有效值。

2.3　计算下列各正弦量间的相位差：

(1) $u = 8\sin(314t + 45°)$ V 与 $i = 6\sin(314t - 30°)$ A

(2) $u_1 = 5\cos(\omega t + 15°)$ V 与 $u_2 = 8\sin(\omega t - 30°)$ V

2.4　设 $u_1 = 3\sin\omega t$ V, $u_2 = 4\sin(\omega t + 90°)$ V，作出它们的相量图，并求出 $u = u_1 + u_2$ 的瞬时表达式。

2.5　写出下列正弦量的相量表达式：

(1) $i = 10\sqrt{2}\sin(\omega t - 30°)$ A

(2) $u = 110\sqrt{2}\cos(314t - 45°)$ V

2.6　写出下列相量对应的正弦量：

(1) $\dot{U} = 50\sqrt{2}\angle 45°$ V

(2) $\dot{I} = (100 - j50)$ A

2.7　题 2.7 图所示电路元件 P 两端电压和通过的电流分别如下，试问 P 分别为什么元件？

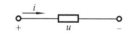

题 2.7 图

(1) $\begin{cases} u = 10\sin(100t + 90°) \text{ V} \\ i = 5\cos100t \text{ A} \end{cases}$

(2) $\begin{cases} u = 10\sin100t \text{ V} \\ i = 5\cos100t \text{ A} \end{cases}$

(3) $\begin{cases} u = -10\sin100t \text{ V} \\ i = -5\cos100t \text{ A} \end{cases}$

2.8　计算题 2.8 图所示二端口输入阻抗，并说明端口正弦电压与电流的相位关系。

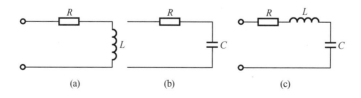

题 2.8 图

(a) $R = 5\ \Omega, L = 10^{-3}$ H, $\omega = 10^4$ rad/s

(b) $R = 100\ \Omega, C = 100\mu F, \omega = 500$ rad/s

(c) $R = 1\ \Omega, L = 1$ H, $C = 0.05$ F, $\omega = 4$ rad/s

2.9 有一个额定值为 220 V、3 kW 的电阻炉,接在电压为 220 V 的交流电源上,求该电阻炉的阻值和工作电流。

2.10 一个电感线圈(电阻忽略不计)接在 100 V、50 Hz 的交流电源上,通过的电流为 2 A。如果把它接在 150 V、60 Hz 的交流电源上,问通过的电流为多大?

2.11 把 $C=140\mu F$ 的电容器接在 220 V、50 Hz 的交流电源上,试求容抗 X_C 和电流 I_C,并画出电压与电流的相量图。

2.12 把一个电感线圈接于 24 V 的直流电源上,电流为 2 A。若改接在 220 V、50 Hz 的交流电源上,电流为 10 A,试求线圈的电阻和电感。

2.13 将一个电阻 $R=15\ \Omega$,电感 $L=12\ mH$ 的电感线圈与一个理想电容器串联,电容器的电容 $C=5\mu F$,今把这个电路接到电压为 $u=100\sin 500t\ V$ 的电源上,试求电路中电流的最大值;电容器、电感线圈上电压的最大值。

2.14 题 2.14 图所示电路是利用功率表、电流表测量交流电路参数的方法,现测得功率表的读数为 940 W,电压表读数为 220 V,电流表读数为 5 A,电源频率为 50 Hz,试求 R 和 L 的数值。

2.15 有一并联电路如题 2.15 图所示,已知 $I_1=3\ A$,$I_2=4\ A$,试求总电流 $\dot{I}$,并写出瞬时值的表达式。

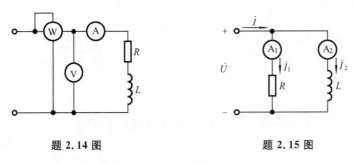

题 2.14 图　　　　　　　　　题 2.15 图

2.16 某无源二端网络如题 2.16 图所示,输入端电压和电流分别为
$$u=50\sin\omega t\ V,\quad i=10\sin(\omega t+45°)\ A$$
求此网络的有功功率,无功功率和功率因数。

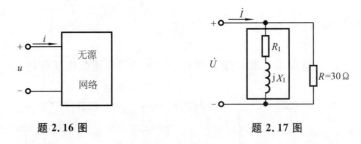

题 2.16 图　　　　　　　　　题 2.17 图

2.17 在题 2.17 图所示电路中,输入电压为 220 V,有一只电炉和一台满载电动机并联,电炉为纯电阻,负载 $R=30\ \Omega$,电动机为电感性负载,它的额定功率 $P=13.2\ kW$,$\cos\phi=0.8$,求总电流。

2.18 将一电感性负载接于 110 V,50 Hz 的交流电源时,电路中的电流为 10 A,消耗功率 $P=600\ W$,求负载的 $\cos\phi$、R、X。

2.19 一只 40 W 的日光灯,镇流器电感为 1.85 H,接到 50 Hz、220 V 的交流电源上。

已知功率因数为 0.6,求灯管的电流和电阻,要使 $\cos\phi=0.9$,需并联多大的电容?

2.20　已知一 RLC 串联电路,$R=10\ \Omega$,$L=0.01\ \mathrm{H}$,$C=1\ \mu\mathrm{F}$,求谐振角频率和电路的品质因数。

2.21　某收音机的输入电路中,其中 $R=10\ \Omega$,电感 $L=0.26\ \mathrm{mH}$,当电容器调到 $C=100$ pF 时发生谐振,求该电路的谐振频率 f_0 及品质因数 Q。

2.22　设有一对称电阻负载,每相电阻 $R=10\ \Omega$,接在线电压为 380 V 的电源上,如题 2.22 图所示,问作星形连接和三角形连接后各电流表的读数分别是多大?

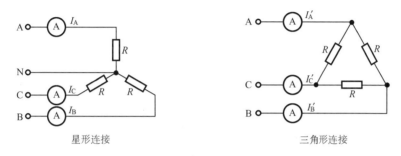

星形连接　　　　　　　　　　　　　　　　三角形连接

题 2.22 图

2.23　三相电阻性负载作星形连接,接于线电压为 380 V 的三相四线制电源上,各相电阻分别为 $R_a=R_b=110\ \Omega$,$R_c=40\ \Omega$,求各相电流,线电流及中线电流。

2.24　对称相电源线电压 220 V,各相负载 $Z=(18+\mathrm{j}24)\ \Omega$,试求:

(1) 星形连接对称负载时,线电流及总功率;

(2) 三角形连接对称负载时,线电流、相电流及总功率。

2.25　如题 2.25 图所示电路,对称负载为三角形连接,已知三相电源对称线电压等于 220 V,电流表读数等于 17.3 A,每相负载的有功功率为 1.5 kW,求每相负载的电阻和感抗。

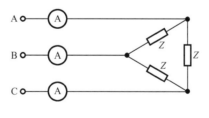

题 2.25 图

第 3 章　半导体二极管及直流稳压电源

本章首先介绍本征半导体和杂质半导体的导电特性和 PN 结的单向导电性,然后介绍半导体二极管的结构、工作原理、特性曲线和主要参数,然后再介绍直流稳压电源。本章是学习电子技术和分析电子电路的基础。

3.1　半导体基本知识

自然界中的物质,按照它们导电能力的强弱可分为导体、半导体和绝缘体三大类。凡容易导电的物质(如金、银、铜、铝、铁等金属物质,原子结构最外层电子数少于 4 个,容易失去电子)称为导体;不容易导电的物质(如玻璃、橡胶、塑料、陶瓷等)称为绝缘体;导电能力介于导体和绝缘体之间的物质(如硅、锗、硒等)称为半导体。

半导体之所以得到广泛的应用,是因为它具有热敏性、光敏性、杂敏性等特殊性能。

(1) 热敏性:对温度的变化反应灵敏。当温度升高时,其电阻率减小,导电能力显著增强。利用半导体的这种热敏特性,可以制成各种热敏器件,用于温度变化的检测。但是,半导体器件对温度变化的敏感,也常常会影响其正常工作。

(2) 光敏性:某些半导体材料受到光照时,其导电能力显著增强。利用半导体的这种光敏特性,可以制成各种光敏器件,如光敏电阻、光电管等。

(3) 杂敏性:在纯净的半导体材料中掺入某种微量元素后,其导电能力将猛增几十万到几百万倍。利用半导体的这种特性,可以制成各种不同的半导体器件,如二极管、三极管、场效应管、晶闸管等。

3.1.1　本征半导体

本征半导体是一种纯净的具有完整晶体结构的半导体。常用的本征半导体是硅(Si)和锗(Ge)。它们都是 4 价元素,即在原子最外层轨道上各有 4 个价电子。其原子结构如图 3.1所示。

下面以硅晶体为例来说明半导体的导电特性。

本征半导体硅晶体结构示意图如图 3.2 所示。由图 3.2 可见,各原子间整齐而有规则地排列着,使每个原子的最外层的 4 个价电子不仅受所属原子核的吸引,而且还受相邻 4 个原子核的吸引,每一个价电子都为相邻原子核所共用,形成了共价键结构。每个原子核最外层等效有 8 个价电子,满足了稳定条件。

本征半导体在温度为绝对零度(−273.15 ℃)时,其共价键中的价电子被束缚得很紧,不能成为自由电子,这时的半导体不导电,在导电性能上相当于绝缘体。但在获得一定能量(温度增高或受光照)后,共价键中的有些价电子就会挣脱原子核的束缚,成为自由电子。温度愈高,晶体中产生的自由电子便愈多。自由电子是本征半导体中一种可以参与导电的带电粒子,称为载流子。

价电子挣脱共价键的束缚而成为自由电子后,在共价键中就留下一个空位,称为"空穴",

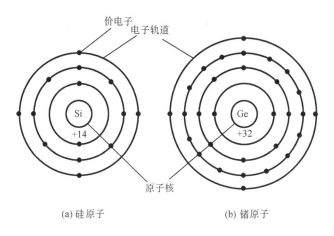

(a) 硅原子　　　　　　(b) 锗原子

图 3.1　硅原子和锗原子结构图

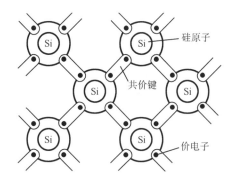

图 3.2　硅晶体共价键结构图

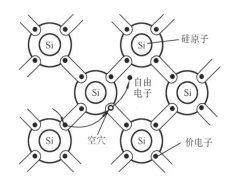

图 3.3　自由电子与空穴的形成

也称为"载流子"(见图 3.3)。中性的原子因失去一个电子而带正电,同时形成了一个空穴,故也可以认为空穴带正电。

空穴的出现将吸引相邻原子的价电子离开它所在的共价键来填补这个空穴,因而这个相邻原子也因失去价电子而产生新的空穴。这个空穴又会被相邻的价电子填补而产生新的空穴,这种电子填补空穴的运动相当于带正电荷的空穴在运动,实际上,空穴是不动的,移动的只是价电子。于是空穴就可以被看作带正电荷的载流子。

在有外电场作用时,带负电的自由电子将逆着电场的方向做定向运动,形成电子电流;带正电的空穴则顺着电场方向做定向运动(实际上是共价键中的价电子在运动),形成空穴电流。两部分电流方向相同,总电流为电子电流和空穴电流之和。

由此可见,半导体中有自由电子和空穴两种载流子,因而存在着电子导电和空穴导电两种导电方式,这是半导体导电的最大特点,也是在导电原理上和金属导电方式的本质区别。

由上述分析,已知外界的温度和光照变化将影响半导体内部载流子的数量,因此温度越高或光照越强,半导体的导电能力就越强。

在常温时,本征半导体虽然存在着自由电子和空穴两种载流子,但数目很少,因此导电能力很差。但如果在本征半导体中掺入微量的某种杂质后,其导电能力就可以增加几十万乃至几百万倍。

3.1.2　N 型半导体和 P 型半导体(统称为杂质半导体)

在本征半导体中掺入微量的杂质元素,就能制成具有特定导电性能的杂质半导体。根据掺入杂质元素性质的不同,杂质半导体可分为 N 型半导体和 P 型半导体两大类。

1. N 型半导体

在本征半导体硅(或锗)中掺入微量的五价元素,例如磷(P),由于掺入磷的数量相对硅原子数量极少,所以本征半导体晶体结构不会改变,只是晶体结构中某些位置上的硅原子被磷原子取代,在磷原子的五个价电子中,只需四个价电子与相邻的四个硅原子组成共价键结构,多余的一个价电子不参加共价键,只受磷原子核的微弱吸引,很容易脱离磷原子而成为自由电子,磷原子则因失去了一个电子变成了正离子,称为空间电荷,如图 3.4(a)所示。一个磷原子就增加一个自由电子,由于掺入磷原子的绝对数量很多,因此自由电子的数量很多。这种半导体以自由电子导电为主,因而称为电子导电型半导体,简称 N 型半导体。其中自由电子为多数载流子,空穴为少数载流子。

2. P 型半导体

在本征半导体硅(或锗)中掺入微量的三价元素,例如硼(B),由于掺入硼的数量相对硅原子数量极少,所以本征半导体晶体结构不会改变,只是晶体结构中某些位置上的硅原子被硼原子取代,而硼原子只能提供三个价电子,它与相邻的四个硅原子组成共价键时,必有一个共价键因缺少一个电子而出现空穴,这个空穴将吸引邻近的价电子来填补,因而使硼原子成为负离子(空间电荷),如图 3.4(b)所示。一个硼原子就增加一个空穴,由于掺入硼原子的绝对数量很多,因此空穴的数量很多,这种半导体以空穴导电为主,因而称为空穴导电型半导体,简称 P 型半导体。其中空穴为多数载流子,自由电子为少数载流子。

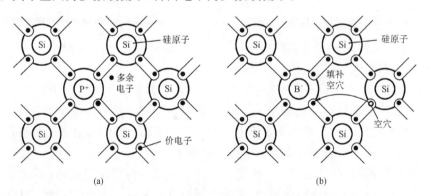

图 3.4　N 型半导体和 P 型半导体

3.1.3　PN 结

N 型或 P 型半导体的导电能力虽然比本征半导体大大增强,但仅用其中一种材料还不能直接制成半导体器件。通常是在一块晶片上,采取一定的掺杂工艺措施,在两边分别形成 P 型半导体和 N 型半导体,在两者的交界处就形成一个特殊的薄层,这个薄层就称为 PN 结。PN 结是构成各种半导体器件的基础。

1. PN 结的形成

图 3.5 所示是一块晶片(硅或锗),两边分别形成 P 型半导体和 N 型半导体。图中⊖代表

得到一个电子的三价杂质(例如硼)离子。⊕代表失去一个电子的五价杂质(例如磷)离子。由于 P 型半导体有大量的空穴和少量的电子,N 型半导体有大量的电子和少量的空穴,P 型半导体和 N 型半导体交界面两侧的电子和空穴浓度相差很大。因此空穴要向 N 区扩散,自由电子也要向 P 区扩散(所谓扩散就是物质从浓度大的地方向浓度小的地方运动)。扩散的结果在 P 区中靠近交界面的一边出现一层带负电荷的离子区,在 N 区中靠近交界面的一边出现一层带正电荷的离子区。于是在交界面附近形成一个空间电荷区,这个空间电荷区就是 PN 结。

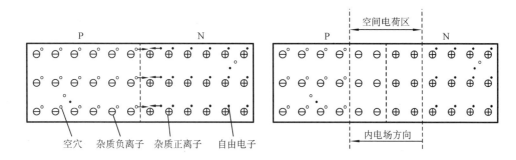

图 3.5　PN 结的形成及内电场

正负电荷在交界面两侧形成一个内电场,方向由 N 区指向 P 区。内电场对多数载流子的扩散运动起阻挡作用,但又可以推动少数载流子(P 区的自由电子和 N 区的空穴)越过空间电荷区进入到另一侧。这种少数载流子在内电场作用下的运动称为少数载流子的漂移运动。PN 结的内电场的电位差约为零点几伏,宽度一般为几微米到几十微米。

2. PN 结的单向导电性

PN 结在无外加电压的情况下,扩散运动和漂移运动处于动态平衡。如果在 PN 结两端加上电压,就会打破载流子扩散运动和漂移运动的动态平衡状态。

(1) PN 结正向偏置——导通。

给 PN 结加上正向电压,即外电源的正极接 P 区,负极接 N 区(称正向连接或正向偏置),如图 3.6(a)所示。由图可见,外电场将推动 P 区多子(空穴)向右扩散,与原空间电荷区的负离子中和,推动 N 区的多子(电子)向左扩散与原空间电荷区的正离子中和,使空间电荷区变薄因而削弱了内电场,这将有利于扩散运动的进行,从而使多数载流子顺利通过 PN 结,形成较大的正向电流,由 P 区流向 N 区。这时 PN 结对外呈现较小的阻值,处于正向导通状态。

(2) PN 结反向偏置——截止。

将 PN 结按图 3.6(b)所示方式连接,给 PN 结加上反向电压,即外电源的正极接 N 区,负极接 P 区(称 PN 结反向偏置)。由图可见,外电场方向与内电场方向一致,它将 N 区的多子(电子)从 PN 结附近拉走,将 P 区的多子(空穴)从 PN 结附近拉走,使 PN 结变厚,内电场增强,多数载流子的扩散运动更难进行,但使少数载流子的漂移运动增强。由于漂移运动是少子运动,因而漂移电流很小,所以仅能形成很小的反向电流,这时 PN 结对外呈现很大的阻值。若忽略漂移电流,则可以认为 PN 结截止。

综上所述,PN 结正向偏置时,正向电流很大;PN 结反向偏置时,反向电流很小,这就是 PN 结的单向导电性。理想情况下,可认为 PN 结正向偏置时,电阻为零,PN 结正向导通;PN 结反向偏置时,电阻为无穷大,PN 结反向截止。这就是 PN 结的单向导电性。

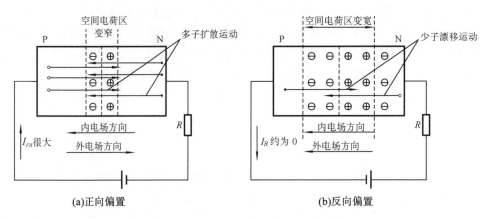

图 3.6   PN 结正向偏置和反向偏置

3.2   半导体二极管

3.2.1   二极管的结构

半导体二极管又称晶体二极管,简称二极管。在 PN 结两端接上相应的电极引线,外面用金属(或玻璃、塑料)管壳封装起来,就成为半导体二极管。常用的半导体二极管外形如图 3.7 所示。

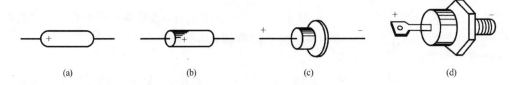

图 3.7   半导体二极管外形

二极管按结构可分为点接触型和面接触型两类。点接触型二极管的结构,如图 3.8(a)所示。这类管子的 PN 结面积和极间电容均很小,不能承受高的反向电压和大电流,因而适用于制作高频检波和脉冲数字电路里的开关元件,以及作为小电流的整流管。

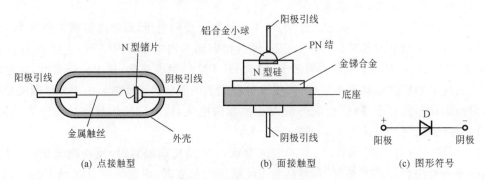

图 3.8   二极管的结构和图形符号

面接触型二极管的结构如图 3.8(b)所示。这种二极管的 PN 结面积大,可承受较大的电流,其极间电容大,因而适用于整流电路,而不宜用于高频电路中。

二极管的图形符号如图 3.8(c)所示。

3.2.2 二极管的伏安特性

二极管的伏安特性就是加在二极管两端的电压与流过二极管的电流之间的关系。也就是 PN 结的伏安特性,是非线性的,如图 3.9 所示。

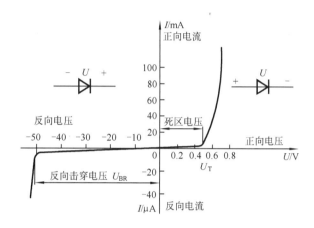

图 3.9 二极管的伏安特性曲线

1. 正向特性

当外加正向电压很低时,由于外电场还不能克服 PN 结内电场对多数载流子扩散运动的阻力,故正向电流很小,几乎为零。当正向电压超过一定值后,电流急剧上升,二极管处于正向导通。这个定值正向电压称为死区电压 U_T。一般硅管的死区电压约为 0.5 V,锗管的死区电压约为 0.1 V。对理想二极管,认为 $U_T = 0$。二极管正向导通后,二极管的阻值变得很小,其压降很小,一般硅管的正向压降为 0.6 V~0.7 V,锗管的正向压降为 0.2 V~0.3 V。对理想二极管,认为正向压降为 0。

2. 反向特性

在二极管加反向电压时,由少数载流子漂移而形成的反向电流很小,且在一定电压范围内基本上不随反向电压的变化而变化,处于饱和状态,故这一段的电流称为反向饱和电流。对理想二极管,认为反向饱和电流为零。二极管处于反向截止状态。

3. 反向击穿特性

当反向电压增加到 U_{BR} 时,反向电流突然急剧增加,二极管失去单向导电性,这种现象称为击穿。产生反向击穿时加在二极管上的反向电压称为反向击穿电压 U_{BR}。反向击穿包括电击穿和热击穿,电击穿指反向电压去除后,二极管能恢复原来的性能;热击穿指反向电压去除后,二极管不能恢复原来的性能。

3.2.3 二极管的参数

二极管的参数是表征二极管的性能及其适用范围的数据,是选择和使用二极管的重要参考依据。二极管的主要参数有下面几个。

1. 最大整流电流 I_{OM}

它是指二极管长时间使用时,允许通过二极管的最大正向平均电流。

2. 最高反向工作电压 U_{RM}

它是指二极管不被击穿所允许的最高反向电压,一般是反向击穿电压的 $1/2\sim2/3$。

3. 最大反向电流 I_{RM}

它是指二极管加最高反向工作电压时的反向电流。反向电流越小,管子的单向导电性越好。硅管的反向电流较小,一般只有几微安;锗管的反向电流较大,一般在几十至几百微安之间。

二极管的应用范围很广,主要都是利用它的单向导电性。它可用于整流、检波、元件保护以及在脉冲与数字电路中作为开关元件。

例 3.1　在图 3.10 所示电路中,二极管是导通还是截止?

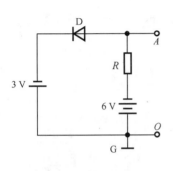

图 3.10　例 3.1 图

解　先将二极管 D 拿开,比较二极管阳极与阴极的电位高低,若阳极电位高,则二极管 D 导通;反之截止。

设两电源公共端 G 电位为 0,则二极管阳极电位为 -6 V,阴极电位为 -3 V,阳极电位低于阴极电位,故二极管 D 截止。

例 3.2　如图 3.11(a)所示电路中,已知 $E=5$ V,输入电压 $u_i=10\sin\omega t$,试画出输出电压 u_o 的波形图。

解　如图 3.11(b)所示,画出输入电压 u_i 和 E 的波形。

$0\sim1$ 段, $u_i<E$,二极管阳极电位低于阴极电位,D 截止, $u_o=u_i$

$1\sim2$ 段, $u_i>E$,二极管阳极电位高于阴极电位,D 导通, $u_o=E$

$2\sim3$ 段, $u_i<E$,二极管阳极电位低于阴极电位,D 截止, $u_o=u_i$

$3\sim4$ 段, $u_i>E$,二极管阳极电位高于阴极电位,D 导通, $u_o=E$

$4\sim5$ 段, $u_i<E$,二极管阳极电位低于阴极电位,D 截止, $u_o=u_i$

由此画出输出电压 u_o 的波形图如图 3.11(c)所示。

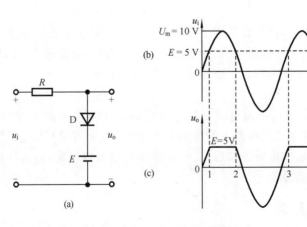

图 3.11　例 3.2 图

3.3　稳压二极管

稳压管是一种特殊的半导体二极管,其结构和普通二极管一样,实质上也是一个 PN 结。特殊之处在于它工作在反向击穿状态。应用时它在电路中与适当数值的电阻 R 配合(见图 3.12(a))后能起稳定电压的作用,故称为稳压管。其符号如图 3.12(b)所示。

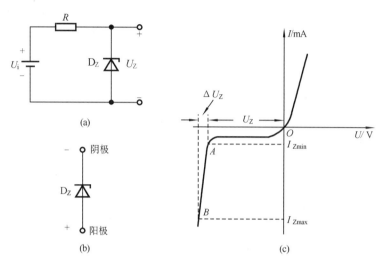

图 3.12　稳压二极管的伏安特性曲线及图形符号

3.3.1　稳压二极管的伏安特性

稳压二极管的伏安特性与普通二极管类似,其主要差别是稳压管的反向特性曲线比较陡。如图 3.12(c)所示。

由反向特性曲线可以看出,反向电压在一定范围内变化时,反向电流很小。当反向电压增高到击穿电压时,反向电流突然剧增,稳压管反向击穿。此时,反向电流虽然在很大范围内变化,但稳压管两端的电压变化很小。利用这一特性,稳压管在电路中能起稳压作用。

3.3.2　稳压二极管的主要参数

1. 稳定电压 U_Z

稳定电压 U_Z 就是稳压管的反向击穿电压,也就是稳压管在正常的反向击穿工作状态下管子两端的电压。由于制造工艺的原因,同一型号稳压管的 U_Z 并不完全相同,具有一定的分散性。所以在手册中给出的是某一型号管子的稳定电压范围。使用时要进行测试,按需要挑选。例如 2CW18 稳压管的稳压值为 10 V～12 V。

2. 稳定电流 I_Z

稳定电流 I_Z 是指稳压管在稳定电压时的工作电流,其范围为 I_{Zmin}～I_{Zmax}。最小稳定电流 I_{Zmin} 是指稳压管进入反向击穿区时的转折点电流。

3. 最大稳定电流 I_{Zmax}

最大稳定电流 I_{Zmax} 是指稳压管长期工作时允许通过的最大反向电流,其工作电流应小于 I_{Zmax}。

4. 最大耗散功率 P_M

最大耗散功率 P_M 是指管子工作时允许承受的最大功率,其值为 $P_M = I_{Zmax} \cdot U_Z$。

5. 动态电阻 r_Z

动态电阻 r_2 是指稳压管在正常工作时,其电压的变化量与相应的电流变化量的比值。即 $r_Z = \Delta U_Z / \Delta I_Z$。

如果稳压管的反向特性曲线比较陡,则动态电阻 r_Z 就越小,稳压性能就越好。

例 3.3 有两个稳压管 D_{Z1} 和 D_{Z2},其稳定电压分别为 5.5 V 和 8.5 V,正向压降均为 0.5 V,现分别要得到 3 V、6 V、14 V 几种稳压值,试画出其电路图。

解 利用稳压管反向导通时两端电压等于它的稳定电压,正向导通时两端电压等于它的正向压降,按图 3.13(a)、(b)、(c)连接,可分别得到 3 V、6 V、14 V 三种稳定电压值。图中 R 是限流电阻,不能缺少。假设 $E>14$ V。

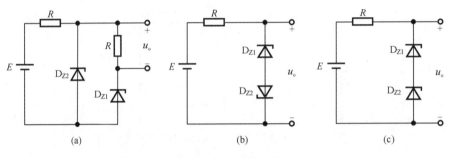

图 3.13　例 3.3 图

3.4　发光二极管

发光二极管(light emiting diode,简称 LED),是一种直接把电能转换成光能的器件,没有热交换过程。它在正向导通时会发光,导通电流增大时,发光亮度增强。其外形和电路符号分别如图 3.14(a)、(b)所示。

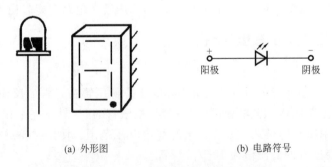

(a) 外形图　　　　　　　　　(b) 电路符号

图 3.14　发光二极管的外形和电路符号

发光二极管应用很广,可作电器和仪器的指示灯,数字、字符显示器件,高亮度的大屏幕等。发光二极管还可作为光源器件将电信号转变为光信号,广泛应用于光电检测技术领域中。发光二极管具有如下特点:

(1) 低电压下工作,适合低压小型化电路;

(2) 小电流可得到高亮度,一般在零点几毫安就开始发亮,而且随着电流增大亮度增强;

（3）发光响应速度快，为 $10^{-8} \sim 10^{-7}$ s；

（4）容易与集成电路配合使用；

（5）体积小、耐振动、耐冲击、发热少、功耗低、寿命长。

3.5 直流稳压电源的组成

在各种电子设备和自动控制装置中，一般需要非常稳定的直流电源供电。直流电源可以由直流发电机或各种电池提供，但比较经济实用的办法是利用各种半导体器件将交流电转换为直流电。

小功率直流稳压电源，通常由变压器、整流、滤波和稳压电路四部分组成，原理方框图如图3.15 所示，各部分功能如下。

变压器：将电网的工频交流电压变换为符合整流需要的电压值。

整流电路：利用二极管的单向导电性将交流电转换成单向脉动直流电。

滤波电路：利用电容、电感等元件的储能特性，将脉动直流电压变为比较平滑的直流电压。

稳压电路：采取某些措施，使输出的直流电压在电源电压发生波动或负载变化时保持稳定。

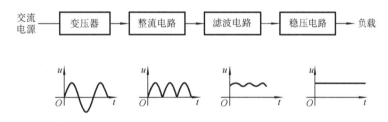

图 3.15 半导体直流电源原理方框图

3.6 整 流 电 路

利用具有单向导电性能的整流元件如二极管、晶闸管等，将交流电转换成单向脉动直流电的电路称为整流电路。

整流电路按输入电源相数可分为单相整流电路和三相整流电路，按输出波形和电路结构形式又可分为半波、全波和桥式整流电路。目前广泛使用的是桥式整流电路。为使问题简化，便于讨论，把二极管看作正向电阻为零、反向电阻为无穷大的理想元件。

3.6.1 单相半波整流电路

图 3.16 是单相半波整流电路。它是最简单的整流电路，由整流变压器、二极管和负载电阻组成。

设变压器副边电压为

$$u_2 = \sqrt{2}U_2 \sin\omega t$$

波形如图 3.17(a)所示。由于二极管 D 具有单向导电性，只有它的阳极电位高于阴极电位时才能导通。

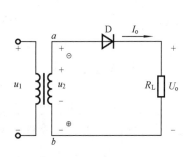

图 3.16　单相半波整流电路

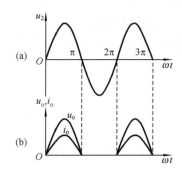

图 3.17　单相半波整流电路波形图

当 u_2 为正半周时,其极性为上正下负,即 a 点电位高于 b 点,二极管 D 承受正向电压而导通,此时有电流流过负载,并且和二极管上的电流相等,即 $i_o = i_d$。忽略二极管的电压降,则负载两端的输出电压等于变压器副边电压,即 $u_o = u_2$,输出电压 u_o 的波形与 u_2 相同。

当 u_2 为负半周时,其极性为上负下正,即 a 点电位低于 b 点,二极管 D 承受反向电压而截止。此时负载上无电流流过,输出电压 $u_o = 0$,变压器副边电压 u_2 全部加在二极管 D 上。

因此,在负载电阻上得到的是半波整流电压 u_o,u_o 的半波波形与 u_2 的正半波波形相同。

负载电阻上得到的整流电压虽然是单方向的(极性一定),但其大小是变化的,这叫单向脉动电压,常用一个周期的平均值来说明它的大小。

单相半波整流电压的平均值为

$$U_o = \frac{1}{2\pi} \int_0^\pi \sqrt{2} U_2 \sin\omega t\, \mathrm{d}(\omega t) = \frac{\sqrt{2}}{\pi} U_2 = 0.45 U_2 \tag{3.1}$$

流过负载电阻 R_L 的电流平均值为

$$I_o = \frac{U_o}{R_L} = 0.45 \frac{U_2}{R_L} \tag{3.2}$$

流经二极管的电流平均值与负载电流平均值相等,即

$$I_D = I_o = 0.45 \frac{U_2}{R_L} \tag{3.3}$$

二极管截止时承受的最高反向电压为 u_2 的最大值,即

$$U_{DRM} = U_{2M} = \sqrt{2} U_2 \tag{3.4}$$

变压器副边电流有效值

$$I_2 = 1.57 I_o \tag{3.5}$$

我们可以根据 I_D 和 U_{DRM} 选择整流二极管,只要使所选二极管最大整流电流 $I_{OM} > I_D$,最高反向工作电压 $U_{RM} > U_{DRM}$ 并留一定余量即可。

例 3.4　有一单相半波整流电路,如图 3.16 所示,已知负载电阻 $R_L = 750\ \Omega$,变压器副边电压 $U_2 = 20\ \mathrm{V}$,试求 U_o、I_o、I_D 和 U_{DRM},并选择二极管。

解　$U_o = 0.45 U_2 = (0.45 \times 20)\ \mathrm{V} = 9\ \mathrm{V}$

$$I_o = \frac{U_o}{R_L} = \frac{9}{750}\ \mathrm{A} = 0.012\ \mathrm{A} = 12\ \mathrm{mA}$$

$$I_D = I_o = 12\ \mathrm{mA}$$

$$U_{DRM} = U_{2M} = \sqrt{2} U_2 = (\sqrt{2} \times 20)\ \mathrm{V} = 28.2\ \mathrm{V}$$

查附录,二极管选用 2AP4($I_{\text{OM}}=16$ mA,$U_{\text{RM}}=50$ V)。为了使用安全,二极管的最高反向工作电压 U_{RM} 要选得比 U_{DRM} 大一倍左右。

3.6.2 单相桥式整流电路

图 3.18(a)为单相桥式整流电路,它由四个二极管接成电桥的形式构成,R_{L} 为负载电阻。图 3.18(b)为它的简化画法。

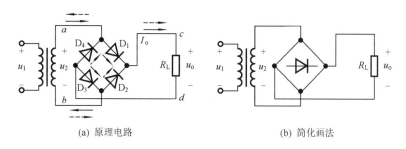

(a) 原理电路   (b) 简化画法

图 3.18 单相桥式整流电路

下面来分析该电路的工作情况。

设变压器副边电压为

$$u_2 = \sqrt{2}U_2\sin\omega t$$

波形如图 3.19(a)所示。

u_2 为正半周时,其极性为上正下负,a 点电位高于 b 点电位,二极管 D_1、D_3 承受正向电压而导通,D_2、D_4 承受反向电压而截止。此时电流的路径为:$a \rightarrow D_1 \rightarrow c \rightarrow R_{\text{L}} \rightarrow d \rightarrow D_3 \rightarrow b$,如图 3.18(a)中实线箭头所示。这时负载 R_{L} 上得到一个半波电压,如图 3.19(b)中的 $0 \sim \pi$ 段所示。

u_2 为负半周时,其极性为下正上负,b 点电位高于 a 点电位,二极管 D_2、D_4 承受正向电压而导通,D_1、D_3 承受反向电压而截止。此时电流的路径为:$b \rightarrow D_2 \rightarrow c \rightarrow R_{\text{L}} \rightarrow d \rightarrow D_4 \rightarrow a$,如图 3.18(a)中虚线箭头所示。因为电流均是从 c 经

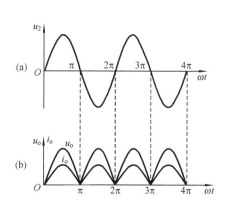

图 3.19 单相桥式整流电路波形图

R_{L} 到 d,所以负载 R_{L} 上得到一个与 $0 \sim \pi$ 段相同的半波电压,如图 3.19(b)中的 $\pi \sim 2\pi$ 段所示。

因此,当变压器副边电压变化一个周期时,在负载 R_{L} 上的电压 u_{o} 和电流 i_{o} 是单向全波脉动电压和电流。

单相桥式整流电压的平均值为

$$U_{\text{o}} = \frac{1}{\pi}\int_0^{\pi}\sqrt{2}U_2\sin\omega t\,\mathrm{d}(\omega t) = 2\frac{\sqrt{2}}{\pi}U_2 = 0.9U_2 \qquad (3.6)$$

流过负载电阻 R_{L} 的电流平均值为

$$I_{\text{o}} = \frac{U_{\text{o}}}{R_{\text{L}}} = 0.9\frac{U_2}{R_{\text{L}}} \qquad (3.7)$$

每两个二极管串联导电半周(如 D_1 和 D_3 一起导电半周,D_2 和 D_4 一起导电半周),因此,流经每个二极管的电流平均值为负载电流的一半,即

$$I_D = \frac{1}{2}I_o = 0.45\frac{U_2}{R_L} \tag{3.8}$$

每个二极管在截止时承受的最高反向电压为 u_2 的最大值,即

$$U_{DRM} = U_{2m} = \sqrt{2}U_2 \tag{3.9}$$

变压器副边电流有效值

$$I_2 = 1.11I_o \tag{3.10}$$

例 3.5 试设计一台输出电压为 24 V,输出电流为 1 A 的直流电源,电路形式采用单相桥式整流电路,试确定变压器副边绕组的电压有效值,并选定相应的整流二极管。

解 变压器副边绕组电压有效值为

$$U_2 = \frac{U_o}{0.9} = \frac{24}{0.9} \text{ V} = 26.7 \text{ V}$$

整流二极管承受的最高反向电压为

$$U_{DRM} = \sqrt{2}U_2 = (1.41 \times 26.7) \text{ V} = 37.6 \text{ V}$$

流过整流二极管的平均电流为

$$I_D = \frac{1}{2}I_o = 0.5 \text{ A}$$

因此,可选用四只 2CZ11A 整流二极管,其最大整流电流为 1 A,最高反向工作电压为 100 V。

3.6.3 三相桥式整流电路

单相整流电路一般用在小功率场合,当某些供电场合要求输出功率较大(数千瓦)时,就不便于采用单相整流电路了,因为它会造成三相电网负载不平衡,影响供电质量。这种情况下,常采用三相桥式整流电路。

三相桥式整流电路如图 3.20 所示。电路由三相变压器和六个二极管组成。三相变压器原边接成三角形,副边接成星形,其三相电压 u_a、u_b、u_c 波形如图 3.21(a)所示。六个二极管中,D_1、D_3、D_5 阴极接在一起,成为整流器输出电压的正端;D_2、D_4、D_6 的阳极接在一起,成为输出电压的负端;而 D_1、D_3、D_5 阳极和 D_2、D_4、D_6 的阴极,则分别连接到变压器副边的三相端点 a、b、c 上。

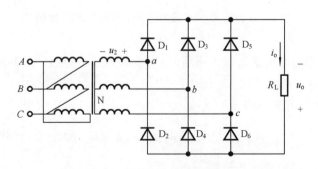

图 3.20 三相桥式整流电路

图 3.21 中,因 D_1、D_3、D_5 阴极接在一起,其阴极电位相同,所以阳极电位最高者导通;而

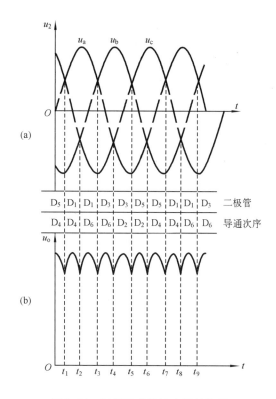

图 3.21　三相桥式整流电压的波形

D_2、D_4、D_6 的阳极接在一起,其阳极电位相同,所以阴极电位最低者导通。在 $0\sim t_1$ 期间,c 相电压为正,b 相电压为负,a 相电压虽然也为正,但低于 c 相电压。因此在这段时间,c 点电位最高,b 点电位最低,于是二极管 D_5 和 D_4 导通。由于 D_5 导通,D_1 和 D_3 的阴极电位基本上等于 c 点电位,因此 D_1 和 D_3 两管截止。由于 D_4 导通,D_2 和 D_4 的阳极电位基本上等于 b 点电位,因此 D_2 和 D_4 两管截止。在这段时间内的电流通路为

$$c \rightarrow D_5 \rightarrow R_L \rightarrow D_4 \rightarrow b$$

加在负载上的电压为线电压 u_{cb}。

　　在 $t_1 \sim t_2$ 期间,a 点电位最高,b 点电位最低,于是二极管 D_1 和 D_4 导通。由于 D_1 导通,D_3 和 D_5 的阴极电位基本上等于 a 点电位,因此 D_3 和 D_5 两管截止。由于 D_4 导通,D_2 和 D_6 的阳极电位基本上等于 b 点电位,因此 D_2 和 D_6 两管截止。在这段时间内的电流通路为

$$a \rightarrow D_1 \rightarrow R_L \rightarrow D_4 \rightarrow b$$

加在负载上的电压为线电压 u_{ab}。同理,在 $t_2 \sim t_3$ 期间,a 点电位最高,c 点电位最低,电流通路为

$$a \rightarrow D_1 \rightarrow R_L \rightarrow D_6 \rightarrow c$$

加在负载上的电压为线电压 u_{ac}。

　　后面时间依此类推。二极管导通顺序如图 3.21(a)所示。负载上所得整流电压 u_o 的大小等于三相电压的上下包络线间的垂直距离。如图 3.21(b)所示。

　　下面分析三相桥式整流电路的定量关系。

　　负载上的电压为脉动电压,它的脉动较小,其平均值为

$$U_o = 2.34 U_2$$

式中，U_2 为变压器副边相电压的有效值。

负载中电流的平均值为

$$I_o = \frac{U_o}{R_L} = 2.34 \frac{U_2}{R_L}$$

由于在一个周期中，每个二极管只有 1/3 周期导通，因此，每个二极管流过的平均电流为

$$I_D = \frac{1}{3} I_o = 0.78 \frac{U_2}{R_L}$$

每个二极管承受的最高反向电压为变压器副边线电压的幅值，即

$$U_{DRM} = \sqrt{3} U_{2m} = \sqrt{3} \times \sqrt{2} U_2 = 2.45 U_2$$

三相桥式整流电路与单相桥式整流电路相比，其优点是输出电压脉动小和三相负载平衡。

3.7 滤 波 电 路

整流电路可以将交流电转换为直流电，但脉动较大；在某些应用中如电镀、蓄电池充电等可直接使用脉动直流电源。然而许多电子设备需要平稳的直流电源，这种电源中的整流电路后面还需加滤波电路将交流成分滤除，以得到比较平滑的输出电压。滤波通常是利用电容或电感的能量存储功能来实现的。常用的滤波电路有电容滤波、电感滤波和 π 型滤波。

下面讨论电容滤波电路的工作原理。

图 3.22 中，将单相半波整流电路中的负载并联一个电容就是最简单的滤波电路。电容两端的电压 u_C 就是负载两端的电压 u_o。交流电压 u_2 的波形如图 3.23(a)所示。假设电路接通时恰恰在 u_2 由负到正过零的时刻，这时二极管 D 开始导通，电源 u_2 在向负载 R_L 供电的同时又对电容 C 充电。如果忽略二极管正向压降，电容电压 u_C 紧随输入电压 u_2 按正弦规律上升至 u_2 的最大值。然后 u_2 继续按正弦规律下降，u_C 也开始下降，但它们按不同的规律下降。电容 C 通过负载电阻 R_L 放电，电容电压 u_C 按指数规律下降，由于放电时间常数($\tau = R_L C$)较大，u_C 下降比 u_2 下降慢，当 $u_2 < u_C$ 时，二极管 D 截止，电容 C 对负载电阻 R_L 按指数规律放电。当 u_C 降至低于 u_2 时(图 3.23(b)中 d 点)，二极管又导通，电容 C 再次充电……这样循环下去，u_2 周期性变化，电容 C 周而复始地进行充电和放电，使输出电压脉动减小，如图 3.23(b)所示。电容 C 放电的快慢取决于放电时间常数的大小，时间常数越大，电容 C 放电越慢，输出电压 u_o 就越平坦，平均值也越高。

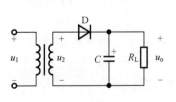

图 3.22 电容滤波电路

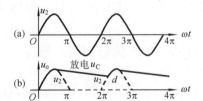

图 3.23 电容滤波电路波形图

从波形图 3.23(b)可以看出，输出电压的脉动大为减小，并且电压较高。在空载($R_L = \infty$)时，$U_o = 1.4 U_2$，随着负载的增加(R_L 减小，I_o 增大)，放电时间常数减小，放电加快，输出电压平均值 U_o 也就下降。

输出电压平均值 U_o 与输出电流 I_o(即负载电流)的变化关系曲线称为电路的外输出特性

曲线。

单相半波整流、电容滤波电路的外输出特性曲线如图 3.24 所示。从图 3.24 中可见，电容滤波电路的输出电压在负载变化时波动较大，说明它的带负载能力较差，只适用于负载较轻且变化不大的场合。

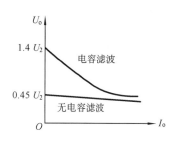

图 3.24　外输出特性曲线

一般常用如下经验公式估算电容滤波时的输出电压平均值。

半波：　　　　　　　$U_o = U_2$　　　　　　　(3.11)

全波（如桥式）：$U_o = 1.2 U_2$　　　(3.12)

采用电容滤波时，输出电压的脉动程度与放电时间常数有关。放电时间常数大一些，脉动就小一些。为了获得较平滑的输出电压，一般要求 $R_L \geqslant (10 \sim 15) \dfrac{1}{\omega C}$，即

$$\tau = R_L C \geqslant (3 \sim 5) \frac{T}{2} \tag{3.13}$$

式中，T 为交流电压的周期。滤波电容 C 一般选择体积小，容量大的电解电容器。应注意，普通电解电容器有正、负极性，使用时正极必须接高电位端，如果接反会造成电解电容器的损坏。

单相半波整流、电容滤波电路中，二极管承受的反向电压为 $u_{DR} = u_C + u_2$，当负载开路时，承受的反向电压最高，其值为

$$U_{DRM} = 2\sqrt{2} U_2 \tag{3.14}$$

对于桥式整流、电容滤波电路如图 3.25 所示，二极管承受的最高反向电压 $U_{DRM} = \sqrt{2} U_2$。

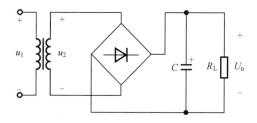

图 3.25　桥式整流滤波电路

例 3.6　在图 3.25 所示桥式整流、电容滤波电路中，$U_2 = 20$ V，$R_L = 40$ Ω，$C = 1\,000$ μF。试求：

(1) 正常时 U_o 的值。

(2) 如果测得 U_o 为下列数值，可能出了什么故障？

①$U_o = 18$ V；②$U_o = 28$ V；③$U_o = 9$ V。

解　(1) 正常时，U_o 的值应由下式确定

$$U_o = 1.2 U_2 = 1.2 \times 20 \text{ V} = 24 \text{ V}$$

(2) ①当 $U_o = 18$ V 时，此时 $U_o = 0.9 U_2$，电路成为桥式整流电路。故可判定滤波电容 C 开路。

②当 $U_o = 28$ V 时，此时 $U_o = 1.4 U_2$，电路成为整流滤波电路 $R_L = \infty$ 时的情况。故可判定负载电阻开路。

③当 $U_o=9$ V 时,此时 $U_o=0.45U_2$,电路成为半波整流电路。故可判定是四只二极管中有一只开路,同时电容 C 也开路。

例 3.7　设计一单相桥式整流、电容滤波电路。要求输出电压 $U_o=48$ V,已知负载电阻 $R_L=100$ Ω,交流电源频率为 50 Hz,试选择整流二极管和滤波电容器。

解　流过整流二极管的平均电流为

$$I_D=\frac{1}{2}I_o=\frac{1}{2}\frac{U_o}{R_L}=\frac{1}{2}\times\frac{48}{100}\text{ A}=0.24\text{ A}=240\text{ mA}$$

变压器副边电压有效值为

$$U_2=\frac{U_o}{1.2}=\frac{48}{1.2}\text{ V}=40\text{ V}$$

整流二极管承受的最高反向电压为

$$U_{DRM}=\sqrt{2}U_2=1.41\times40\text{ V}=56.4\text{ V}$$

因此,可选择 2CZ11B 作整流二极管,其最大整流电流为 1 A,最高反向工作电压为 200 V。

取　　　　　　　　　　$$R_LC\geqslant5\times\frac{T}{2}=5\times\frac{0.02}{2}\text{ s}=0.05\text{ s}$$

则　　　　　　　　　　$$C\geqslant\frac{0.05}{100}\text{F}=500\times10^{-6}\text{ F}=500\text{ }\mu\text{F}$$

3.8　稳 压 电 路

只经过整流和滤波的直流电源输出电压不稳定,它会随交流电源电压的波动、负载和温度的变化而变化。比如精密电子仪器、自动控制和计算装置等都需要很稳定的直流电源供电。为了得到稳定的直流输出电压,在整流滤波电路之后需要增加稳压电路。稳压电路的作用是当交流电源电压波动、负载和温度变化时,维持输出直流电压稳定。在小功率电源设备中,用得比较多的稳压电路有两种:一种是用稳压二极管组成的并联稳压电路;另一种是串联型稳压电路。而大功率电源设备一般用开关型稳压电路。

3.8.1　稳压管稳压电路

稳压管稳压电路如图 3.26 所示,由稳压二极管 D_Z 和限流电阻 R 组成,二者配合起稳压作用,稳压二极管 D_Z 与负载电阻 R_L 并联后,再与限流电阻 R 串联。稳压电路接在整流滤波电路之后,整流滤波电路的直流输出电压是稳压电路的输入电压 U_C,稳压后的输出电压为 U_o。

下面分析稳压电路的工作原理。

1. 负载电阻 R_L 不变,交流电源电压变化时的稳压情况

当交流电源电压增加时,整流滤波电路的直流输出电压 U_C 随之增加,起初负载电压 U_o 也随之增加。U_o 即为稳压管的反向电压。由稳压管的伏安特性可知,当 U_o 稍有增加时,稳压管的电流 I_Z 就会显著增加,结果使通过限流电阻 R 上的电流 I_R 和电压 U_R 迅速增大,从而使增大了的负载电压 U_o 的数值有所减小。这样一增一减,U_o 基本上保持不变。反之,当交流电源电压减小时,起初负载电压 U_o 随之减小,I_Z 就会显著减小,U_R 也相应减小,仍可保持 U_o 基本不变。这一稳压过程可表示如下:

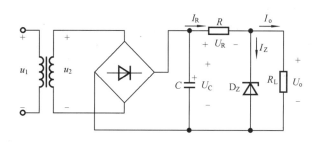

图 3.26　稳压管稳压电路

$$u_2 \uparrow \rightarrow U_C \uparrow \rightarrow U_o \uparrow \rightarrow I_Z \uparrow \rightarrow I_R \uparrow \rightarrow U_R \uparrow \rightarrow U_o \downarrow$$

2. 电源电压不变,负载电流变化时的稳压情况

假设交流电源电压不变,负载电阻 R_L 变小,负载电阻上的端电压 U_o 因而下降。只要 U_o 下降一点,稳压管的电流 I_Z 就会急剧减小,于是 I_R 和 U_R 均会随之减小,使得已经降低的 U_o 回升,而使得 U_o 基本保持不变。这一稳压过程可表示如下:

$$R_L \downarrow \rightarrow U_o \downarrow \rightarrow I_Z \downarrow \rightarrow I_R \downarrow$$
$$U_o \uparrow \leftarrow U_R \downarrow \quad \hookleftarrow$$

可见,在这种稳压电路中,起自动调节作用的主要是稳压管 D_Z,当输出电压 U_o 有较小变化时,将引起稳压管电流 I_Z 较大的变化,通过限流电阻 R 起到补偿作用,从而保持输出电压 U_o 基本稳定。

3.8.2　串联型稳压电路

图 3.27 为以晶体管为放大环节的串联型稳压电路。U_i 为滤波之后的直流电压。

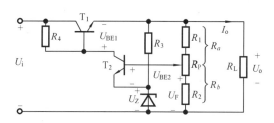

图 3.27　串联型稳压电路

1. 电路的组成及各部分的作用

(1) 取样环节。由 R_1、R_P、R_2 组成的分压电路构成,它将输出电压 U_o 分出一部分作为取样电压 U_F,送到比较放大环节。

(2) 基准电压。由稳压二极管 D_Z 和电阻 R_3 构成的稳压电路组成,它为电路提供一个稳定的基准电压 U_Z,作为调整、比较的标准。

(3) 比较放大环节。由 T_2 和 R_4 构成的直流放大器组成,其作用是将取样电压 U_F 与基准电压 U_Z 之差放大后去控制调整管 T_1。

(4) 调整环节。由工作在线性放大区的功率管 T_1 组成,T_1 的基极电流 I_{B1} 受比较放大电路输出的控制,它的改变又可使集电极电流 I_{C1} 和集、射电压 U_{CE1} 改变,从而达到自动调整稳定输出电压的目的。

2. 电路稳压工作原理

当输入电压 U_i 或输出电流 I_o 变化引起输出电压 U_o 增加时,取样电压 U_F 相应增大,使 T_2 管的基极电流 I_{B2} 和集电极电流 I_{C2} 随之增加,T_2 管的集电极电位 U_{C2} 下降,因此,T_1 管的基极电流 I_{B1} 下降,使得 I_{C1} 下降,U_{CE1} 增加,U_o 下降,使 U_o 保持基本稳定。

同理,当 U_i 或 I_o 变化使 U_o 降低时,调整过程相反,U_{CE1} 将减小使 U_o 保持基本不变。

从上述调整过程可以看出,该电路是依靠电压负反馈来稳定输出电压的。

3. 电路的输出电压

设 T_2 发射结电压 U_{BE2} 可忽略,则

$$U_F = U_Z = \frac{R_b}{R_a + R_b} U_o$$

或
$$U_o = \frac{R_a + R_b}{R_b} U_Z \tag{3.15}$$

用电位器 R_P 即可调节输出电压 U_o 的大小,但 U_o 必定大于或等于 U_Z。如 $U_Z = 6\ \mathrm{V}$,$R_1 = R_2 = R_P = 100\ \Omega$,则 $R_a + R_b = R_1 + R_2 + R_P = 300\ \Omega$,$R_b$ 最大为 $200\ \Omega$,最小为 $100\ \Omega$。由此可知,输出电压 U_o 在 $9\ \mathrm{V} \sim 18\ \mathrm{V}$ 范围内连续可调。

3.8.3　开关型直流稳压电源

前面介绍的并联型稳压管稳压电路和串联型稳压电路,属于线性稳压电源。适用于小功率负载。而开关型直流稳压电源是一种大功率稳压电源,具有效率高、稳压范围宽、发热小、体积小等优点,现在已越来越广泛地替代了线性稳压电源而应用于各个领域。我们今天所用的彩电、微机上的主电源等几乎都是大功率的开关型稳压电源。下面简单介绍一种晶闸管整流型开关稳压电源。

图 3.28 为单相桥式晶闸管整流开关稳压电源的示意图。它由晶闸管整流电路,滤波电路,取样、放大及触发控制电路等组成。

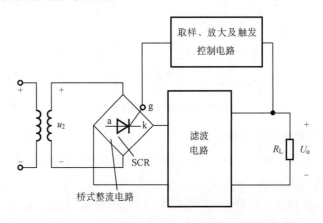

图 3.28　晶闸管整流开关稳压电源的示意图

晶闸管整流电路中的晶闸管(SCR)a 为阳极,k 为阴极,g 为控制极。它的导通条件是:晶闸管 SCR 的阳-阴极间正偏,控制极 g 加正触发电压。它的截止条件是:晶闸管 SCR 的阳-阴极间反偏。

1. 整流电路

将前面讨论的二极管桥式整流电路中的四个二极管换成四个晶闸管 SCR,控制四个晶闸

管的不同触发时间,可得到整流电路波形如图 3.29
(c)所示。输出电压平均值可以在 $0\sim0.9U_2$ 之间
变化。

2. 滤波电路

一般可由二极管、电感和电容构成滤波电路。
滤波电路的作用是将整流后的可变脉动直流电压
变为平滑的直流电压。

3. 取样、放大及触发控制电路

触发电路是晶闸管整流开关稳压电源的关键
部分。取样、放大主要指取合适的触发信号,决定
晶闸管能否导通和在何时导通,从而决定整个开关
电源输出直流电压的大小。

由上述分析可以看出,在上述电路中,通过控
制晶闸管的触发时间,可以得到不同的输出电压。

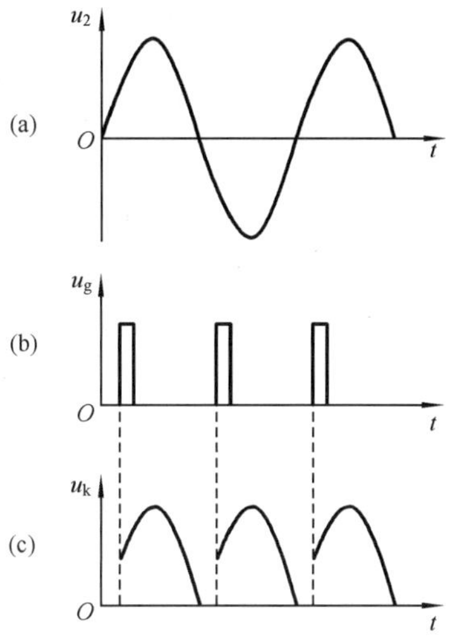

4. 稳压过程

图 3.29　晶闸管整流电路波形图

假设因为某种原因,使稳压电路输出的直流电压 U_o 有升高的趋势,这时通过取样、放大
及触发控制电路的作用,晶闸管的触发时间会后移,使稳压电路输出的直流电压 U_o 降低,起
到稳定输出直流电压的作用。若稳压电路输出的直流电压 U_o 有下降的趋势,则晶闸管的触
发时间会前移,使稳压电路输出的直流电压 U_o 增大,起到稳定输出直流电压的作用。

3.9　本章仿真实训

半导体二极管整流滤波电路仿真

一、实验目的

1. 掌握单相半波和单相桥式全波整流电路的工作原理。
2. 掌握单相半波整流滤波电路的工作原理。
3. 利用 Multisim 软件对电路进行仿真,并对仿真结果和理论计算结果进行对比分析。

二、实验原理

利用半导体二极管的单向导电特性,可以通过整流电路将交流电变成单方向的脉动直流
电。在单相半波整流电路中,负载电阻上的电压平均值 U_o 与变压器副边电压的有效值 U_2 的
关系式为 $U_o=0.45U_2$;在单相桥式全波整流电路中,负载电阻上的电压平均值 U_o 与变压器
副边电压的有效值 U_2 的关系式为 $U_o=0.9U_2$。通过半导体二极管整流,负载电阻上虽然得
到了单方向的电压,但其大小不稳定,是脉动变化的。为了得到大小稳定的单方向电压(接近
稳恒直流电压),可在负载电阻与整流电路之间加入滤波电路。滤波电路有电容滤波、电感滤
波、复式滤波等多种形式。

三、实验内容与步骤

1. 用 Multisim 仿真软件按图 3.30 接成半波整流电路。用示波器分别观察变压器副边和负载电阻两端电压的波形,然后分别测量变压器副边电压 U_2 和负载电阻两端电压 U_o 的数值。

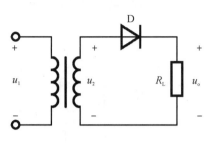

图 3.30　单相半波整流电路

（1）在 Multisim 软件中建立如图 3.31 所示仿真实验电路。其中,电阻在基本器件库选取,二极管在元件工具栏选取,交流电源 V、接地端在电源库选取,示波器 XSC 在仪器库选取,变压器 T 在基本器件库选取,万用表 XMM 在仪表栏选取,在放置万用表时要特别注意万用表的极性应与电路图中的参考方向一致。图 3.31 中之所以放三个示波器,主要是在示波器 XSC3 上可同时观察变压器副边和负载上两个电压波形,并进行对比。

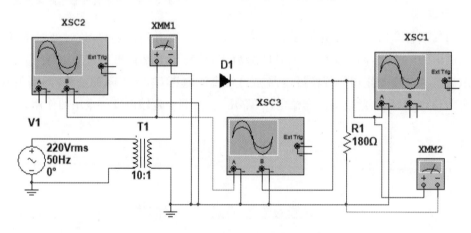

图 3.31　二极管单相半波整流仿真实验电路

（2）单击仿真开关,运行仿真。在仿真的过程中,双击三个示波器 XSC1、XSC2、XSC3,可观察负载、变压器副边和二者同时显示的电压波形。双击万用表 XMM1 和 XMM2 可查看变压器副边的交流电压 U_2 和负载上的直流电压 U_o。

结果如图 3.32～图 3.35 所示。

（4）单击暂停按钮,双击示波器 XSC3,可得到如图 3.36 所示变压器副边的交流电压 U_2 和负载上的直流电压 U_o 的波形。

2. 在半波整流电路中,按图 3.37 接入滤波电容,在 Multisim 软件中建立如图 3.38 所示的仿真实验电路。注意在基本元件库中选有正负极的电容（CAP-ELECTROLIT）。双击示波器 XSC2 和 XSC1 仿真观察变压器副边电压和负载两端电压的波形,然后双击万用表 XMM2 和 XMM1 分别测量两者的数值,把结果记入表 3.1 中。

3. 按图 3.39 接成桥式全波整流电路。在 Multisim 仿真软件中建立如图 3.40 所示的仿真实验电路。双击示波器 XSC2 和 XSC1 仿真观察变压器副边电压和负载两端电压的波形,然后双击万用表 XMM2 和 XMM1 分别测量两者的数值,把结果记入表 3.1 中。

4. 在桥式全波整流电路与负载电阻之间分别接入电容滤波。在 Multisim 软件中建立如

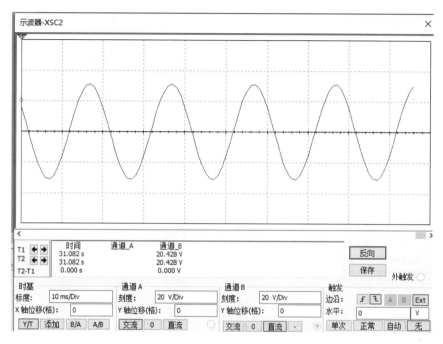

图 3.32　示波器 XSC2 显示的变压器副边的电压波形

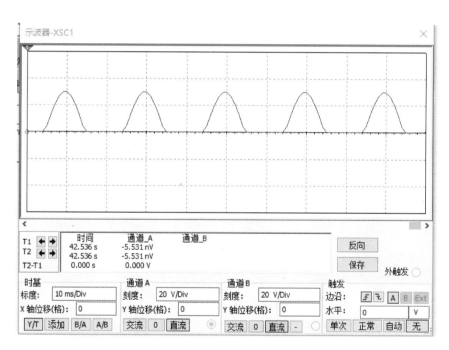

图 3.33　示波器 XSC1 显示的负载的电压波形

图 3.41 所示的仿真实验电路。双击示波器 XSC2 和 XSC1 仿真观察变压器副边电压和负载两端电压的波形,然后双击万用表 XMM2 和 XMM1 分别测量两者的数值,把结果记入表 3.1中。

图 3.34　万用表 XMM1 显示变压器副边
　　　　的交流电压 U_2

图 3.35　万用表 XMM2 显示负载上
　　　　的直流电压 U_0

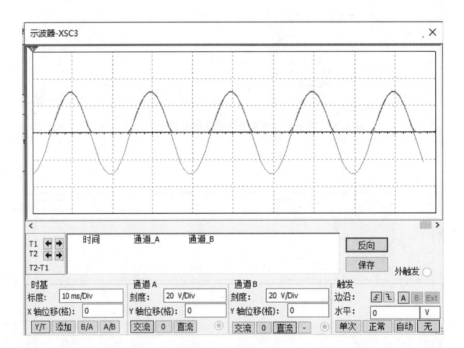

图 3.36　示波器 XSC3 显示的变压器副边的交流电压 U_2 和负载上的直流电压 U_0 的波形

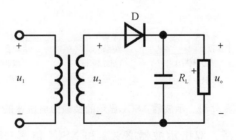

图 3.37　单相半波整流电容滤波电路

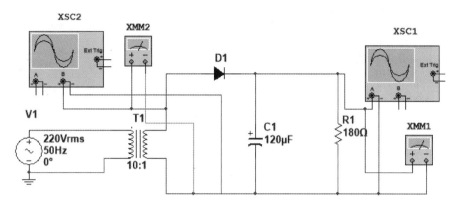

图 3.38　单相半波整流电容滤波仿真电路

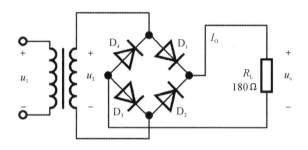

图 3.39　单相桥式整流电路

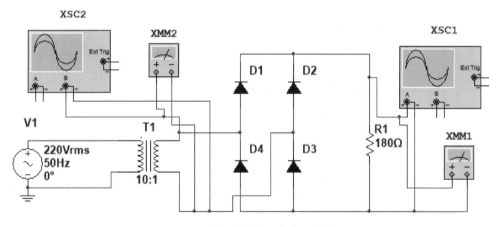

图 3.40　单相桥式整流电路仿真电路

表 3.1　二极管单相整流滤波电路实验记录表

整流类别		变压器副边电压 U_2	负载两端电压 U_0	$\dfrac{U_0}{U_2}$
		测量值	测量值	
半波整流	无滤波	22	9.494	
	电容滤波	22	23.315	
桥式全波整流	无滤波	22	18.305	
	电容滤波	22	25.832	

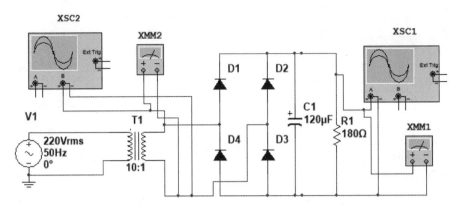

图 3.41 单相桥式整流电容滤波电路仿真电路

四、仿真结果分析

1. 根据实验所得结果,总结分析半波与全波整流电路的效果有何不同?

2. 比较分析半波整流与全波整流、电容滤波的实测值与理论值结果的区别。

本 章 小 结

1. 半导体中有两种载流子:自由电子和空穴。本征半导体中掺入三价或五价元素杂质,可形成 P 型半导体和 N 型半导体。P 型半导体中,空穴是多数载流子,自由电子是少数载流子;N 型半导体中,自由电子是多数载流子,空穴是少数载流子。

2. PN 结具有单向导电性。加正向电压时导通,加反向电压时截止。

3. 半导体二极管具有单向导电性。利用这一特性,可用它来整流、检波等。稳压管是一种特殊二极管,可用来稳压。发光二极管正向导通时会发光。

4. 由于二极管等半导体元件是非线性元件,所以它们的伏安特性常用特性曲线图来表示。使用这些元器件时要注意考虑它们的主要参数。

5. 单相半波整流电路的输出电压平均值与变压器副边电压的有效值之间的关系是 $U_o = 0.45U_2$,通过二极管的电流等于负载电流,为 $I_D = I_L = U_o / R_L$,该类电路仅利用了交流电的半个周期。二极管承受的最高反向电压是 $U_{DRM} = \sqrt{2}U_2$。

6. 单相桥式整流电路的输出电压平均值与变压器副边电压的有效值之间的关系是 $U_o = 0.9U_2$,通过二极管的电流等于负载电流的一半,为 $I_D = \dfrac{1}{2}I_L = \dfrac{1}{2}\dfrac{U_o}{R_L}$,该类电路利用了交流电的整个周期。二极管承受的最高反向电压是 $U_{DRM} = \sqrt{2}U_2$。

7. 半波整流滤波电路输出电压平均值为 $U_o = U_2$,二极管承受的最高反向电压是 $U_{DRM} = 2\sqrt{2}U_2$。桥式整流滤波电路输出电压平均值为 $U_o = 1.2U_2$,二极管承受的最高反向电压是 $U_{DRM} = \sqrt{2}U_2$。根据 $\tau = R_L C \geqslant (3 \sim 5)\dfrac{T}{2}$ 来选择电容器的容量。

8. 稳压电路有稳压管稳压电路、串联型稳压电路和开关型稳压电路。稳压电路的作用是当外部电源电压波动或负载变化时,能保持负载上电压稳定不变。

9. 利用 Multisim 仿真软件对二极管单相整流滤波电路进行仿真,并对仿真结果和理论计算结果进行对比分析。

习　题

3.1　什么是本征半导体？什么是杂质半导体？本征半导体和杂质半导体的载流子有何异同？

3.2　N 型半导体中的自由电子多于空穴，而 P 型半导体中的空穴多于自由电子，是否 N 型半导体带负电，而 P 型半导体带正电？

3.3　什么是二极管的死区电压？为什么会出现死区电压？硅管和锗管的死区电压值约为多少？

3.4　怎样判断二极管的阳极和阴极？怎样判断二极管的好坏？

3.5　在题 3.5 图所示电路中，判断二极管是导通还是截止？并求出 A、O 间的电压 $U_\circ$。图中二极管均为硅管，正向压降 $U_D = 0.6$ V。

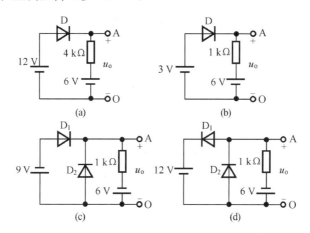

题 3.5 图

3.6　在题 3.6 图(a)中，u_i 是输入电压，其波形如图(b)所示，试画出与 u_i 对应的输出电压 $u_\circ$ 的波形(假设二极管为理想二极管)。

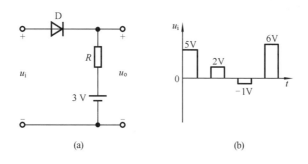

题 3.6 图

3.7　在题 3.7 图各电路中，$u_i = 10\sin\omega t$ V，$E = 5$ V，试分别画出各输出电压 $u_\circ$ 的波形(假设二极管为理想二极管)。

3.8　电路如题 3.8 图所示，试求出输出端 F 的电位 U_F 及 R 中通过的电流，并说明二极

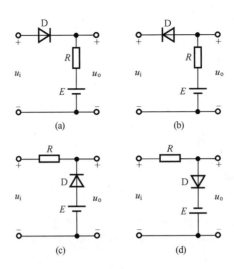

题 3.7 图

管是导通还是截止(假设二极管为理想二极管)。

(1) $U_A = U_B = 0$。

(2) $U_A = 3$ V,$U_B = 0$。

(3) $U_A = U_B = 3$ V。

3.9 电路如题 3.9 图所示,试求出输出端 F 的电位 U_F 及 R 中通过的电流,并说明二极管是导通还是截止(假设二极管为理想二极管)。

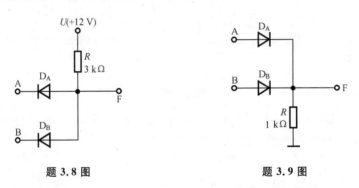

题 3.8 图　　　　　题 3.9 图

(1) $U_A = 10$ V,$U_B = 0$。

(2) $U_A = 6$ V,$U_B = 3$ V。

(3) $U_A = U_B = 5$ V。

3.10 有两个稳压管 D_{Z1} 和 D_{Z2},其稳定电压分别为 6.5 V 和 9.5 V,正向压降均为 0.5 V,现分别要得到 0.5 V、3 V、6 V、7 V、16 V 几种稳压值,试分别画出其电路图。

3.11 在图 3.18 所示的单相桥式整流电路中,如果

(1) D_3 接反;

(2) 因过电压 D_3 被击穿短路;

(3) D_3 虚焊断开。

试分别说明其后果如何?

3.12 在题 3.12 图中,已知 $R_L = 8$ kΩ,直流电压表的读数为 110V,二极管的正向压降忽

略不计。试求：

(1) 直流电流表的读数；

(2) 交流电压表的读数。

3.13 有一单相桥式整流电路，如图 3.18(b)所示，变压器副边电压的有效值 $U_2 = 75$ V，负载电阻 $R_L = 100$ Ω，试计算电路的输出电压 $U_。$、负载电流 $I_。$以及二极管所承受的最大反向电压 U_{DRM}。

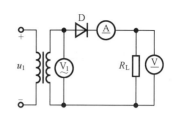

题 3.12 图

3.14 有一电压为 110 V，电阻为 55 Ω 的直流负载，采用单相桥式整流供电。试计算：

(1) 变压器副边电压和电流的有效值；

(2) 二极管流过的电流平均值和所承受的最大反向电压，并选择二极管。

3.15 今要求负载电压 $U_。 = 30$ V，负载电流 $I_。 = 150$ mA，单相桥式整流电路带电容滤波。已知交流电源频率为 50 Hz，试选用二极管型号和滤波电容。

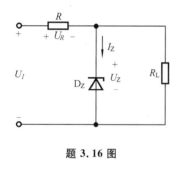

题 3.16 图

3.16 题 3.16 图为一稳压二极管稳压电路。已知 $U_I = 12$ V，限流电阻 $R = 10$ Ω，负载电阻 $R_L = 52$ Ω，稳压二极管 D_Z 的稳定电压 $U_Z = 10$ V，最大稳定电流 $I_{Zmax} = 20$ mA。试计算稳压二极管的工作电流 I_Z。若限流电阻 $R = 5$ Ω，I_Z 是否超过 I_{Zmax}？若超过，怎么办？

3.17 某稳压电路如题 3.17 图所示，试问：

(1) 输出电压 $U_。$为多少？

(2) 电容 C_1、C_2 的极性如何？

(3) 负载电阻 R_L 的最小值为多少？

(4) 如果将稳压管 D_Z 接反，那么 $U_。$为多少？

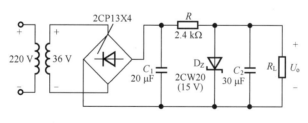

题 3.17 图

第4章 半导体三极管及其放大电路

第3章介绍了本征半导体和杂质半导体的导电特性和 PN 结的单向导电性,半导体二极管的结构、工作原理、特性曲线和主要参数。在此基础上,本章先介绍三极管的结构、工作原理、特性曲线和主要参数,再介绍半导体三极管放大电路。

4.1 半导体三极管

半导体三极管常简称为晶体管或三极管,是一种重要的半导体器件。常见的一些三极管的外形如图 4.1 所示。

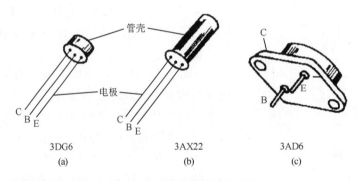

图 4.1 几种三极管的外形图

4.1.1 半导体三极管的结构与分类

三极管的结构,最常见的有平面型和合金型两种。图 4.2(a)为平面型(主要为硅管),图 4.2(b)为合金型(主要为锗管)。它们都是通过一定的工艺在一块半导体基片上制成两个 PN 结,再引出三个电极,然后用管壳封装而成。

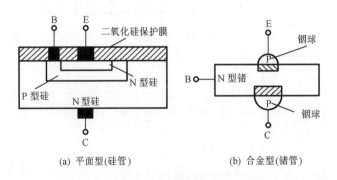

图 4.2 三极管芯结构

不论是平面型还是合金型,内部都是由 NPN 或 PNP 三层半导体材料构成,因此又把晶体管分为 NPN 型和 PNP 型两类。其结构示意图如图 4.3 所示。图 4.3(a)为 NPN 型,图 4.3

(b)为 PNP 型。

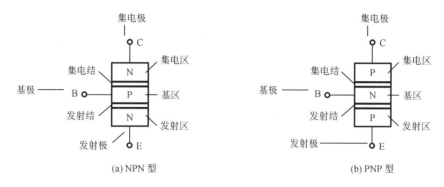

图 4.3　三极管结构示意图

NPN 型和 PNP 型两类三极管都由基区、发射区、集电区组成,每个区分别引出一个电极,即基极 B、发射极 E、集电极 C,每个管子有两个 PN 结,基区和集电区之间的 PN 结称为集电结,基区和发射区之间的 PN 结称为发射结。

晶体管各区的主要特点是:基区掺杂浓度低且很薄,发射区的掺杂浓度高,集电区掺杂浓度较低但体积较大,因此发射区与集电区不能互换。

NPN 型和 PNP 型的电路图形符号如图 4.4 所示。图中箭头方向表示电流方向。

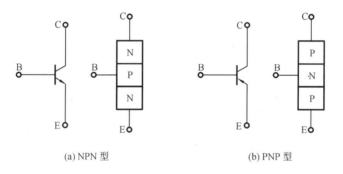

图 4.4　三极管的电路图形符号

4.1.2　三极管的电流分配和电流放大作用及原理

三极管的主要作用是电流放大作用和开关作用。

三极管的基本放大电路如图 4.5 所示。

基极电源 E_B、基极电阻 R_B、基极 B 和发射极 E 组成输入回路。

集电极电源 E_C、集电极电阻 R_C、集电极 C 和发射极 E 组成输出回路,发射极 E 是公共电极。这种电路称为共发射极电路。

电路中 $E_B < E_C$,电源极性如图 4.5 所示,这样就保证了发射结加的是正向电压(正向偏置),集电结加的是反向电压(反向偏置),这是三极管实现电流放大作用的外部条件。

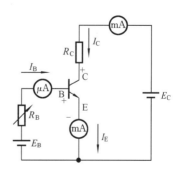

图 4.5　三极管的基本放大电路

调整基极电阻 R_B，则基极电流 I_B、集电极电流 I_C 和发射极电流 I_E 都会发生变化。通过实验可得出如下结论。

①　　　　　　　　　　　　　　　$I_E = I_B + I_C$

三个电流之间的关系符合基尔霍夫电流定律。

②I_C 比 I_B 大得多，且基本满足

$$I_C = \beta I_B$$

β 为电流放大倍数，大于 1，一般为几十至几百。

由此可以看出，较小的基极电流 I_B 可以得到较大的集电极电流 I_C，这就是三极管的电流放大作用。

三极管的电流分配和电流放大作用仿真。

在 Multisim 中建立如图 4.6 所示的三极管的电流分配和电流放大作用仿真电路。将三极管放大倍数调为 50。

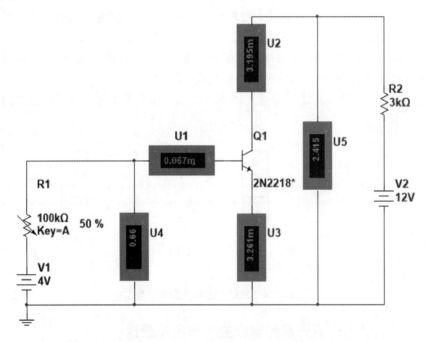

图 4.6　三极管的电流分配和电流放大作用的仿真电路

仿真运行后，可以看出：$I_B = 0.067$ mA，$I_C = 3.195$ mA，$I_E = 3.261$ mA，$I_B + I_C = 3.262$ mA，$I_E \approx I_B + I_C$，$I_C / I_B = 47.7$。

下面用载流子的运动来解释上述结论（以 NPN 型为例），如图 4.7 所示。

（1）发射区向基区扩散电子。

由于发射结加了正向电压，发射区的多数载流子（自由电子）很容易越过发射结扩散到基区，并不断从电源补充进电子，形成发射极电流 I_E。

（2）电子在基区的扩散与复合。

从发射区扩散到基区的自由电子在发射结附近与集电结附近由于浓度上的差别，将向集电结方向继续扩散。在扩散过程中，一部分自由电子将与基区中的空穴相遇而复合，形成基极电流 I_B。

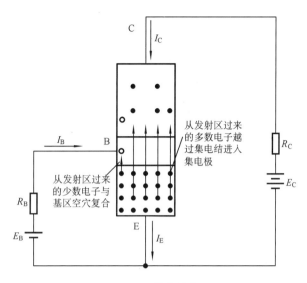

图 4.7 三极管中的电流分配

（3）集电区收集从发射区扩散过来的电子。

从发射区扩散到基区的自由电子在基区属于少数载流子,但数量很多,在集电结反向电压的作用下,很容易漂移过集电结被集电区收集,形成较大的集电极电流 I_C。

由上述分析可见,由发射区扩散到基区的自由电子,少部分与基区中的空穴相遇而复合,形成基极电流 I_B,绝大部分将越过集电结形成集电极电流 I_C。故 $I_E = I_B + I_C$。

4.1.3 半导体三极管的特性曲线

三极管的特性曲线是指各极电压与电流之间的关系曲线,它是三极管内部载流子运动的外部表现。它反映三极管的性能,是分析放大电路的重要依据。因为三极管的共发射极接法应用最广,故以 NPN 管共发射极接法为例来分析三极管的特性曲线,图 4.8 所示为测量三极管特性的实验电路。

由于三极管有三个电极,它的伏安特性曲线比二极管更复杂一些,工程上常用到的是它的输入特性和输出特性。

1. 输入特性曲线

当 U_{CE} 不变时,输入回路中的基极电流 I_B 与基-射极电压 U_{BE} 之间的关系曲线称为输入特性,即

$$I_B = f(U_{BE}) \mid_{U_{CE}=常数}$$

当 $U_{CE} \geqslant 1$ V 时,在一定的 U_{BE} 条件下,集电结已反向偏置,且内电场已足够大,可以把从发射区扩散到基区的电子中的绝大多数拉到集电区。此时 U_{CE} 再继续增大,I_B 也就基本不变。因此 $U_{CE} \geqslant 1$ V 以后,不同 U_{CE} 值的各条输入特性曲线几乎重叠在一起。所以通常只画 $U_{CE} \geqslant 1$ V 的一条输入特性曲线如图 4.9 所示。

由三极管的输入特性曲线可看出:三极管的输入特性曲线是非线性的,输入电压小于某一开启值时,三极管不导通,基极电流 I_B 为零,这个开启电压又叫做阈值电压或死区电压。只有当 U_{BE} 电压大于死区电压时,三极管才会出现 I_B。硅管的死区电压约为 0.5 V,锗管的约为 0.2 V。当管子正常工作时,发射结压降变化不大,硅管的为 0.6 V～0.7 V,锗管的为 0.2 V

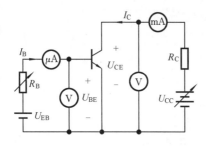
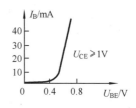

图 4.8　测量三极管特性的实验电路　　　　图 4.9　三极管的输入特性曲线

~0.3 V。

2. 输出特性曲线

当 I_B 不变时,输出回路中的电流 I_C 与电压 U_{CE} 之间的关系曲线称为输出特性曲线,即

$$I_C = f(U_{CE}) \mid_{I_B=常数}$$

给定一个基极电流 I_B,就对应一条特性曲线,所以三极管的输出特性曲线是个曲线族,如图 4.10 所示。

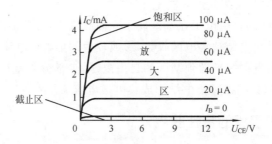

图 4.10　三极管的输出特性曲线

从输出特性曲线看出,它可以划分三个区:放大区、截止区、饱和区。

（1）放大区。

输出特性曲线近于水平的部分是放大区。在放大区,I_C 与 I_B 成正比关系,满足 $I_C = \beta I_B$,与 U_{CE} 变化无关。三极管工作在放大区时,发射结正向偏置,集电结反向偏置。

（2）截止区。

$I_B = 0$ 曲线以下的 I_C 约为零的区域称为截止区。当 $I_B = 0$ 时,$I_C = I_{CEO}$,由于穿透电流 I_{CEO} 很小,即 I_C 很小,输出特性曲线是一条几乎与横轴重合的直线。对 NPN 硅管而言,$U_{BE} < 0.5$ V 时即已开始截止,但为了可靠截止,常使 $U_{BE} < 0$。因此,三极管工作在截止区的外部条件是发射结反向偏置,集电结也反向偏置。

Multisim 仿真实验。将仿真电路图 4.6 中 V1 调至 0.1 V(见图 4.11),发现 $I_B = 0.014$ $\mu A \approx 0$,$I_C = 1.116$ $\mu A \approx 0$,电路已处于截止状态。

（3）饱和区。

当 $U_{CE} > 0$、$U_{BE} > 0$ 且 $|U_{CE}| < |U_{BE}|$ 时,集电结和发射结均处于正向偏置,I_B 的变化对 I_C 的影响较小,两者不成比例,这一区域称为饱和区。饱和时,集电极电流 I_C 基本恒定,$I_C \approx U_{CC}/R_C$。三极管工作在饱和区的外部条件是发射结正向偏置,集电结也正向偏置。

仿真实验。将仿真电路图 4.6 中 V2 调至 1 V(见图 4.12),此时发现 $|U_{CE}| < |U_{BE}|$,电路已处于饱和状态。$I_C = 0.317$ mA,$I_c \approx U_{CC}/R_C$。

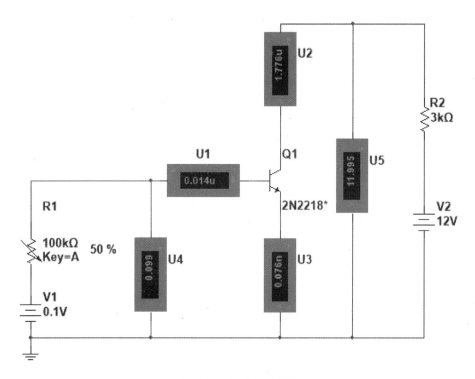

图 4.11　截止状态仿真

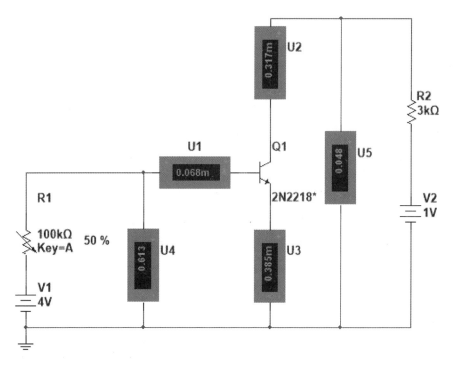

图 4.12　饱和状态仿真

4.1.4　半导体三极管的主要参数

三极管的参数是表征管子性能和安全运用范围的物理量,是正确使用和合理选择三极管的依据。三极管的参数较多,这里只介绍主要的几个。

1. 电流放大系数

电流放大系数的大小反映了三极管放大能力的强弱。

(1) 共发射极直流电流放大系数 $\bar{\beta}$。

$\bar{\beta}$ 为三极管集电极电流 I_C 与基极电流 I_B 之比,即

$$\bar{\beta} = \frac{I_C}{I_B}$$

(2) 共发射极交流电流放大系数 β。

β 指集电极电流变化量与基极电流变化量之比,其大小体现了共射接法时,三极管的放大能力。即

$$\beta = \frac{\Delta I_C}{\Delta I_B} \mid_{U_{CE}=常数}$$

因 $\bar{\beta}$ 与 β 的值几乎相等,故在应用中不再区分,均用 β 表示。

2. 极间反向电流

(1) 集电极-基极间的反向电流 I_{CBO}。

I_{CBO} 是指发射极开路时,集电极-基极间的反向电流,也称为集电结反向饱和电流。温度升高时,I_{CBO} 急剧增大,温度每升高 10 ℃,I_{CBO} 增大一倍。选管时应选 I_{CBO} 小且 I_{CBO} 受温度影响小的三极管。

(2) 集电极-发射极间的反向电流 I_{CEO}。

I_{CEO} 是指基极开路时,集电极-发射极间的反向电流,也称为集电结穿透电流。它反映了三极管的稳定性,其值越小,受温度影响也越小,三极管的工作就越稳定。它与集电结反向饱和电流 I_{CBO} 的关系为

$$I_{CEO} = (\beta + 1) I_{CBO}$$

3. 极限参数

三极管的极限参数是指在使用时不得超过的极限值,以此保证三极管的安全工作。

(1) 集电极最大允许电流 I_{CM}。

集电极电流 I_C 过大时,β 将明显下降,I_{CM} 为 β 下降到规定允许值(一般为额定值的 1/2～2/3)时的集电极电流。使用中若 $I_C > I_{CM}$,三极管不一定会损坏,但 β 明显下降。

(2) 反向击穿电压 $U_{(BR)CEO}$。

反向击穿电压 $U_{(BR)CEO}$ 是指基极开路时集电结不至于击穿,施加在集电极-发射极间允许的最高反向电压。

(3) 集电极最大允许功率损耗 P_{CM}。

当集电极电流通过集电结时,要消耗功率而使集电结发热,若集电结温度过高,则会引起三极管参数变化,甚至烧坏三极管。因此,规定当三极管因受热而引起参数变化不超过允许值时集电极所消耗的最大功率为集电极最大允许功率损耗 P_{CM}。

根据管子的 P_{CM} 值,由 $P_{CM} = I_C U_{CE}$ 可在三极管的输出特性曲线上作出 P_{CM} 曲线,称为集电极功耗曲线,如图 4.13 所示。

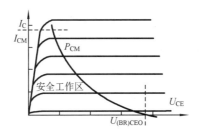

图 4.13 三极管集电极功耗曲线和安全工作区

由三个极限参数 I_{CM}、P_{CM}、$U_{(BR)CEO}$ 可共同确定三极管的安全工作区,如图 4.13 所示。三极管必须保证在安全区内工作,并留有一定的余量。

4.2 半导体三极管放大电路

晶体管的主要用途之一是利用其组成放大电路,放大电路的主要作用是将微弱的电信号(电压、电流或电功率)放大成为所需要的较强的电信号,以便有效地进行观察、测量或控制较大功率的负载。例如在温度测控系统中,经常用热电偶或热电阻把温度的变化转换成与其成比例变化的微弱电信号(一般为电压),这样微弱的电信号不足以直接驱动显示器件来显示温度的变化情况,也不足以直接推动控制元件(如继电器)接通或切断加热电路。而使这样微弱的信号达到所需要的较大的电信号的中间变换电路,其中一种就是用晶体管构成的放大电路。又例如,在数控机床中,检测位置和速度的传感器将位置和速度等机械量转换成对应的微弱电信号,必须通过放大电路将其放大,得到一定的输出功率才能推动执行元件(电磁铁、电动机、液压机构等),完成需要的动作。又例如,收音机和电视,它们自天线收到的包含声音和图像信息的微弱电信号,必须由机内的放大电路将其放大后,才能推动扬声器和显像管工作。可见,放大电路的应用十分广泛,它是各种电子设备中最普遍的一种基本单元。

4.2.1 基本放大电路的组成及各元件的作用

4.2.1.1 基本放大电路的组成

图 4.14 为最基本的共射极交流放大电路(又称放大器)。由晶体管 T、电阻、电容、直流电源等组成。待放大的输入信号 u_i(通常可用一个理想电压源 u_S 和电阻 R_S 串联表示)加在基极和发射极之间(输入端),输出信号 u_o 从集电极和发射极之间(输出端)取出。

图 4.14 所示的单管放大电路中有两个电流回路:一个是由发射极 E、信号源 u_i、电容 C_1、基极 B 回到发射极 E 的回路,称为放大电路的输入回路;另一个是从发射极 E、集电极电源 E_C、集电极电阻 R_C、集电极 C 回到发射极 E 的回路,称之为放大电路的输出回路。

因发射极为输入回路与输出回路的公共端,故称这种放大电路为共发射极放大电路。

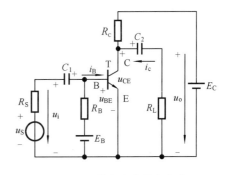

图 4.14 基本交流放大电路

4.2.1.2　放大电路中各元件的作用

1. 晶体管 T

它是放大元件,是放大器的核心。利用它的电流放大作用,使微小的输入电压 u_i 产生的微小的基极电流 i_B,控制电源 E_C 在输出回路中产生较大的与基极电流成比例的集电极电流 i_C,从而在负载上获得较大的与输入电压成比例的输出电压 u_o。

2. 集电极电源 E_C

它的一个作用是保证集电结反偏,发射结正偏,以使晶体管工作在放大状态;第二个作用是放大电路的能源。E_C 一般为几伏到几十伏。

3. 集电极电阻 R_C

将集电极的电流变化转换成集—射极间电压的变化,以实现电压放大。R_C 的阻值一般为几千欧到几十千欧。它可以是一个实际的电阻,也可以是继电器、发光二极管等器件,作为执行元件或能量转换元件。

4. 基极电源 E_B 和基极电阻 R_B

它们的作用是保证集电结反偏,发射结正偏,以使晶体管工作在放大状态,并提供大小适当的基极电流 I_B(简称偏流),以使电路获得合适的静态工作点。R_B 的阻值较大,一般为几十千欧到几百千欧。

5. 耦合电容 C_1、C_2

电容 C_1、C_2 起到一个"隔直流通交流"的作用,C_1 隔断信号源与放大电路之间的直流通路,C_2 隔断放大电路与负载之间的直流通路;同时,C_1、C_2 使交流信号畅通无阻。当输入端加上信号电压 u_i 时,可以通过 C_1 送到晶体管的基极与发射极之间,而放大了的信号电压 u_o 则经过 C_2 从负载 R_L 两端取出。在图 4.14 所示电路中,C_1 左边、C_2 右边只有交流而无直流,中间部分为交直流共存。这样,信号源、放大电路、负载三者间无直流联系,互不影响。耦合电容 C_1、C_2 一般多采用电解电容器。连接时需注意极性,正极接高电位,负极接低电位。C_1 和 C_2 的电容值一般为几微法到几十微法。

在实用的放大电路中,一般都采用单电源供电,如图 4.15 所示。只要适当调整 R_B 的值,仍可保证发射结正向偏置,产生合适的基极偏置电流 I_B。

在放大电路中,通常假设输入回路与输出回路的公共端电位为零,作为电路中其他各点电位的参考点,在电路图上用接"地"符号表示。同时为了简化电路的画法,习惯上不画电源 E_C 的符号,而只在连接电源正极的一端标出它对参考点"地"的电压值 U_{CC} 和极性("＋"或"－")。这样图 4.14 所示的共射极放大电路可画成如图 4.16 所示的简单形式。

4.2.2　放大电路的直流通路和静态分析

放大电路中没有交流输入信号,即 $u_i = 0$ 时的工作状态,称为静态工作状态,简称静态。这时电路中仅有直流电源作用,电路中的电流和电压值均为直流,叫静态值。各个直流电流和电压用大写字母和下标表示,如基极电流 I_B、集电极电流 I_C、发射极电流 I_E、基-射极电压 U_{BE}、集-射极电压 U_{CE} 等。

静态时电路中的 I_B、I_C、U_{CE} 的数值就叫放大电路的静态工作点。静态分析的目的就是确定放大电路的静态工作点。静态工作点可用放大电路的直流通路来计算。

图 4.17 是图 4.16 所示放大电路的直流通路图。由于电容在直流电源的作用下相当于开

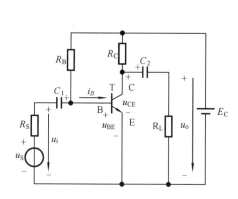

图 4.15　单电源基本放大电路

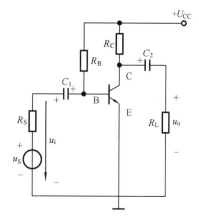

图 4.16　基本放大电路的简单形式

路,图 4.16 可画成图 4.17 所示的形式,该电路叫放大电路的直流通路图。它包含有两个独立的回路:由直流电源 U_{CC}、基极电阻 R_B、三极管 T 组成的基-射极基极回路;由直流电源 U_{CC}、集电极电阻 R_C、三极管 T 组成的集-射极集电极回路。

由图 4.17 所示的基极回路,根据 KVL 定律,可求出静态时的基极电流 I_B,由

$$U_{CC} = R_B I_B + U_{BE}$$

$$I_B = \frac{U_{CC} - U_{BE}}{R_B} \approx \frac{U_{CC}}{R_B} \qquad (4.1)$$

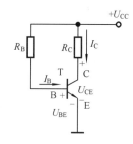

图 4.17　直流通路图

由式(4.1)可知,基极电流 I_B 主要由 U_{CC} 和 R_B 决定。显然,当 U_{CC} 和 R_B 确定后,基极电流 I_B 就近似为一固定值,因此,常把这种电路称为固定式偏置放大电路,I_B 称为固定偏置电流,R_B 称为固定偏置电阻。

在式(4.1)中,U_{BE} 为三极管发射结的正向压降,硅管约为 0.6 V,比 U_{CC}(一般为几伏至几十伏)小得多,故一般可忽略不计。

由 I_B 得出静态时的集电极电流

$$I_C = \beta I_B \qquad (4.2)$$

由图 4.17 的集电极回路,根据 KVL 定律,得出静态时的集-射极电压 U_{CE} 为

$$U_{CE} = U_{CC} - I_C R_C \qquad (4.3)$$

根据式(4.1)、式(4.2)和式(4.3)就可以求出放大电路的静态工作点 I_B、I_C、U_{CE}。

例 4.1　在图 4.17 中,已知 $U_{CC} = 12$ V,$R_B = 300$ kΩ,$R_C = 4$ kΩ,$\beta = 37.5$,试求放大电路的静态工作点。

解　根据图 4.17 所示的直流通路图可得出

$$I_B = \frac{U_{CC}}{R_B} = \frac{12}{300 \times 10^3} = (0.04 \times 10^{-3})\ \text{A} = 0.04\ \text{mA}$$

$$I_C = \beta I_B = (37.5 \times 0.04)\ \text{mA} = 1.5\ \text{mA}$$

$$U_{CE} = U_{CC} - I_C R_C = (12 - 1.5 \times 4)\ \text{V} = (12 - 6)\ \text{V} = 6\ \text{V}$$

4.2.3　放大电路的交流通路和动态分析

4.2.3.1　放大电路的动态工作情况

在上述静态的基础上,放大电路接入交流输入信号 u_i,这时放大电路的工作状态称动态。

动态分析就是在静态值确定后,分析交流信号在放大电路中的传输情况,即分析电路中各个电压、电流随输入信号变化的情况。

交流信号在放大电路中的传输通道称为交流通路。

画交流通路的原则是:在交流信号频率范围内,电路中耦合电容的容抗很小,对交流电可视为短路;直流电源的内阻很小,可以忽略,视为短路。按此原则画出图 4.18(a)所示电路的交流通路如图 4.18(b)所示。

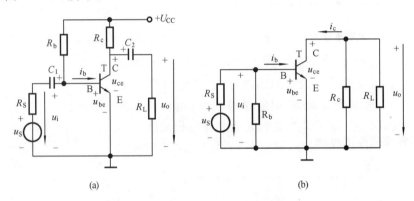

图 4.18　放大电路的交流通路

动态时,晶体管的各个电流和电压都含有直流分量和交流分量,即交直流共存,其中各个交流电流和电压瞬时值用小写字母的平标和下标表示,如 i_b、i_c、i_e、u_{ce}、u_{be} 等。电路中总电流和总电压是直流分量和交流分量的线性叠加,总电流和总电压的瞬时值平标用小写字母,下标用大写字母表示,如 i_B、i_C、i_E、u_{CE}、u_{BE} 等。设输入信号电压是正弦交流电压 $u_i = U_{im}\sin\omega t$,如图 4.19(a)所示。这时用示波器可观察到放大电路各个电压电流波形如图 4.19 所示。

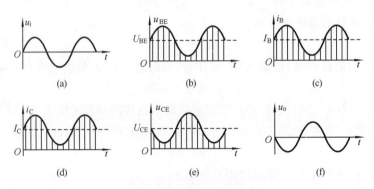

图 4.19　电压电流波形

$$u_{BE} = U_{BE} + u_{be} = U_{BE} + U_{im}\sin\omega t \qquad (4.4)$$

$$i_B = I_B + i_b = I_B + I_{bm}\sin\omega t \qquad (4.5)$$

$$i_C = I_C + i_c = I_C + I_{cm}\sin\omega t \qquad (4.6)$$

$$u_{CE} = U_{CE} + u_{ce} = U_{CE} + U_{cem} \sin(\omega t + \pi) \tag{4.7}$$

由于耦合电容的隔直作用,放大电路的输出电压为

$$u_o = u_{ce} = U_{cem} \sin(\omega t + \pi) \tag{4.8}$$

综上所述可知:

(1) 放大电路在动态时各个总电流和电压是直流分量和交流分量的线性叠加;

(2) 电路中的 u_{be}、i_b、i_c 与 u_i 同相位,而 u_o 的波形与 u_i 反相。输出电压 u_o 与输入电压 u_i 相位相反,这是单管共射极放大电路的重要特点。

需要说明的是:输入电压 u_i 与输出电压 u_o 也是存在一定大小关系的,这可以通过下面的微变等效电路法求出。

4.2.3.2　微变等效电路

放大电路的主要作用是将微弱的输入信号放大到较大的输出信号。有时要计算输出电压与输入电压的比值,即放大倍数 A_u。这时用微变等效电路求解比较方便。

所谓微变等效电路,就是把由非线性元件晶体管组成的放大电路等效为线性电路,其中主要是把晶体管用一个线性元件的组合来等效,即晶体管的线性化。

只有在小输入信号的情况下才能采用微变等效电路。微变等效电路是在交流通路的基础上建立的,只能对交流电路等效,只能用来分析交流动态,计算交流分量,而不能用来分析计算直流分量。

1. 晶体管微变等效电路

(1) 输入端等效。

图 4.20 是三极管的输入特性曲线,是非线性的。如果输入信号很小,在静态工作点 Q 附近的工作段可近似地认为是直线,即是线性的。当 u_{BE} 有一微小变化 ΔU_{BE} 时,基极电流变化 ΔI_B,两者的比值称为三极管的动态输入电阻,用 r_{be} 表示,即

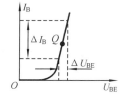

$$r_{be} = \frac{\Delta U_{BE}}{\Delta I_B} = \frac{u_{be}}{i_b} \tag{4.9}$$

图 4.20　三极管的输入特性曲线

也可认为,在小输入信号时,基射极间的电压与电流成正比,这个比值叫晶体管的输入电阻。

即

$$r_{be} = \frac{u_{be}}{i_b}$$

同一个晶体管,静态工作点不同,r_{be} 值也不同。低频小功率管的输入电阻常用下式估算:

$$r_{be} = 300 + (\beta + 1)\frac{26}{I_E} \tag{4.10}$$

式中:I_E 为发射极静态电流,单位为 mA。r_{be} 的值一般为几百欧到几千欧。它是一个动态电阻。

(2) 输出端等效。

图 4.21 是三极管的输出特性曲线族,当输入信号很小时,输出特性曲线在放大区域内可认为呈水平线,集电极电流的微小变化 ΔI_C 仅与基极电流的微小变化 ΔI_B 有关,而与电压 u_{CE} 无关,故集电极和发射极之间可等效为一个受 i_b 控制的电流源,即

$$\beta = \frac{\Delta I_C}{\Delta I_B} \approx \frac{i_c}{i_b}$$

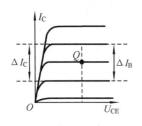

图 4.21 三极管的输出特性曲线

即可认为，i_c 的大小主要与 i_b 的大小有关，二者呈线性关系，即 $i_c = \beta i_b$。

因此晶体管的输出回路可用一个受控电流源 $i_c = \beta i_b$ 来等效代替。

实际上，三极管的输出特性曲线并不完全与横轴平行，当 I_B 为常数时，

$$r_{ce} = \frac{\Delta U_{CE}}{\Delta I_C} = \frac{u_{ce}}{i_c} \qquad (4.11)$$

即可认为，集射极间的电压 u_{ce} 与电流 i_c 成正比，这个比值叫晶体管的输出电阻，即 $r_{ce} = u_{ce}/i_c$。与受控电流源并联，也就是电流源 $i_c = \beta i_b$ 的内阻。r_{ce} 阻值很高，一般为几十千欧至几百千欧，所以在简化的微变等效电路中常把它忽略不画。

由上述方法得到的如图 4.22(a) 所示的晶体管的微变等效电路如图 4.22(b) 所示。

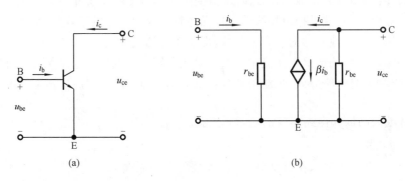

图 4.22 晶体管的微变等效电路

2. 放大电路微变等效电路的画法

对小信号输入放大电路进行动态分析时，要画出放大电路的微变等效电路。方法是：首先画出放大电路的交流通路图，再将晶体管用其微变等效电路代替（r_{ce} 可忽略），即得到放大电路微变等效电路。图 4.23(a) 是固定偏置放大电路（见图 4.18(a)）的交流通路图，图 4.23(b) 是放大电路的微变等效电路图（电流、电压为相量形式）。

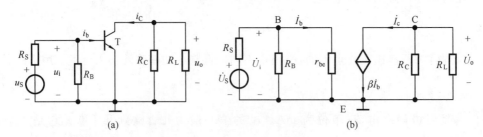

图 4.23 放大电路微变等效电路

3. 电压放大倍数的计算

下面以图 4.18(a) 所示交流放大电路为例，用它的微变等效电路图 4.23(b) 来进行电压放大倍数、输入电阻、输出电阻的计算。

放大电路的电压放大倍数 A_u 是输出电压与输入电压的相量之比，即

$$A_u = \frac{\dot{U}_o}{\dot{U}_i} \tag{4.12}$$

由图 4.23(b)输入回路可得

$$\dot{U}_i = \dot{I}_b r_{be} \tag{4.13}$$

由图 4.23(b)输出回路可得

$$\dot{U}_o = -\dot{I}_c R'_L = -\beta \dot{I}_b R'_L \tag{4.14}$$

式中：
$$R'_L = R_C /\!/ R_L$$

所以电压放大倍数

$$A_u = \frac{\dot{U}_o}{\dot{U}_i} = -\beta \frac{R'_L}{r_{be}} \tag{4.15}$$

式中：R'_L 为等效负载电阻；r_{be} 为晶体管的输入电阻。式中负号表示输入电压与输出电压相位相反。

若 $R_L = \infty$，即不接 R_L 时，$R'_L = R_C$，此时的电压放大倍数

$$A_u = -\beta \frac{R_C}{r_{be}}$$

不接 R_L 比接 R_L 时的电压放大倍数要高，R_L 越小，电压放大倍数 A_u 越低。

4. 放大电路输入电阻计算

放大电路对信号源来说，是一个负载，故可用一个等效电阻来代替。这个电阻就是从放大电路输入端看进去的放大电路本身的电阻，称为放大电路输入电阻 r_i，即

$$r_i = \frac{\dot{U}_i}{\dot{I}_i} = R_B /\!/ r_{be} \tag{4.16}$$

5. 放大电路输出电阻计算

放大电路总是要带负载的，对负载而言，放大电路可看成一个信号源（实际电压源或实际电流源），其内阻即为放大电路输出电阻 r_o（从输出端看进去的等效电阻）。

$$r_o = R_C /\!/ r_{ce} \approx R_C \tag{4.17}$$

例 4.2　图 4.24 所示电路，已知 $U_{CC} = 12$ V，$R_B = 300$ kΩ，$R_C = 3$ kΩ，$R_L = 3$ kΩ，$\beta = 50$，试求：

（1）R_L 接入和断开两种情况下电路的电压放大倍数 A_u；

（2）输入电阻 r_i 和输出电阻 r_o。

解　先由直流通路图 4.24(b)求静态工作点

$$I_B = \frac{U_{CC} - U_{BE}}{R_B} \approx \frac{U_{CC}}{R_B} = \frac{12}{300} \mu A = 40 \ \mu A$$

$$I_C = \beta I_B = (50 \times 0.04) \text{ mA} = 2 \text{ mA}$$

$$U_{CE} = U_{CC} - I_C R_C = (12 - 2 \times 3) \text{ V} = 6 \text{ V}$$

再求三极管的动态输入电阻

$$r_{be} = 300 + (1+\beta)\frac{26}{I_E} = \left[300 + (1+50)\frac{26}{2}\right] \Omega = 963 \ \Omega = 0.963 \text{ k}\Omega$$

（1）R_L 接入时的电压放大倍数

$$A_u = -\frac{\beta R'_L}{r_{be}} = -\frac{50 \times \dfrac{3 \times 3}{3 + 3}}{0.963} = -78$$

R_L 断开时的电压放大倍数

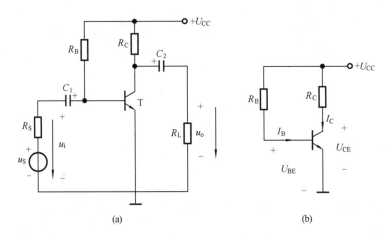

图 4.24　例 4.2 图

$$A_u = -\frac{\beta R_C}{r_{be}} = -\frac{50 \times 3}{0.963} = -156$$

（2）输入电阻

$$R_i = R_B \mathbin{/\mkern-5mu/} r_{be} = (300 \mathbin{/\mkern-5mu/} 0.963)\ k\Omega \approx 0.96\ k\Omega$$

输出电阻

$$R_o = R_C = 3\ k\Omega$$

4.2.4　静态工作点的稳定和分压式偏置放大电路

4.2.4.1　静态工作点的设置与稳定

1. 晶体管输出特性曲线上的静态工作点

晶体管的输出特性曲线如图 4.25 所示。

由前面的放大电路直流通路可知

$$U_{CE} = U_{CC} - I_C R_C$$

$$I_C = -\frac{1}{R_C} U_{CE} + \frac{U_{CC}}{R_C}$$

这是一个直线方程，$I_C = 0$ 时，在图 4.25 的横轴上的截距为 U_{CC}，得 M 点；$U_{CE} = 0$ 时，在图 4.25 纵轴上的截距为 $I_C = U_{CC}/R_C$，得 N 点，连接这两点即为一直线，该直流称为直流负载线，斜率为 $-1/R_C$。直流负载线与晶体管的某条输出特性曲线（由 I_B 确定）的交点 Q，即为放大电路的静态工作点（I_B、I_C、U_{CE}）。Q 点所对应的电流、电压值即为晶体管静态工作时的电流（I_B、I_C）和电压值（U_{CE}）。

2. 温度对静态工作点的影响

对固定偏置放大电路，静态工作点是由基极电流和直流负载线共同确定的。因为电阻 R_B 和 R_C 阻值受温度的影响很小，显然偏流 I_B（$I_B \approx U_{CC}/R_B$）与直流负载线的斜率（$-1/R_C$）受温度的影响很小，可略去不计，但是集电极电流 I_C 是随温度变化的，当温度上升时 I_C 增大。温度升高使整个输出特性曲线向上平移，如图 4.26 虚线所示。在这种情况下，如果负载线和偏流 I_B 均未变化，则静态工作点将沿负载线向左上移动，进入饱和区，这时电流 i_c 不随 i_b 的变化而变化，引起饱和失真，严重时放大电路将无法正常工作。反之，温度降低，则引起截止

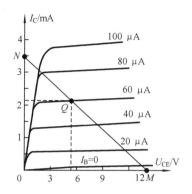

图 4.25　晶体管输出特性曲线

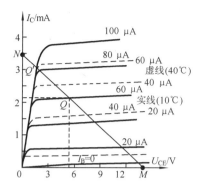

图 4.26　温度对静态工作点的影响

失真。

4.2.4.2　常用的静态工作点稳定电路——分压式偏置放大电路

图 4.27(a)为分压式偏置放大电路,它能提供合适的偏流 I_B,又能自动稳定静态工作点,即温度变化时,I_C 不变,输出特性曲线不会向上平移,静态工作点不变。

1. 分压式偏置放大电路基本特点

与固定式偏置放大电路相比,该电路有两个基极电阻 R_{B1}、R_{B2},多了射极电阻 R_E 及电容 C_E。

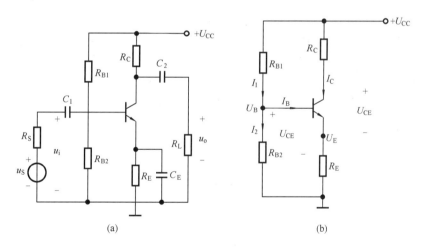

(a)　　　　　　　　　　　　　　　(b)

图 4.27　分压式偏置放大电路

2. 静态工作点的计算

先画出分压式偏置放大电路的直流通路图如图 4.27(b)所示,由直流通路图可见,

$$I_1 = I_B + I_2 \tag{4.18}$$

若使

$$I_2 \gg I_B \tag{4.19}$$

则

$$I_1 \approx I_2 = \frac{U_{CC}}{R_{B1} + R_{B2}} \tag{4.20}$$

基极电位

$$U_B = I_2 R_{B2} = \frac{R_{B2} U_{CC}}{R_{B1} + R_{B2}} \tag{4.21}$$

由此可认为，U_B 与晶体管参数无关，即与温度无关，而仅由分压电路中 R_{B1}、R_{B2} 的阻值来决定。

由图 4.27(b)可知发射极电位

$$U_E = I_E R_E \tag{4.22}$$

所以

$$U_{BE} = U_B - U_E = U_B - I_E R_E \tag{4.23}$$

若使

$$U_B \gg U_{BE} \tag{4.24}$$

则

$$I_E = \frac{U_B - U_{BE}}{R_E} \approx \frac{U_B}{R_E} \tag{4.25}$$

$$I_C \approx I_E \tag{4.26}$$

当 R_E 固定不变时，I_C、I_E 也稳定不变。

由上可知，只要满足式(4.19)、式(4.24)两个条件，则 U_B、I_C、I_E 均与晶体管参数无关，不受温度变化的影响，从而静态工作点保持不变。

归纳起来，分压式偏置放大电路静态工作点的计算过程如下：

$$U_B = \frac{R_{B2} U_{CC}}{R_{B1} + R_{B2}} \tag{4.27}$$

$$I_C \approx I_E = \frac{U_B - U_{BE}}{R_E} \approx \frac{U_B}{R_E} \tag{4.28}$$

$$I_B = I_C / \beta \tag{4.29}$$

$$U_{CE} = U_{CC} - I_C R_C - I_E R_E \approx U_{CC} - I_C (R_C + R_E) \tag{4.30}$$

3. 放大电路动态分析

与固定偏置放大电路的情况一样，分压式偏置放大电路也要计算电压放大倍数 A_u、输入电阻 r_i、输出电阻 r_o，这也可用它的微变等效电路来求解。图 4.28(a)和图 4.28(b)分别是图 4.27(a)的动态电路图和微变等效电路图。

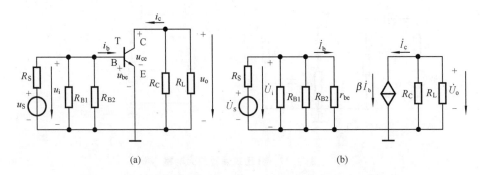

图 4.28　分压式偏置放大电路的动态电路图和微变等效电路图

参考前面的推导过程，得

电压放大倍数

$$A_u = -\frac{\beta R_L'}{r_{be}} \tag{4.31}$$

输入电阻

$$R_i = R_{B1} \;//\; R_{B2} \;//\; r_{be} \tag{4.32}$$

输出电阻

$$R_o = R_C \tag{4.33}$$

式中：R_L' 为等效负载电阻，其值为 $R_C \;//\; R_L$；r_{be} 为晶体管的输入电阻。

式(4.31)中的负号表示输入电压与输出电压相位相反。

若 $R_L = \infty$，即不接 R_L 时，$R_L' = R_C$，此时的电压放大倍数

$$A_u = -\beta \frac{R_C}{r_{be}}$$

例 4.3　在图 4.27(a)分压式偏置放大电路中,已知 $U_{CC}=18$ V,$R_C=3$ kΩ,$R_E=1.5$ kΩ, $R_{B1}=33$ kΩ,$R_{B2}=12$ kΩ,晶体管的放大倍数 $\beta=60$,试求放大电路的静态值。

解　由前述公式(4.21)得基极电位

$$U_B = I_2 R_{B2} = \frac{R_{B2}}{R_{B1}+R_{B2}} U_{CC} = \left(\frac{12}{33+12}\times 18\right) \text{V} = 4.8 \text{ V}$$

集电极电流

$$I_C \approx I_E \approx \frac{U_B}{R_E} = \frac{4.8}{1.5} \text{ mA} = 3.2 \text{ mA}$$

基极电流

$$I_B = I_C/\beta = (3.2/60) \text{ mA} = 0.053 \text{ mA} = 53 \ \mu\text{A}$$

集-射极压降

$$U_{CE} = U_{CC} - I_C R_C - I_E R_E = (18-3.2\times 3 - 3.2\times 1.5) \text{ V} = 3.6 \text{ V}$$

例 4.4　图 4.27(a)所示分压式偏置放大电路中,已知 $U_{CC}=12$ V,$R_{B1}=20$ kΩ,$R_{B2}=10$ kΩ,$R_C=3$ kΩ,$R_E=2$ kΩ,$R_L=3$ kΩ,$\beta=50$。试估算静态工作点,并求电压放大倍数、输入电阻和输出电阻。

解　①用估算法计算静态工作点。

$$U_B = \frac{R_{B2}}{R_{B1}+R_{B2}} U_{CC} = \left(\frac{10}{20+10}\times 12\right) \text{V} = 4 \text{ V}$$

$$I_C \approx I_E = \frac{U_B - U_{BE}}{R_E} = \frac{4-0.7}{2} \text{ mA} = 1.65 \text{ mA}$$

$$I_B = \frac{I_C}{\beta} = \frac{1.65}{50} \text{ mA} = 33 \ \mu\text{A}$$

$$U_{CE} = U_{CC} - I_C(R_C+R_E)$$
$$= [12-1.65\times(3+2)] \text{ V} = 3.75 \text{ V}$$

②求电压放大倍数。

$$r_{be} = 300 + (1+\beta)\frac{26}{I_E} = \left[300+(1+50)\frac{26}{1.65}\right]\Omega = 1100 \ \Omega = 1.1 \text{ k}\Omega$$

$$A_u = -\frac{\beta R_L'}{r_{be}} = -\frac{50\times\dfrac{3\times 3}{3+3}}{1.1} = -68$$

③求输入电阻和输出电阻。

$$R_i = R_{B1} /\!/ R_{B2} /\!/ r_{be} = (20 /\!/ 10 /\!/ 1.1) \ \Omega = 0.994 \text{ k}\Omega$$

$$R_o = R_C = 3 \text{ k}\Omega$$

4.2.5　射极输出器

射极输出器的电路如图 4.29(a)所示。它与共射极放大电路的差别在于:三极管的集电极直接与电源 $+U_{CC}$ 连接,无集电极电阻 R_C,输出电压取自发射极,故称它为射极输出器。由于直流电源 $+U_{CC}$ 对交流信号而言相当于短路,输入电压加在基极与地(集电极)之间,输出电压加在射极与地(集电极)之间,故集电极成为交流输入与输出回路的公共端,因此射极输出器是一个共集电极电路。

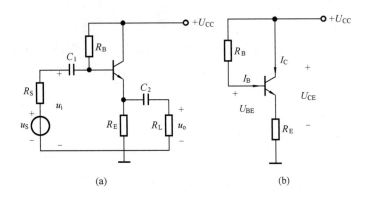

图 4.29　射极输出器

1. 静态工作点计算

由如图 4.29(b)射极输出器的直流通路,可确定静态工作点。

$$U_{CC}=U_{RB}+U_{BE}+U_{RE}=R_B I_B+U_{BE}+R_E I_E=R_B I_B+U_{BE}+(\beta+1)R_E I_B$$

$$I_B=\frac{U_{CC}-U_{BE}}{R_B+(1+\beta)R_E} \tag{4.34}$$

$$I_C=\beta I_B \tag{4.35}$$

$$I_E=I_B+I_C=(1+\beta)I_B \tag{4.36}$$

$$U_{CE}=U_{CC}-I_E R_E \tag{4.37}$$

2. 动态分析计算

图 4.30 为图 4.29(a)射极输出器的微变等效电路图。

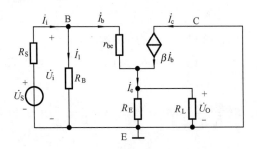

图 4.30　射极输出器的微变等效电路图

(1) 电压放大倍数 A_u。

由微变等效电路可得

$$\dot{U}_i=\dot{I}_b r_{be}+\dot{I}_e R'_L \tag{4.38}$$

由于
$$\dot{I}_e=(\beta+1)\dot{I}_b \tag{4.39}$$

所以
$$\dot{U}_i=\dot{I}_b r_{be}+(\beta+1)R'_L \dot{I}_b \tag{4.40}$$

$$=\dot{I}_b[r_{be}+(\beta+1)R'_L]$$

而
$$\dot{U}_o=\dot{I}_e R'_L=(\beta+1)\dot{I}_b R'_L \tag{4.41}$$

因此
$$A_u=\frac{\dot{U}_o}{\dot{U}_i}=\frac{(\beta+1)\dot{I}_b R'_L}{\dot{I}_b[r_{be}+(\beta+1)R'_L]}=\frac{(\beta+1)R'_L}{r_{be}+(\beta+1)R'_L} \tag{4.42}$$

$$\approx\frac{\beta R'_L}{r_{be}+\beta R'_L}\approx 1$$

上述推导中,因为一般 $\beta R'_{\mathrm{L}} \gg r_{\mathrm{be}}$。$R'_{\mathrm{L}} = R_{\mathrm{E}} /\!/ R_{\mathrm{L}}$,称为等效负载电阻,$r_{\mathrm{be}}$ 为晶体管的输入电阻。

由此可以看出,射极输出器的电压放大倍数近似等于 1,但略小于 1,而且输出电压与输入电压同相位。这是它的显著特点。

(2) 输入电阻 r_{i}。

由微变等效电路可以看出

$$\dot{I}_{\mathrm{i}} = \dot{I}_{1} + \dot{I}_{\mathrm{b}} = \frac{\dot{U}_{\mathrm{i}}}{R_{\mathrm{B}}} + \frac{\dot{U}_{\mathrm{i}}}{r_{\mathrm{be}} + (1 + \beta)R'_{\mathrm{L}}} \tag{4.43}$$

$$r_{\mathrm{i}} = \frac{\dot{U}_{\mathrm{i}}}{\dot{I}_{\mathrm{i}}} = R_{\mathrm{B}} /\!/ \left[r_{\mathrm{be}} + (1 + \beta)R'_{\mathrm{L}} \right] \tag{4.44}$$

由式(4.44)可见,射极输出器的输入电阻是由偏置电阻 R_{B} 和 $r_{\mathrm{be}} + (1+\beta)R'_{\mathrm{L}}$ 并联而得的。通常 R_{B} 的阻值很大(几十千欧至几百千欧),同时 $(1+\beta)R'_{\mathrm{L}}$ 也很大,因此射极输出器的输入电阻很高,可达几十千欧至几百千欧,比共射极放大器的输入电阻高得多。

(3) 输出电阻 r_{o}。

计算射极输出器的输出电阻时,需要将信号电压除去,保留内阻 R_{S};在输出端去除负载 R_{L},并外加一交流电压源,如图 4.31 所示。

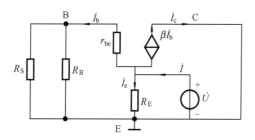

图 4.31　计算输出电阻的等效电路图

求出外加交流电压源产生的电流,进而求出输出电阻 r_{o}。

$$\dot{I} = \dot{I}_{\mathrm{b}} + \beta \dot{I}_{\mathrm{b}} + \dot{I}_{\mathrm{e}} = \frac{\dot{U}}{r_{\mathrm{be}} + R'_{\mathrm{S}}} + \beta \frac{\dot{U}}{r_{\mathrm{be}} + R'_{\mathrm{S}}} + \frac{\dot{U}}{R_{\mathrm{E}}} \tag{4.45}$$

$$r_{\mathrm{o}} = \frac{\dot{U}}{\dot{I}} = R_{\mathrm{E}} /\!/ \frac{r_{\mathrm{be}} + R'_{\mathrm{S}}}{1 + \beta} \tag{4.46}$$

式中:
$$R'_{\mathrm{S}} = R_{\mathrm{S}} /\!/ R_{\mathrm{B}}$$

由式(4.46)可知射极输出器的输出电阻很小。一般为几十欧至几百欧。

例 4.5　图 4.29(a)所示电路,已知 $U_{\mathrm{CC}} = 12$ V,$R_{\mathrm{B}} = 200$ kΩ,$R_{\mathrm{E}} = 2$ kΩ,$R_{\mathrm{L}} = 3$ kΩ,$R_{\mathrm{S}} = 100$ Ω,$\beta = 50$。试估算静态工作点,并求电压放大倍数、输入电阻和输出电阻。

解　(1) 用估算法计算静态工作点。

$$I_{\mathrm{B}} = \frac{U_{\mathrm{CC}} - U_{\mathrm{BE}}}{R_{\mathrm{B}} + (1 + \beta)R_{\mathrm{E}}} = \frac{12 - 0.7}{200 + (1 + 50) \times 2} \text{ mA}$$

$$= 0.0374 \text{ mA} = 37.4 \ \mu\text{A}$$

$$I_{\mathrm{C}} = \beta I_{\mathrm{B}} = (50 \times 0.0374) \text{ mA} = 1.87 \text{ mA}$$

$$U_{\mathrm{CE}} \approx U_{\mathrm{CC}} - I_{\mathrm{C}}R_{\mathrm{E}} = (12 - 1.87 \times 2) \text{ V} = 8.26 \text{ V}$$

(2) 求电压放大倍数 A_{u}、输入电阻 r_{i} 和输出电阻 r_{o}。

$$r_{be} = 300 + (1+\beta)\frac{26}{I_E} = \left[300 + (1+50)\frac{26}{1.87}\right] \Omega = 1009 \ \Omega \approx 1 \ k\Omega$$

$$A_u = \frac{(1+\beta)R'_L}{r_{be} + (1+\beta)R'_L} = \frac{(1+50)\times 1.2}{1+(1+50)\times 1.2} = 0.98$$

式中：
$$R'_L = R_E \mathbin{/\mkern-5mu/} R_L = (2 \mathbin{/\mkern-5mu/} 3) \ \Omega = 1.2 \ k\Omega$$

$$r_i = R_B \mathbin{/\mkern-5mu/} [r_{be} + (1+\beta)R'_L] = \{200 \mathbin{/\mkern-5mu/} [1+(1+50)\times 1.2]\} \ k\Omega = 47.4 \ k\Omega$$

$$r_o \approx \frac{r_{be} + R'_S}{\beta} = \frac{1000+100}{50} \ \Omega = 22 \ \Omega$$

式中：
$$R'_S = R_B \mathbin{/\mkern-5mu/} R_S = (200\times 10^3 \mathbin{/\mkern-5mu/} 100) \ \Omega \approx 100 \ \Omega$$

3. 射极输出器的特点与用途

(1) 电压放大倍数小于1，且近似等于1，所以无电压放大作用，但仍具有电流放大作用。

(2) 与共射极电路相比具有很高的输入电阻。

(3) 与共射极电路相比具有很低的输出电阻。

(4) 用于输入级。用其输入电阻高的特点，使信号源内阻上的压降相对较小，使信号电压大部分传送到放大电路的输入端。

(5) 用于输出级。因为放大电路对负载而言相当于一个实际电压源（内阻为输出电阻），因此用其输出电阻低的特点，当负载变化时，实际电压源内阻上的压降相对较小，从而保证负载上的输出电压变化很小。

4.2.6　多级放大电路

在实际应用中，通常放大电路的输入信号都很微弱，一般为毫伏或微伏数量级，输入功率常在 1 mW 以下。但放大电路的负载却需要较大的电压或一定的功率才能推动；而往往一个晶体管组成的单级放大电路的放大倍数是有限的，因此，在实际应用中要求把几个单级放大电路连接起来，使信号逐级放大，以满足负载的需要。由几个单级放大电路连接起来的电路称为多级放大电路。

在多级放大电路中，相邻两级间的连接称为级间耦合，实现耦合的电路称为级间耦合电路，其任务是把前一级的输出信号传送到下一级作为输入信号。对级间耦合的基本要求是：耦合电路对前后级放大器的静态工作点无影响；不引起信号失真；尽量减少信号电压在耦合电路上的损失。

常用的级间耦合方式有阻容耦合、变压器耦合和直接耦合三种。多级交流电压放大电路通常采用阻容耦合方式。如图 4.32 所示为两级阻容耦合放大电路，两级之间通过耦合电容 C_2 连接。由于电容有隔直作用，它可使前后两级放大电路的直流工作状态互不影响，所以各级放大电路的静态工作点可以单独计算。

多级放大电路电压放大倍数的计算。

当输入信号较小时，放大电路处于线性工作状态，则多级放大电路也可用微变等效电路来表示。图中每一级电压放大倍数的计算与单级放大电路相同。只是必须注意的是计算单级放大电路电压放大倍数时，应把后级放大电路的输入电阻 r_{i+1} 作为前级的负载电阻 R_{Li}。图 4.32 所示的两级阻容耦合放大电路的微变等效电路如图 4.33 所示。

由图 4.33 可知，第一级的电压放大倍数为

$$A_{u1} = \frac{\dot{U}_{o1}}{\dot{U}_{i1}} = -\beta_1 \frac{R'_{L1}}{r_{be1}} \tag{4.47}$$

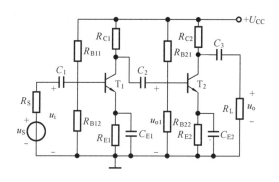

图 4.32　两级阻容耦合放大电路

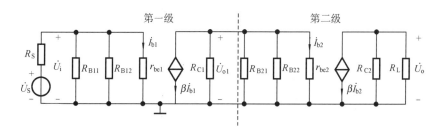

图 4.33　两级阻容耦合放大电路的微变等效电路

式中：$R'_{L1}=R_{C1}\ /\!/\ R_{B21}\ /\!/\ R_{B22}\ /\!/\ r_{be2}$ 为第一级的等效负载电阻，$R_{B21}\ /\!/\ R_{B22}\ /\!/\ r_{be2}$ 是第二级的输入电阻 r_{i2}。

第二级的放大倍数为

$$A_{u2}=\frac{\dot{U}_{o2}}{\dot{U}_{i2}}=-\beta_2\frac{R'_{L2}}{r_{be2}} \tag{4.48}$$

$$R'_{L2}=R_{C2}\ /\!/\ R_L$$

总的放大倍数为　　　　　　　　　$A_u=A_{u1}A_{u2}$ 　　　　　　　　　　　(4.49)

这是因为总的放大倍数为　　　　　$A_u=\dfrac{\dot{U}_o}{\dot{U}_i}$

由图 4.33 可知，第一级放大电路的输出电压就是第二级放大电路的输入电压，即

$$\dot{U}_{i2}=\dot{U}_{o1}$$

所以　　　　　$A_u=\dfrac{\dot{U}_o}{\dot{U}_i}=\dfrac{\dot{U}_{o1}}{\dot{U}_i}\dfrac{\dot{U}_o}{\dot{U}_{i2}}=A_{u1}A_{u2}$

由此可以推出 n 级放大电路总的放大倍数为

$$A_u=A_{u1}A_{u2}\cdots A_{un} \tag{4.50}$$

例 4.6　在图 4.32 所示两级阻容耦合放大电路中，已知 $U_{CC}=12\text{ V}$，$R_{B11}=30\text{ k}\Omega$，$R_{B12}=15\text{ k}\Omega$，$R_{C1}=3\text{ k}\Omega$，$R_{E1}=3\text{ k}\Omega$，$R_{B21}=20\text{ k}\Omega$，$R_{B22}=10\text{ k}\Omega$，$R_{C2}=2.5\text{ k}\Omega$，$R_{E2}=2\text{ k}\Omega$，$R_L=5\text{ k}\Omega$，$\beta_1=\beta_2=50$，$U_{BE1}=U_{BE2}=0.7\text{ V}$。求：

（1）各级电路的静态值；

（2）各级电路的电压放大倍数 A_{u1}、A_{u2} 和总电压放大倍数 A_u；

（3）各级电路的输入电阻和输出电阻。

解　（1）静态值的估算。

第一级和第二级放大电路均为分压式偏置放大电路,按照相应的公式进行计算。

第一级:

$$U_{B1} = \frac{R_{B12}}{R_{B11} + R_{B12}} U_{CC} = \left(\frac{15}{30+15} \times 12 \right) \text{ V} = 4 \text{ V}$$

$$I_{C1} \approx I_{E1} = \frac{U_{B1} - U_{BE1}}{R_{E1}} = \frac{4-0.7}{3} \text{ mA} = 1.1 \text{ mA}$$

$$I_{B1} = \frac{I_{C1}}{\beta_1} = \frac{1.1}{50} \text{ mA} = 22 \text{ } \mu\text{A}$$

$$U_{CE1} = U_{CC} - I_{C1}(R_{C1} + R_{E1}) = [12 - 1.1 \times (3+3)] \text{ V} = 5.4 \text{ V}$$

第二级:

$$U_{B2} = \frac{R_{B22}}{R_{B21} + R_{B22}} U_{CC} = \left(\frac{10}{20+10} \times 12 \right) \text{ V} = 4 \text{ V}$$

$$I_{C2} \approx I_{E2} = \frac{U_{B2} - U_{BE2}}{R_{E2}} = \frac{4-0.7}{2} \text{ mA} = 1.65 \text{ mA}$$

$$I_{B2} = \frac{I_{C2}}{\beta_2} = \frac{1.65}{50} \text{ mA} = 33 \text{ } \mu\text{A}$$

(2)求各级电路的电压放大倍数 A_{u1}、A_{u2} 和总电压放大倍数 A_u。

三极管 T_1 的动态输入电阻为

$$r_{be1} = 300 + (1+\beta_1)\frac{26}{I_{E1}} = \left[300 + (1+50) \times \frac{26}{1.1} \right] \Omega = 1500 \text{ } \Omega = 1.5 \text{ k}\Omega$$

三极管 T_2 的动态输入电阻为

$$r_{be2} = 300 + (1+\beta_2)\frac{26}{I_{E2}} = \left[300 + (1+50) \times \frac{26}{1.65} \right] \Omega = 1100 \text{ } \Omega = 1.1 \text{ k}\Omega$$

第二级输入电阻为

$$r_{i2} = R_{B21} /\!/ R_{B22} /\!/ r_{be2} = (20 /\!/ 10 /\!/ 1.1) \text{ k}\Omega = 0.94 \text{ k}\Omega$$

第一级等效负载电阻为

$$R'_{L1} = R_{C1} /\!/ r_{i2} = (3 /\!/ 0.94) \text{ k}\Omega = 0.72 \text{ k}\Omega$$

第二级等效负载电阻为

$$R'_{L2} = R_{C2} /\!/ R_L = (2.5 /\!/ 5) \text{ k}\Omega = 1.67 \text{ k}\Omega$$

第一级电压放大倍数为

$$A_{u1} = -\frac{\beta_1 R'_{L1}}{r_{be1}} = -\frac{50 \times 0.72}{1.5} = -24$$

第二级电压放大倍数为

$$A_{u2} = -\frac{\beta_2 R'_{L2}}{r_{be2}} = -\frac{50 \times 1.67}{1.1} = -76$$

两级总电压放大倍数为

$$A_u = A_{u1} A_{u2} = (-24) \times (-76) = 1824$$

(3)求各级电路的输入电阻和输出电阻。

第一级输入电阻为

$$r_{i1} = R_{B11} /\!/ R_{B12} /\!/ r_{be1} = (30 /\!/ 15 /\!/ 1.5) \text{ k}\Omega = 1.3 \text{ k}\Omega$$

第一级的输入电阻就是两级放大电路的输入电阻。

第二级输入电阻在上面已求出,为 0.94 kΩ。

第一级输出电阻为

$$r_{\mathrm{o1}} = R_{\mathrm{C1}} = 3\ \mathrm{k\Omega}$$

第二级输出电阻为

$$r_{\mathrm{o2}} = R_{\mathrm{C2}} = 2.5\ \mathrm{k\Omega}$$

第二级的输出电阻就是两级放大电路的输出电阻。

4.2.7　放大电路中的负反馈

在放大电路中,负反馈的应用是极为广泛的,采用负反馈是为了改善放大电路的性能。

4.2.7.1　负反馈的基本概念

所谓反馈,就是将放大电路(或某一系统)输出端的电压(或电流)信号的一部分或全部,通过某种电路引回到放大电路的输入端。

反馈有正反馈和负反馈两种类型。若引回的反馈信号削弱了原输入信号,则为负反馈;若引回的反馈信号增强了原输入信号,则为正反馈。

图 4.34 为反馈放大电路的方框图。它主要包括两部分:其中标有 A 的方框为基本放大电路,它可以是单级或多级的;标有 F 的方框为反馈电路,它是联系输出和输入端的环节,多数由电阻元件组成。符号 $\otimes$ 表示比较环节,$\dot{X}_{\mathrm{i}}$ 为输入信号,$\dot{X}_{\mathrm{o}}$ 为输出信号,$\dot{X}_{\mathrm{f}}$ 为反馈信号。

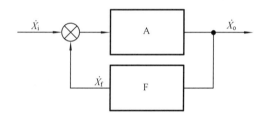

图 4.34　反馈放大电路的方框图

4.2.7.2　正反馈和负反馈的判别方法

一个具有反馈环节的放大电路,判别它是正反馈还是负反馈,常用一种简便而实用的方法叫瞬时极性法。其步骤如下:

①假设并标出输入端(基极)信号瞬时极性为"＋";

②集电极瞬时极性为"－",发射极瞬时极性为"＋",并在图中标出;

③找到反馈线路,若反馈信号取出点的瞬时极性("＋"或"－")与引回点的瞬时极性("＋"或"－")相同则为正反馈,相反则为负反馈。

4.2.7.3　负反馈的基本类型及判别方法

(1) 从放大电路输出端看,分为电压反馈和电流反馈。

若反馈信号取自输出电压的正极,则为电压反馈,如图 4.35(a)所示。

若反馈信号取自输出电压的负极,则为电流反馈,如图 4.35(b)所示。

(2) 从放大电路输入端看,分为串联反馈和并联反馈。

若反馈信号引回到输入电压的负极,则为串联反馈;如图 4.36(a)所示。

若反馈信号引回到输入电压的正极,则为并联反馈;如图 4.36(b)所示。

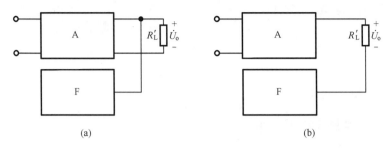

图 4.35　电压反馈和电流反馈

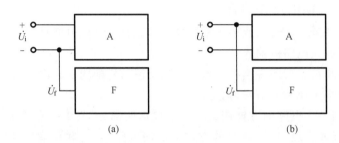

图 4.36　串联反馈和并联反馈

下面通过具体实例，用以上方法判别具体放大电路的反馈类型。

例 4.7　判别图 4.37 所示电路的反馈类型。

解　图中 R_E 为反馈元件。

①正反馈和负反馈的判别：引出点为"＋"，引回到了 u_i 的"－"，故为负反馈。

②电压反馈和电流反馈的判别：反馈信号取自输出电压 u_o 的负极，故为电流反馈。

③串联反馈和并联反馈的判别：反馈信号引回到输入电压 u_i 的负极，故为串联反馈。

综合以上分析，图 4.37 所示电路是串联电流负反馈。

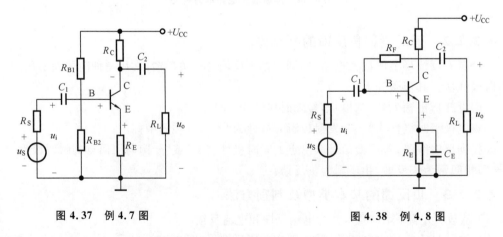

图 4.37　例 4.7 图　　　　　　　　　　　图 4.38　例 4.8 图

例 4.8　判别图 4.38 所示电路的反馈类型。

解　图中 R_F 为反馈元件。

①正反馈和负反馈的判别：引出点为"－"，引回到了 u_i 的"＋"，故为负反馈。

②电压反馈和电流反馈的判别：反馈信号取自输出电压 u_o 的正极，故为电压反馈。

③串联反馈和并联反馈的判别：反馈信号引回到输入电压 u_i 的正极，故为并联反馈。

综合以上分析,图 4.38 所示电路是并联电压负反馈。

4.2.7.4 负反馈对放大电路的影响

1. 降低放大倍数

指引入负反馈后,输出电压与输入电压之比降低了。

2. 提高放大倍数稳定性

指引入负反馈后,即使出现电路参数变化(例如环境温度的改变引起三极管参数和电路元件参数的变化)和电源电压波动,放大电路的放大倍数也能稳定不变。

3. 改善波形失真

有负反馈的放大电路,输出信号波形与输入信号波形更接近。

4. 改变放大电路的输入、输出电阻

不同类型的负反馈对放大电路的输入、输出电阻影响不同。串联负反馈使输入电阻增大,并联负反馈使输入电阻减小,就如同电阻的串并联结论一样;电压负反馈能稳定输出电压,使输出电阻减小,电流负反馈能稳定输出电流,使输出电阻增大,就如同实际电压源和电流源结论一样。

4.2.8 功率放大电路

在实际工程中,往往要利用放大后的信号去控制某种执行机构,例如扬声器发音,使电动机转动,使仪表指针偏转,使继电器闭合和断开等。为了控制这些负载,要求放大电路既要有较大的电压输出,又要有较大的电流输出,即要有较大的功率输出。因此,多级放大电路末级通常为功率放大电路。

功率放大电路和电压放大电路并无本质的区别,但也有不同之处。电压放大电路要求有较高的输出电压,是工作在小信号状态下;而功率放大电路要求获得较高的输出功率,是工作在大信号状态下,这就构成了它的特殊性。

4.2.8.1 双电源互补对称式功率放大器(OCL)

1. 电路工作原理

图 4.39 所示为由两个射极输出器组成的互补对称式功率放大电路。根据 NPN、PNP 型晶体管导电极性相反的特性,由一只 NPN 型晶体管和一只 PNP 型晶体管组成互补对称功率放大电路。两个晶体管的基极接在一起作为输入端,发射极接在一起作为输出端,"地"作为输入输出的公共端,R_L 为负载电阻。电路由正负两组大小相等的电源供电。由于两管的基极都未加直流偏置电压,故静态时两管内均无电流通过,发射极电位为零,所以负载电阻可以不需电容直接接在发射极与地之间。故通常又称其为无输出电容的功率放大电路,简称 OCL 电路。

当输入端加上输入信号,在信号的正半周,T_1(NPN)的 BE 结受正向电压而导通,T_2(PNP)的 BE 结受反向电压而截止,电流由 T_1 的发射极流向负载电阻,负载电阻上得到正半周输出波形;在信号的负半周,T_1(NPN)的 BE 结受反向电压而截止,T_2(PNP)的 BE 结受正向电压而导通,电流由负载电阻流向 T_2 的发射极到负电源,负载电阻上得到负半周输出波形。在输入信号的一个周期内,T_1、T_2 轮流导通,在负载电阻上叠加出一个完整的电压波形。

由于放大器未设置静态工作点,当输入信号小于晶体管死区电压时,晶体管处于截止状态,使放大信号在过零时产生失真,这种失真称为交越失真。如图 4.40 所示。为了克服交越

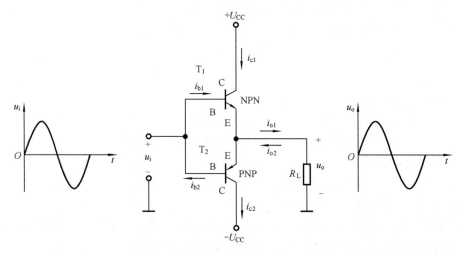

图 4.39　双电源互补对称式功率放大器

失真,可给电路设置一个很低的静态工作点,使晶体管脱离死区即可。消除交越失真的电路如图 4.41 所示。电路在静态时,利用 D_1 和 D_2 的正向压降给 T_1、T_2 的发射结提供一个正向偏置电压,该值稍大于两管的死区电压,使两管处于微导通状态,即可消除交越失真。

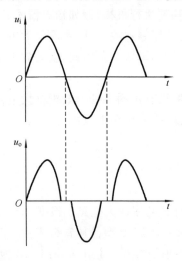

图 4.40　交越失真

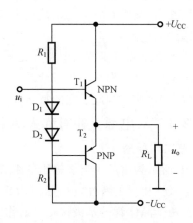

图 4.41　消除交越失真的电路

2. 放大器输出功率和效率

（1）输出功率。

OCL 放大电路中,负载 R_L 上的可能输出电压最大值为

$$U_{OM} = U_{CC} - U_{CES} \approx U_{CC}$$

U_{CES} 为集-射极的饱和压降,约为 0。

负载电流最大值为

$$I_{OM} = \frac{U_{OM}}{R_L} \approx \frac{U_{CC}}{R_L}$$

负载可获得的最大功率为

$$P_{OM} = \frac{U_{OM}}{\sqrt{2}} \frac{I_{OM}}{\sqrt{2}} = \frac{U_{CC}^2}{2R_L}$$

（2）直流电源提供的最大功率 P_{EM}。

$$P_{EM} = 2\frac{U_{CC}^2}{\pi R_L}$$

（3）放大器最高效率。

$$\eta_M = \frac{P_{OM}}{P_{EM}} = 78.5\%$$

一般情况下，当输入电压为 U_i（有效值），则输出电压最大值为 $U_{OM} = \sqrt{2}A_u U_i$，电阻负载可获得的功率为 $P_o = U_o^2/R$，电源提供的功率 $P_E = 2\dfrac{U_{CC}U_{OM}}{\pi R_L}$，效率为 $\eta = \dfrac{P_o}{P_E}$。

4.2.8.2　单电源互补对称式功率放大器（OTL）

1. 电路工作原理

双电源功率放大器由于使用正负两组电源，有时不太方便，所以可以利用电容器的充放电原理取代电路中的负电源，构成单电源互补对称式功率放大器，简称 OTL 电路，如图 4.42 所示。电路的工作原理为：R_1、R_2 两电阻的阻值相等，使两管的基极电位为 $\dfrac{1}{2}U_{CC}$，D_1、D_2 是为克服两管的死区电压而设置的偏置元件，使 T_1、T_2 处于微导通状态。电路在静态时两管发射极电位为 $\dfrac{1}{2}U_{CC}$，电容 C_o 被充电到 $\dfrac{1}{2}U_{CC}$，以代替 OCL 电路中的 $-U_{CC}$。

当 u_i 输入时，u_i 正半周 T_1 导通，T_2 截止，电容器充电，充电电流通过负载电阻 R_L，R_L 两端得到正半周输出电压；u_i 负半周 T_1 截止，T_2 导通，电容器通过 T_2 放电，放电电流通过负载电阻 R_L，R_L 两端得到负半周输出电压。在输入信号的一个周期内，T_1、T_2 轮流导通，在负载电阻上叠加出一个完整的电压波形。

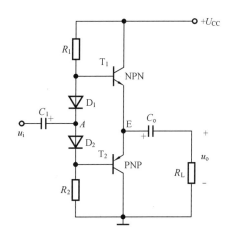

图 4.42　单电源互补对称式功率放大器

2. 放大器输出功率和效率

采用单电源供电的 OTL 电路，由于每只管子的工作电压是 $U_{CC}/2$，所以在计算输出功率 P_{OM} 时，U_{OM} 和 I_{OM} 只要用 $U_{CC}/2$ 代替 OCL 公式中的 U_{CC} 即可得到最大输出功率

$$P_{OM} = \frac{U_{CC}^2}{8R_L}$$

放大器最高效率仍为 78.5%。

4.2.8.3　集成功率放大器

集成化是低频功率放大器的发展方向。集成功率放大器具有内部参数一致性好、失真小、安装方便、适合大批量生产等特点，因此得到了广泛应用。集成功率放大器只需要外接少量元件，就可以组成适用的功率放大器。集成功率放大器的输出功率从大到小，有多种规格系列的产品供应，可根据不同用途选用。作为使用者，只要掌握放大器各个引脚的功能和使用方法即

可。下面简单介绍国产 D2002 型集成功率放大器的使用。

　　图 4.43 所示的是 D2002 集成放大器的外形,它有五个引脚。图 4.44 是用 D2002 组成的低频功率放大电路。输入信号 u_i 经耦合电容 C_1 送到放大器的输入端 1;放大后的信号由输出端 4 经耦合电容 C_2 送到负载;5 为电源端,接+U_{CC},3 为接地端。R_1、R_2、C_3 组成负反馈电路以提高放大电路工作的稳定性;R_3、C_4 组成高通滤波电路,用来改善放大电路的频率特性,防止可能产生的高频自激振荡;负载为 4 Ω 的扬声器。该电路的不失真输出功率可达 5 W。

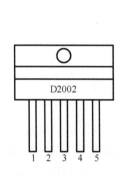

图 4.43　D2002 集成放大器的外形

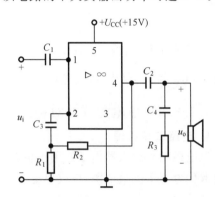

图 4.44　D2002 组成的低频功率放大电路

4.3　场效应管及其放大电路

　　场效应晶体管是 20 世纪 60 年代发展起来的一种半导体器件,其外形与普通晶体管相似。它不但具有一般三极管体积小,重量轻,耗电省,寿命长等优点,而且还具有输入阻抗高(可达 $10^6 \sim 10^{12}$ Ω),噪声低,热稳定性好,抗辐射能力强等优点,被广泛用于各种电子线路。普通晶体管是电流控制元件,通过控制基极电流达到控制集电极电流或发射极电流的目的,即需要信号源提供一定的电流才能工作。但场效应管则是电压控制元件,它的输出电流决定于输入信号电压的大小,基本不需要信号源提供电流。

　　场效应晶体管按其结构不同分为结型场效应晶体管和绝缘栅型场效应晶体管两种类型。绝缘栅型场效应晶体管分为增强型和耗尽型。场效晶体管的种类和符号如表 4.1 所示。

表 4.1　场效应晶体管的种类和符号

	N 沟道	P 沟道
结型场效应管 （JFBT）	G○—┤├—○D ○S	G○—┤├—○D ○S

续表

N 沟道耗尽型	P 沟道耗尽型

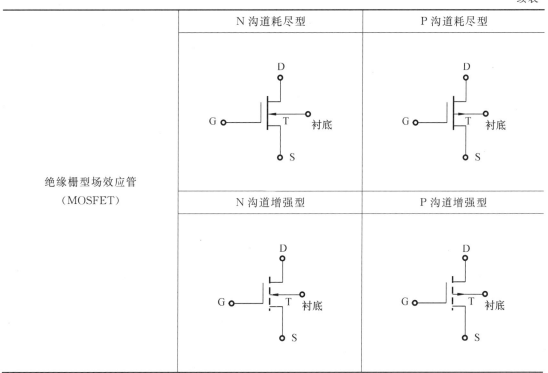

绝缘栅型场效应管（MOSFET）

N 沟道增强型	P 沟道增强型

本节仅对结型场效应晶体管及其放大电路作简单的说明。

4.3.1　结型场效应晶体管

1. 结构及符号

在一块 N 型硅半导体的两侧制作两个 P 区,便可构成 N 型沟道结型场效应晶体管。从 N 型半导体的两端引出两个电极,一个称为源极 S,一个称为漏极 D。两侧的 P 区连在一起,引出一个电极,称为栅极 G。漏极和源极之间的 N 型区称为导电沟道,如图 4.45(a)所示。结型场效应晶体管有 N 型沟道和 P 型沟道两种,它们的符号如图 4.45(b)所示。

2. 工作原理

从图 4.45(a)可以看出,在栅极和源极之间外加的是负电源 U_{GG},在漏极和源极之间加的是正电源 U_{DD}。这样,栅极相对于源极和漏极来说总是处于低电位,即加在两个 PN 结上的都是反向偏压。由于反向偏置,栅极电流 $I_G=0$。当 $U_{GG}=0$,即 $U_{GS}=0$ 时,在漏极和源极之间的电场作用下,N 型半导体中的自由电子(多数载流子)通过导电沟道自源极向漏极运动而形成漏极电流 I_D。当 U_{GG} 从 0 开始逐渐变小时(即 U_{GG} 愈负),随着 U_{GS} 逐渐降低(即 U_{GS} 愈负),耗尽层逐渐变宽,导电沟道随之变窄,沟道电阻逐渐变大,漏极电流 I_D 必然要逐渐变小。当 U_{GS} 降低到一定程度,两个耗尽层合拢,导电沟道消失时,$I_D=0$,称场效应管处于夹断状态。由此可见,漏极电流受栅极-源极间电压 U_{GS} 的控制。其实,电压的变化是反映了一种电场的变化,从而改变了导电沟道的宽窄,以达到控制电流的目的。因此,场效应管是电压控制元件。这也是场效应管名称的由来。前面讲的半导体三极管集电极电流 I_C 受基极电流 I_B 的控制,所以三极管是电流控制元件。

由上可知,结型场效应管的工作情况与普通半导体晶体管不同。它的漏极电流 I_D 只在两

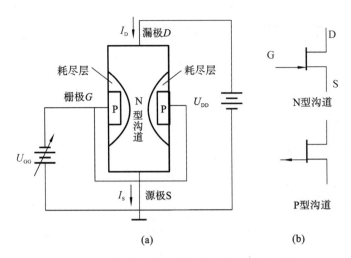

图 4.45　结型场效应晶体管的结构示意图及符号

个 PN 结间的导电沟道中通过,不像普通半导体晶体管那样要通过 PN 结;沟道中参与导电的只有一种极性的载流子(电子或空穴),所以场效应管是一种单极型晶体管。而普通晶体管中参与导电的同时有两种极性的载流子(电子和空穴),因此它们称为双极型晶体管。

3. 转移特性和输出特性

(1) 转移特性。

转移特性也就是输入特性曲线。是描述 U_{GS} 对 I_D 控制作用的曲线,它指当漏源电压 U_{DS} 为常数时,漏极电流 I_D 与栅源电压 U_{GS} 之间的关系曲线,即

$$I_D = f(U_{GS}) \big|_{U_{DS}=常数}$$

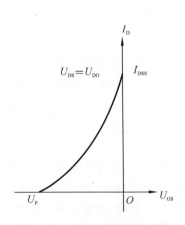

图 4.46　N 型沟道结型场效应晶体管的转移特性

如图 4.46 所示。曲线中,$U_{GS} = 0$ 时的漏极电流 I_{DSS},称为饱和漏极电流;使漏极电流接近于 0 的栅-源电压 U_P,称为夹断电压。

在近似计算中,可用如下公式表示 I_D 与 U_{GS} 的关系

$$I_D = I_{DSS} \left(1 - \frac{U_{GS}}{U_P}\right)^2 \tag{4.51}$$

为了保证结型场效应晶体管中 PN 结工作在反向偏置状态,以维持其输入阻抗高的特点,结型场效应晶体管的输入端(栅极与源极之间)一般只加反向电压。

(2) 输出特性。

输出特性是指场效应晶体管栅-源电压 U_{GS} 一定时,漏极电流 I_D 和漏-源电压 U_{DS} 之间的关系曲线,其表达式为

$$I_D = f(U_{DS}) \big|_{U_{GS}=常数}$$

因为对应于一个 U_{GS} 就有一条确定的曲线,所以输出特性为一族曲线,如图 4.47 所示。

场效应晶体管有三个工作区域,分别为可变电阻区、恒流区、夹断区,它们与三极管的饱和区、放大区、截止区相对应,特点如下。

①可变电阻区:在这个区域中 U_{DS} 较小,漏极电流 I_D 随 U_{DS} 的增大而增大,其斜率取决于 U_{GS} 的大小,即 D,S 之间的等效电阻随 U_{GS} 的不同而改变,U_{GS} 越大,等效电阻越小,故称为可变

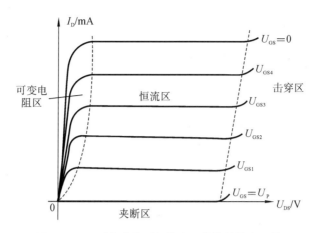

图 4.47　N 型沟道结型场效应晶体管的输出特性

电阻区。

②恒流区(也称线性区)：在这个区域中，漏极电流 I_D 几乎不随 U_{DS} 变化，而只决定于栅-源电压 U_{GS}，U_{GS} 增大，I_D 随之增大，表现出如三极管放大区一样的恒流特性，故称为恒流区或线性区。场效应晶体管用于放大时，应工作在这个区域。

③夹断区(也称截止区)：在这个区域中，当 $U_{GS} < U_P$ 时，I_D 近似为 0，管子夹断。

与三极管相类似，当管压降 U_{DS} 增大到一定值时，漏极电流 I_D 会骤然增大，使管子击穿；当管耗过大时，会因为温升过高而烧坏。

4. 结型场效应晶体管的主要参数

(1) 夹断电压 U_p　是指 U_{DS} 为指定值条件下，使 I_D 等于某一微小电流(通常为 5 μA)时栅-源电压 U_{GS} 的值。

(2) 饱和漏极电压 I_{DSS}　是指在一定的漏源电压 U_{DS} 下，栅极、源极短路(即 $U_{GS} = 0$)时的漏极电流。

(3) 跨导 g_m　是指漏源电压 U_{DS} 一定时，漏极电流的变化量 ΔI_D 与栅源电压的变化量 ΔU_{GS} 之比，即

$$g_m = \frac{\Delta I_D}{\Delta U_{GS}}\bigg|_{U_{DS} = \text{常数}}$$

g_m 是衡量场效应晶体管放大能力的重要参数(相当于三极管的电流放大系数 β)，其数值既可以从转移特性上求得，又可以从输出特性上求得，单位为 μA/V 或 mA/V。g_m 的大小与管子工作点的位置有关。

(4) 最大漏源击穿电压 BU_{DS}　指漏极和源极之间的击穿电压。

在使用场效应晶体管时，除了注意不要超过最大漏源击穿电压 BU_{DS} 外，还应不超过其最大耗散功率 P_{DM}、最大漏源电流 I_{DSM} 和栅源击穿电压 BU_{GS} 等极限参数。

4.3.2　场效应晶体管放大电路

场效应晶体管可以组成共源放大电路和共漏放大电路，它们分别与三极管的共射放大电路和共集放大电路相对应。这里仅对共源放大电路加以简单介绍。

1. 场效应晶体管放大电路的偏置方式和静态分析

和三极管放大电路一样，场效应管放大电路也必须设置合适的静态工作点，才能保证管子

起放大作用。常用的偏置电路有两种,一种是自给栅极偏压的形式,如图 4.48 所示。

首先对其静态工作点分析如下:

因为栅极电流等于 0,$U_G = 0$,当漏极电流流过源极电阻 R_S 时,必然在 R_S 上产生电压 U_S,所以栅源电压

$$U_{GS} = U_G - U_S = -I_D R_S \tag{4.52}$$

可见,U_{GS} 是依靠自身的漏极电流 I_D 产生的,故称自给偏压。

将式(4.51)与式(4.52)联立,即可解出 U_{GS} 和 I_D。

由漏极回路可知

$$U_{DS} = U_{DD} - I_D(R_D + R_S) \tag{4.53}$$

场效应晶体管放大电路也可采用分压式工作点稳定电路,如图 4.49 所示。

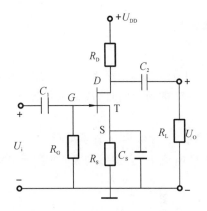

图 4.48　典型的自给偏压电路

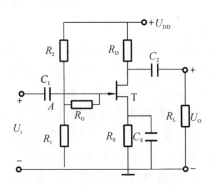

图 4.49　分压式工作点稳定电路

在该电路中,因栅极不取电流,所以栅极电位为

$$U_G = U_A = \frac{R_1}{R_1 + R_2} U_{DD} \tag{4.54}$$

栅-源电压为

$$U_{GS} = U_G - U_S = \frac{R_1}{R_1 + R_2} U_{DD} - I_D R_S \tag{4.55}$$

其值应小于 0。

将式(4.55)与式(4.51)联立,即可解出 U_{GS} 和 I_D,并可通过式(4.53)求出 U_{DS}。

2. 共源放大电路的动态分析

图 4.48 与图 4.49 所示电路的输入回路与输出回路的公共端为源极,故称为共源放大电路。图 4.48 所示的交流通路如图 4.50 所示。漏极动态电流 $I_d = g_m U_{GS}$,方向如图中所标注。

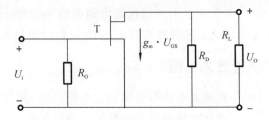

图 4.50　共源放大电路的交流通路

从图中可知 $U_i = U_{GS}$。

输出电压 U_o 是漏极电流 I_d 在漏极电阻 R_D 与负载电阻 R_L 并联电阻上产生的压降,与规定的方向相反,即

$$U_\text{o} = -I_\text{d}(R_\text{D} \mathbin{/\!/} R_\text{L}) = -g_\text{m}U_\text{GS}(R_\text{D} \mathbin{/\!/} R_\text{L})$$

所以电压放大倍数

$$A_u = \frac{U_\text{o}}{U_\text{i}} = \frac{-g_\text{m}U_\text{GS}(R_\text{D} \mathbin{/\!/} R_\text{L})}{U_\text{GS}} = -g_\text{m}(R_\text{D} \mathbin{/\!/} R_\text{L})$$

常写成
$$A_u = -g_\text{m}R'_L \tag{4.56}$$
$$R'_L = R_\text{D} \mathbin{/\!/} R_\text{L}$$
$$g_\text{m} = \frac{\Delta I_\text{D}}{\Delta U_\text{GS}}\bigg|_{U_\text{DS}=常数}$$

式中,跨导 g_m 可通过求导得到。

可写成
$$g_\text{m} = \frac{\text{d}I_\text{D}}{\text{d}U_\text{GS}} = \frac{\text{d}I_\text{DSS}\left(1 - \dfrac{U_\text{GS}}{U_\text{P}}\right)^2}{\text{d}U_\text{GS}}$$

所以
$$g_\text{m} = -\frac{2I_\text{DSS}}{U_\text{P}}\left(1 - \frac{U_\text{GS}}{U_\text{P}}\right) \tag{4.57}$$

由于栅极不取电流,栅-源之间电阻 r_GS 为无穷大,所以放大电路的输入电阻

$$R_\text{i} = R_\text{G} \tag{4.58}$$

当场效应管工作在线性区,I_D 仅受 U_GS 的控制,呈现恒流特性,所以电路的输出电阻

$$R_\text{o} = R_\text{D} \tag{4.59}$$

在实际电路中,电阻 R_G 至少为几兆欧,可见场效应晶体管放大电路的输入电阻远大于三极管放大电路的输入电阻。由于 g_m 数值较小,故场效应管放大电路的电压放大能力比三极管放大电路的电压放大能力差得多。

例 4.9 在图 4.48 所示电路中,已知:$U_\text{DD}=20\text{ V}, R_\text{G}=1\text{ M}\Omega, R_\text{D}=20\text{ k}\Omega, R_\text{S}=5\text{ k}\Omega, R_\text{L}=20\text{ k}\Omega$,场效应晶体管的 $U_\text{P}=-5\text{ V}, I_\text{DSS}=2\text{ mA}$,试求:

(1)电路的静态工作点;

(2)电路的 A_u、R_i、R_o。

解 (1)求解静态工作点。

根据 $U_\text{GS}=-I_\text{D}R_\text{S}$ 有

$$U_\text{GS} = -I_\text{D} \times 5$$

根据 $I_\text{D}=I_\text{DSS}\left(1 - \dfrac{U_\text{GS}}{U_\text{P}}\right)^2$ 有

$$I_\text{D} = 2 \times \left(1 - \frac{U_\text{GS}}{5}\right)^2$$

将 U_GS 的表达式代入 I_D 表达式,有

$$I_\text{D} = 2 \times \left(1 - \frac{-5I_\text{D}}{-5}\right)^2$$

$$2I_\text{D}^2 - 5I_\text{D} + 2 = 0$$

可得
$$I_\text{D} = 0.5\text{ mA}$$
$$U_\text{GS} = (-0.5 \times 5)\text{ V} = -2.5\text{ V}$$
$$U_\text{DS} = U_\text{DD} - I_\text{D}(R_\text{D}+R_\text{S}) = [20-0.5\times(20+5)]\text{ V} = 7.5\text{ V}$$

(2)求解 A_u、R_i、R_o。

首先求 g_m。

$$g_m = -\frac{2I_{DSS}}{U_P}\left(1 - \frac{U_{GS}}{U_P}\right) = -\frac{2 \times 2}{-5}\left(1 - \frac{-2.5}{-5}\right) \text{ mA/V} = 0.4 \text{ mA/V}$$

电压放大倍数 $\qquad A_u = -g_m R'_L = -0.4 \times \dfrac{20 \times 20}{20 + 20} = -4$

输入电阻 $\qquad\qquad\qquad\qquad R_i = R_G = 1 \text{ M}\Omega$

输出电阻 $\qquad\qquad\qquad\qquad R_o = R_D = 20 \text{ k}\Omega$

4.4　本章仿真实训

共射极晶体管放大电路仿真

一、实验目的

1. 掌握晶体管放大电路的工作原理。
2. 掌握晶体管放大电路静态工作点的计算方法。
3. 掌握晶体管放大电路电压放大倍数、输入电阻、输出电阻的计算方法。
4. 利用 Multisim 软件对电路进行仿真,并对仿真结果和理论计算结果进行对比分析。

二、实验原理

图 4.51 为典型的工作点稳定的阻容耦合晶体管放大电路实验原理图。它的偏置电路采用 R_{B1} 和 R_{B2} 组成的分压电路,并在发射极中接有电阻 R_E,以稳定放大器的静态工作点。当在放大器的输入端输入信号 U_i 后,在放大器的输出端便可得到一个与 U_i 相位相反、幅值被放大了的输出信号 U_o,从而实现电压的放大。

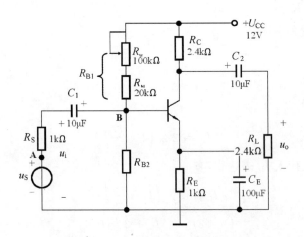

图 4.51　共射极单管放大器实验电路

在图 4.51 所示的电路中,静态工作点可用下式估算

$$U_{\mathrm{B}} \approx \frac{R_{\mathrm{B2}}}{R_{\mathrm{B1}} + R_{\mathrm{B2}}} U_{\mathrm{CC}}$$

$$I_{\mathrm{E}} = \frac{U_{\mathrm{B}} - U_{\mathrm{BE}}}{R_{\mathrm{E}}} \approx I_{\mathrm{C}}$$

$$U_{\mathrm{CE}} = U_{\mathrm{CC}} - I_{\mathrm{C}}(R_{\mathrm{C}} + R_{\mathrm{E}})$$

电压放大倍数　　　　　$A_u = -\dfrac{\beta R_{\mathrm{L}}'}{r_{\mathrm{be}}} \quad (R_{\mathrm{L}}' = R_{\mathrm{C}} /\!/ R_{\mathrm{L}})$

输入电阻　　　　　　　$R_{\mathrm{i}} = R_{\mathrm{B1}} /\!/ R_{\mathrm{B2}} /\!/ r_{\mathrm{be}}$

输出电阻　　　　　　　$R_{\mathrm{o}} \approx R_{\mathrm{C}}$

放大器的测量和调试一般包括：放大器静态工作点的测量与调试，消除干扰与自激振荡及放大器各项动态参数的测量与调试等。

三、仿真实验内容与步骤

在 Multisim 中建立仿真电路，各元件参数如图 4.52 所示。

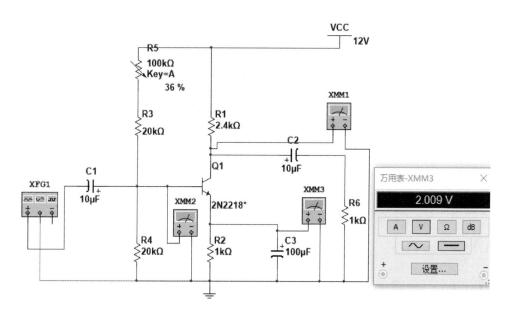

图 4.52　共射极晶体管放大仿真实验电路

设置三极管的放大倍数为 50。具体设置方法：双击三极管，出现如图 4.53 所示的对话框，单击"编辑模型"，出现如图 4.54 所示的编辑模型对话框，修改 BF 为 50，回车确定，即将三极管放大倍数改为了 50。

可变电阻增量百分比是可调的。具体设置方法：双击可变电阻，出现如图 4.55 所示的对话框，然后设置电阻值，键值，增量百分比。仿真时按 A 键阻值增大，按 shift＋A 键阻值减小。

1. 测量静态工作点

接通＋12 V 电源、调节 R_{w}（36 kΩ，36%），使 $I_{\mathrm{C}} = 2.0$ mA（即 $U_{\mathrm{E}} = 2.0$ V），仿真用万用表（直流电压表）测量 U_{B}、U_{E}、U_{C} 的值，记入表 4.2。

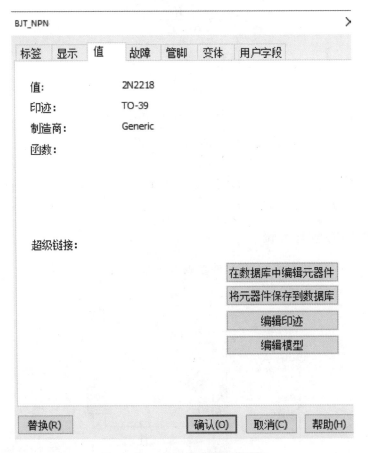

图 4.53　三极管参数调整对话框

表 4.2　静态工作点测量表

测 量 值			计 算 值		
U_B/V	U_E/V	U_C/V	U_{BE}/V	U_{CE}/V	$I_C/mA \approx I_E$
2.615	2.009	7.26	0.606	5.251	2

2. 测量电压放大倍数

在仿真电路图 4.52 的基础上,添加示波器,如图 4.56 所示。

在放大器输入端加入频率为 1 kHz 的正弦信号,调节函数信号发生器的输出旋钮,使 U_i $=5$ mV(有效值为 3.54 mV)。仿真,用示波器观察放大器输出电压 U_o(R_L 两端)的波形,如图 4.57 所示。从中可以看出,输出电压和输入电压是反相的。

仿真,用万用表(交流毫伏表)测量下述两种情况下的 U_o 值,记入表 4.3。

表 4.3　电压放大倍数测量表

$R_C/k\Omega$	$R_L/k\Omega$	U_O/mV	A_u
2.4	∞	494.5	494.5/3.54＝139.7
2.4	2.4	282.4	282.4/3.54＝79.8

3. 测量输入电阻

放大电路对信号源来说,是一个负载,故可用一个等效电阻来代替,这个电阻称为放大电

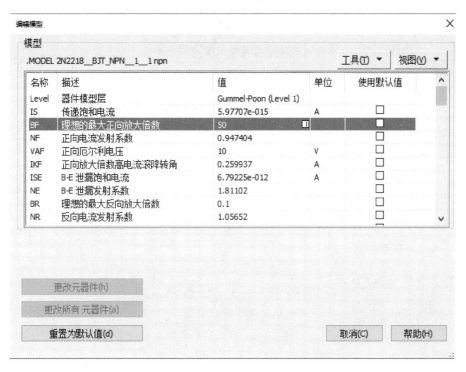

图 4.54　三极管编辑模型对话框

路输入电阻 r_i，$r_i = U_i / I_i$。

在 Multisim 中建立如图 4.58 所示的测量输入电阻仿真电路，测出 U_i 和 I_i（图中万用表 XMM3 测电压 U_i、XMM1 测电流 I_i）。仿真结果：$U_i = 3.527$ mV，$I_i = 4.655$ μA，$r_i = U_i / I_i = 0.758$ kΩ。

4．测量输出电阻

对负载而言，放大电路可看成一个信号源（实际电压源或实际电流源），其内阻即为放大电路的输出电阻，如图 4.59 电路所示。在放大器正常工作条件下，测出输出端不接负载 R_L 的输出电压 U_o 和接入负载后的输出电压 U_L，根据

$$U_L = \frac{R_L}{R_o + R_L} U_o \quad 即可求出 \ R_o = \left(\frac{U_o}{U_L} - 1 \right) R_L$$

在测试中应注意，必须保持 R_L 接入前后输入信号的大小不变。

在 Multisim 中建立如图 4.60 所示的测量输出电阻仿真电路，测出输出端不接负载 R_L 的输出电压 U_o 和接入负载后的输出电压 U_L 分别为 494.5 mV 和 282.4 mV，求出 $R_o = \left(\frac{U_o}{U_L} - 1 \right) R_L = 1.8$ kΩ。

5．计算结果和仿真结果对比

①用估算法计算静态工作点。

$$U_B = \frac{R_{B2}}{R_{B1} + R_{B2}} U_{CC} = \left(\frac{20}{56 + 20} \times 12 \right) \text{V} = 3.158 \text{ V}$$

$$I_C \approx I_E = \frac{U_B - U_{BE}}{R_E} = \frac{3.158 - 0.6}{1} \text{ mA} = 2.558 \text{ mA}$$

$$I_B = \frac{I_C}{\beta} = \frac{2.558}{50} \text{ mA} = 51.16 \text{ μA}$$

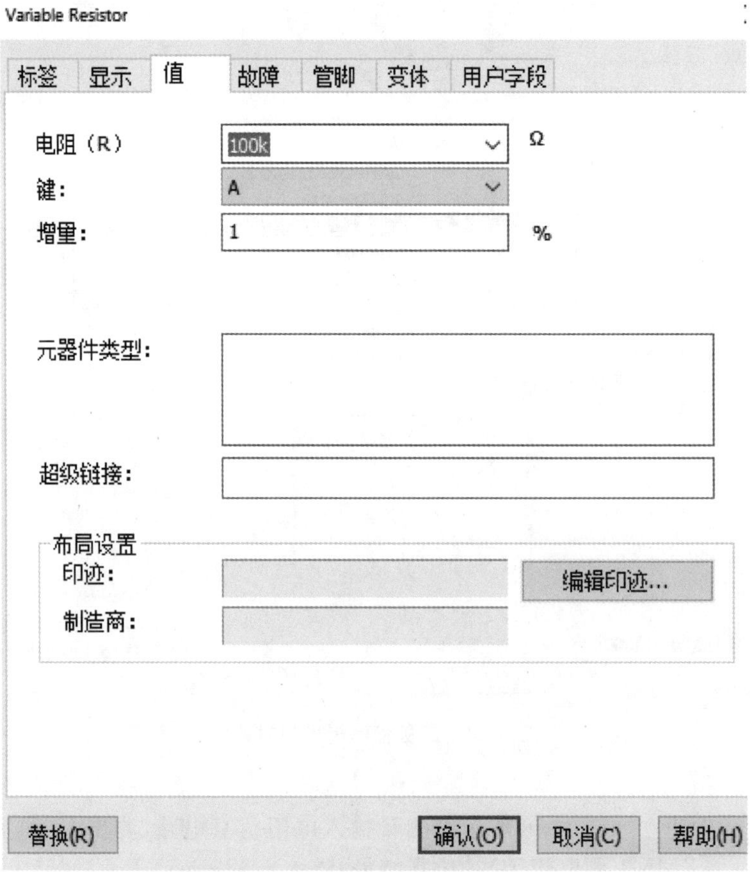

Variable Resistor
标签
显示
值
故障
管脚
变体
用户字段
电阻（R）
100k
Ω
键：
A
增量：
1
%
元器件类型：
超级链接：
布局设置
印迹：
编辑印迹...
制造商：
替换(R)
确认(O)
取消(C)
帮助(H)

图 4.55　可变电阻参数调整对话框

VCC
12V
R5
100kΩ
Key=A
36 %
XSC1
XMM1
R3
20kΩ
R1
2.4kΩ
C2
10μF
Q1
XMM4
C1
XFG1
10μF
XMM3
XMM2
2N2218*
R6
2.4kΩ
R4
20kΩ
R2
1kΩ
C3
100μF

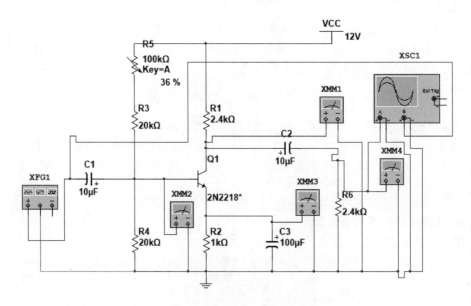

图 4.56　共射极晶体管放大仿真实验电路

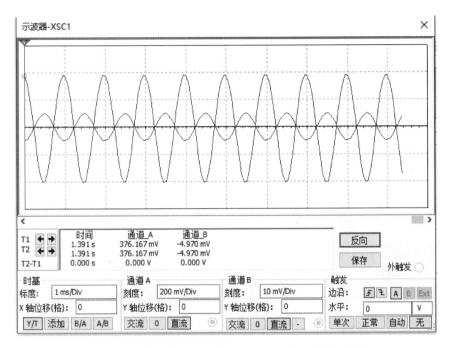

图 4.57　示波器观察放大器输出电压 $U_{\circ}(R_{\mathrm{L}}$ 两端$)$ 的波形

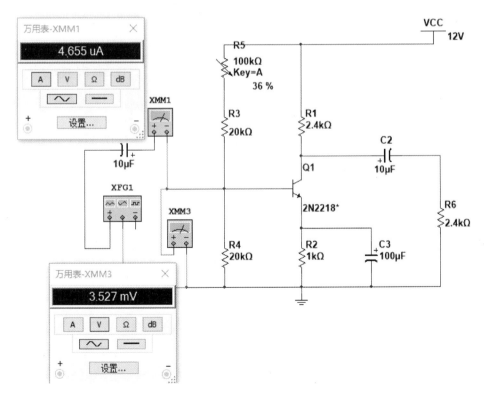

图 4.58　测量输入电阻仿真电路

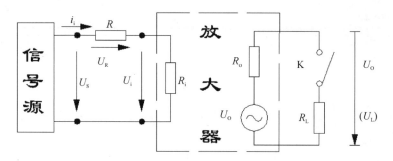

图 4.59　测量输出电阻电路

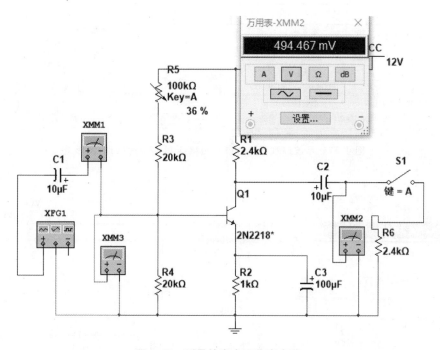

图 4.60　测量输出电阻仿真电路

$$U_{CE} = U_{CC} - I_C(R_C + R_E)$$
$$= [12 - 2.558 \times (2.4 + 1)] \text{ V} = 3.3 \text{ V}$$

②求电压放大倍数。

$$r_{be} = 300 + (1 + \beta)\frac{26}{I_E} = \left[300 + (1 + 50)\frac{26}{2.558}\right] \Omega = 818 \ \Omega = 0.818 \text{ k}\Omega$$

$$A_u = -\frac{\beta R'_L}{r_{be}} = -\frac{50 \times \dfrac{2.4 \times 2.4}{2.4 + 2.4}}{0.818} = -73$$

不接负载时，$A_u = -\dfrac{\beta R_C}{r_{be}} = -\dfrac{50 \times 2.4}{0.818} = -146.7$

③求输入电阻和输出电阻。

$$R_i = R_{B1} /\!/ R_{B2} /\!/ r_{be} = (56 /\!/ 20 /\!/ 0.818) \ \Omega = 0.775 \text{ k}\Omega$$

$$R_o \approx R_C = 2.4 \text{ k}\Omega$$

本 章 小 结

1. 半导体三极管有三种工作状态。工作在放大状态时,集电结反偏、发射结正偏,集电极电流与基极电流成正比;工作在截止状态时,集电结和发射结均反偏,集电极电流基本为零,相当于开关断开;工作在饱和状态时,集电结和发射结均正偏,集电极电流不受基极电流控制,集电极和发射极间基本无电压降,相当于开关闭合。

2. 由于三极管等半导体元件是非线性元件,所以它们的伏安特性常用特性曲线图来表示。使用这些元器件时要注意考虑它们的主要参数。

3. 放大电路有固定偏置放大电路,分压式偏置放大电路,射极输出器等。这三种基本放大电路都要计算静态工作点和电压放大倍数、输入电阻、输出电阻。计算时应根据不同放大电路选用不同公式。

4. 放大电路的静态分析就是求解静态工作点。利用放大电路的直流通路图、KVL 和欧姆定律就可以求出静态工作点。

5. 放大电路的动态分析就是求解电压放大倍数、输入电阻、输出电阻等参数。当电路工作于低频小信号时,可利用放大电路的微变等效电路求出上述参数。

6. 固定偏置放大电路的静态工作点受温度变化的影响。分压式偏置放大电路则能稳定静态工作点,基本不受温度变化的影响。

7. 射极输出器具有输入电阻高,输出电阻低的特点,电压放大倍数近似等于 1。

8. 多级放大电路总的电压放大倍数等于各级电压放大倍数的乘积。

9. 负反馈电路有电压反馈和电流反馈,有串联反馈和并联反馈。注意反馈类型的判别方法。

10. 多级放大电路的末级一般是功率放大电路,用来输出较大的功率。实践中常用的功率放大电路是互补对称电路。

11. 结型场效应晶体管及其放大电路的特点。

习　　题

第 4 章即测题

4.1　将一 PNP 型三极管接成共发射极电路,要使它具有电流放大作用,E_C 和 E_B 的正负极应如何连接,为什么? 画出电路图。

4.2　放大电路中接有一个三极管,测得它的三个管脚的电位分别为 -9 V、-6 V、-6.2 V,试判别管子的三个电极,并说明这个三极管是哪种类型? 是硅管还是锗管?

4.3　三极管的发射极和集电极是否可以调换使用,为什么?

4.4　使用微变等效电路的条件和作用是什么?

4.5　如题 4.5 图所示固定偏置放大电路,已知 $U_{CC}=12$ V,$R_B=240$ kΩ,$R_C=3$ kΩ,$\beta=40$,求:

(1) 画直流通路图,计算静态工作点;

(2) 在静态时($u_i=0$)C_1 和 C_2 上的电压各为多少? 并标出极性。

4.6　放大电路同题 4.5。如改变 R_B,使 $U_{CE}=3$ V,试求 R_B 的大小;如改变 R_B,使 $I_C=1.5$ mA,R_B 又等于多少?

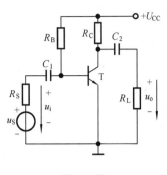

题 4.5 图

4.7　有一晶体管继电器电路,继电器的线圈作为放大电路的集电极电阻 $R_C = 1$ kΩ,继电器动作电流为 6 mA,$\beta = 50$,问:

(1) 基极电流多大时,继电器才能动作?

(2) 电源电压 U_{CC} 至少应大于多少伏,才能使此电路正常工作?

4.8　如题 4.5 图所示固定偏置放大电路,已知 $U_{CC} = 12$ V,$R_B = 300$ kΩ,$R_C = 5$ kΩ,$\beta = 40$,求:

(1) 静态工作点;

(2) 放大电路空载时的电压放大倍数;

(3) 接负载 $R_L = 2$ kΩ 时的电压放大倍数;

(4) 画出放大电路的微变等效电路图。

4.9　如题 4.9 图所示分压式偏置放大电路,已知 $U_{CC} = 12$ V,$R_{B1} = 20$ kΩ,$R_{B2} = 10$ kΩ,$R_E = 2$ kΩ,$R_C = 2$ kΩ,$\beta = 50$,求静态工作点的 I_B、I_C、U_{CE}。

4.10　如题 4.9 图所示分压式偏置放大电路,已知 $U_{CC} = 12$ V,$R_{B1} = 22$ kΩ,$R_{B2} = 4.7$ kΩ,$R_E = 1$ kΩ,$R_C = 2.5$ kΩ,$\beta = 50$,求:

(1) 静态工作点和晶体管的输入电阻 r_{be};

(2) 放大电路空载时的电压放大倍数;

(3) 接负载 $R_L = 4$ kΩ 时的电压放大倍数;

(4) 画出放大电路的微变等效电路图。

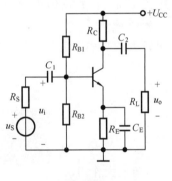

题 4.9 图

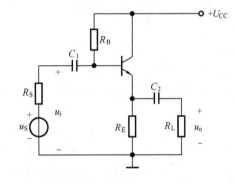

题 4.11 图

4.11　有一射极输出器如题 4.11 图,$U_{CC} = 20$ V,$R_B = 80$ kΩ,$R_E = 800$ Ω,$R_L = 1.2$ kΩ,$\beta = 50$,$R_S = 0$,求:

(1) 静态工作点 I_B、I_C、U_{CE} 和晶体管的输入电阻 r_{be};

(2) 放大电路的输入电阻 r_i 和输出电阻 r_o;

(3) 放大电路的电压放大倍数 A_u。

4.12　两级阻容耦合放大电路如题 4.12 图所示,已知晶体管 T_1、T_2 的 $\beta_1 = \beta_2 = 50$,$U_{CC} = 12$ V,$R_{B11} = 51$ kΩ,$R_{B12} = 8.6$ kΩ,$R_{B21} = 53$ kΩ,$R_{B22} = 7.5$ kΩ,$R_{E1} = 1$ kΩ,$R_{C1} = 3$ kΩ,$R_{E2} = 0.62$ kΩ,$R_{C2} = 2$ kΩ,$R_L = \infty$。

(1) 画出放大电路的微变等效电路图;

(2) 求第一级和第二级放大电路的静态工作点和电压放大倍数;

（3）求放大电路的总电压放大倍数。

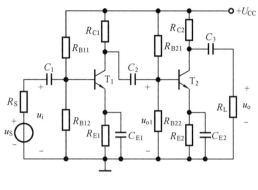

题 **4.12** 图

4.13　一个简易助听器由三级阻容耦合放大电路构成，输入级和输出级为射极输出器，中间级为分压式放大电路。如题 4.13 图所示，各晶体管的放大倍数 $\beta = 100$，$U_{BE} = 0.7$ V。用一个内阻 0.5 kΩ 的动圈式声电转换器件检测声音信号，用一个内阻 0.5 kΩ 的耳机作为电路的负载把放大后的声音传给使用者。

（1）求放大电路各级静态工作点；

（2）求放大电路各级及总输入电阻和输出电阻；

（3）求各级电压放大倍数和总电压放大倍数。

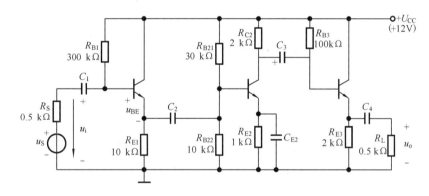

题 **4.13** 图

4.14　题 4.14 图是两级阻容耦合放大电路，已知 $\beta_1 = \beta_2 = 50$。

（1）计算放大电路各级静态工作点；

（2）画出微变等效电路图；

（3）求各级电压放大倍数和总电压放大倍数；

（4）后级采用射极输出器有何好处？

4.15　在题 4.15 图中，判断哪些电路图是负反馈？哪些电路图是正反馈？如果是负反馈，属于哪一类型？

4.16　双电源功率放大电路如图 4.39 所示。设 $U_{CC} = 20$ V，$R_L = 8$ Ω，求：

（1）输入信号 $U_i = 10$ V（有效值）时，电路的输出功率、电源供给的功率及电路的效率；

（2）输入信号 $U_{im} = 20$ V（最大值）时，电路的输出功率、电源供给的功率及电路的效率（可设 $A_u = 1$，集-射极压降为 0）。

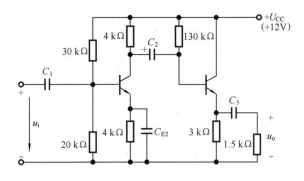

题 **4.14** 图

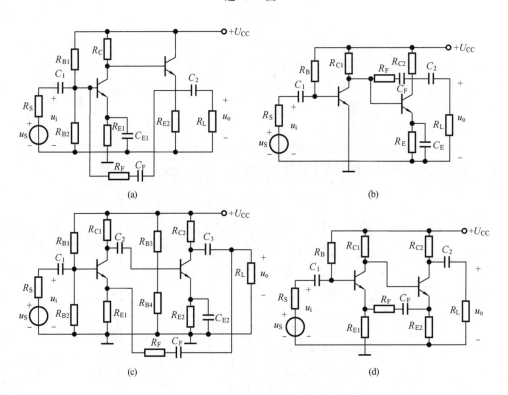

(a)

(b)

(c)

(d)

题 **4.15** 图

第 5 章　集成运算放大器

本章首先介绍集成运算放大器的基本知识和主要参数,然后介绍理想运算放大器的分析方法,主要是如何求出输出电压与输入电压的关系,在此基础上具体介绍运算放大器的线性应用及线性运算电路,主要包括反相输入和同相输入运算电路的分析方法。然后介绍了运算放大器的非线性应用和使用时应注意的问题。最后是本章的仿真实训。

5.1　集成运算放大器介绍

集成运算放大器是一种集成化的半导体器件,它实质上是一个电压放大倍数很高,输入电阻很大,输出电阻很低的直接耦合的多级交直流放大电路。

实际集成运算放大器有很多不同的型号,它们都是由输入级、中间级和输出级等部分组成。每一种型号的内部线路都不同,从使用的角度看,我们感兴趣的只是它的参数和特性指标,以及使用方法。

运算放大器有扁平封装式、陶瓷或塑料双列直插式、金属圆壳式或棱形等几种,有 8～14 个管脚,它们都按一定顺序用数字编号,每个编号的管脚都连接着内部电路的某一特定位置,以便与外部电路连接。如图 5.1 所示。

集成运算放大器的图形符号如图 5.2 所示。

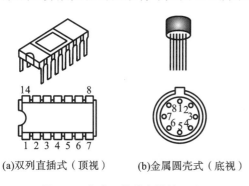

(a)双列直插式(顶视)　(b)金属圆壳式(底视)

图 5.1　集成运算放大器的形式

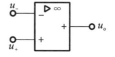

图 5.2　集成运算放大器的图形符号

运算放大器有两个输入端(u_- 和 u_+)和一个输出端(u_o),标有"一"号的输入端称为反相输入端,当输入信号从这一端输入时,输出信号与输入信号相位相反;标有"＋"号的输入端称为同相输入端,当输入信号从这一端输入时,输出信号与输入信号相位相同。

图 5.3 为 LM741 集成运算放大器的外形和管脚图。它有 8 个管脚,各管脚的用途分别如下。

2:反相输入端,由此端接输入信号,则输出信号与输入信号相位相反;

3:同相输入端,由此端接输入信号,则输出信号与输入信号相位相同;

6:输出端,由此端对地引出输出信号;

4:负电源端,接－15 V 的稳压电源;

7：正电源端，接＋15 V 的稳压电源；

1、5：外接调零电位器。

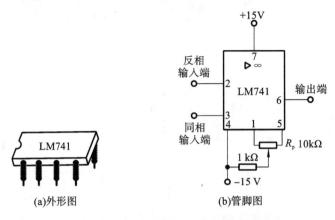

(a)外形图　　　　　　　　(b)管脚图

图 5.3　LM741 集成运算放大器的外形和管脚图

5.2　集成运算放大器的主要参数

运算放大器性能的好坏常用一些参数表征。这些参数是选用运算放大器的主要依据。

1. 差模开环电压放大倍数 A_{uo}

A_{uo} 指集成运放没有外接反馈电阻时的电压放大倍数，即 $A_{uo} = \dfrac{u_o}{u_+ - u_-}$。它体现了集成运放的电压放大能力，一般在 $10^4 \sim 10^7$ 之间。A_{uo} 越大，电路越稳定，运算精度也越高。

2. 共模抑制比 K_{CMRR}

K_{CMRR} 用来综合衡量集成运放的放大能力和抗温漂、抗共模干扰的能力，一般应大于 80 dB。

3. 差模输入电阻 r_{id}

运算放大器两个输入端之间的电阻 $r_{id} = \dfrac{\Delta U_{id}}{\Delta I_{id}}$ 叫差模输入电阻。通常希望 r_{id} 尽可能大一些。r_{id} 愈大，运算放大器精度愈高，一般是几百千欧姆到几兆欧姆。

4. 输出电阻 r_o

输出电阻 r_o 是指运算放大器在开环状态下，输出端电压变化量与输出端电流变化量的比值。它的值反映运算放大器带负载的能力。其值越小带负载的能力越强，r_o 的值一般是几十欧姆到几百欧姆。

5. 输入失调电压 U_{io}

U_{io} 指为使输出电压为零，在输入级所加的补偿电压值。它反映差动放大部分参数的不对称程度，显然越小越好，一般为毫伏级。

6. 最大输出电压 U_{OPP}

U_{OPP} 指能使输出电压和输入电压保持不失真关系的最大输出电压。一般电源电压在 ± 15 V 时，最大输出电压在 ± 13 V 左右。

5.3　理想集成运算放大器的基本运算电路

5.3.1　理想集成运算放大器

在分析运算放大器时,为了使问题分析简化,通常把集成运算放大器看成理想运算放大器。实际集成运算放大器绝大部分接近理想运算放大器,符号如图 5.4 所示。理想集成运算放大器理想化的条件是:

(1) 开环电压放大倍数 $A_{ud} \to \infty$;

(2) 差模输入电阻 $R_{id} \to \infty$;

(3) 输出电阻 $R_o \to 0$;

(4) 共模抑制比 $K_{CMRR} \to \infty$。

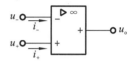

图 5.4　理想运算放大器符号

根据以上的理想化条件,当运放工作在线性状态(线性区)时,即输出电压随输入电压成比例变化,可推导出以下两个重要结论。

(1) 由于运算放大器输入电阻 $R_{id} \to \infty$,所以同向输入端和反向输入端流经运算放大器的电流为零,即

$$i_+ = i_- = 0 \tag{5.1}$$

由于两输入端输入电流为零,与断路相似,故称为"虚断"。

(2) 由于运算放大器开环电压放大倍数 $A_{ud} \to \infty$,而运算放大器的输出电压是有限值,所以有

$$(u_+ - u_-) = \frac{u_o}{A_{uo}} = 0$$

即

$$u_+ = u_- \tag{5.2}$$

式中:u_+ 和 u_- 分别表示同向输入端和反向输入端的输入电压。

由此可见,两输入端好像短路,故称为"虚短"。

5.3.2　反相输入运算电路

指输入信号加在反相输入端与参考端之间,经运算放大器放大后的输出信号与输入信号相位相反。这是应用最广的一种输入方式,可构成反相比例、加法、微分、积分等运算电路。

1. 反相输入比例运算电路

图 5.5 所示电路为反相输入比例运算电路。它的输入信号电压 u_i 经过外接电阻 R_1 加到反相输入端,而同相输入端与地之间接一平衡电阻 R'。反馈电阻 R_F 跨接于输出端和反相输入端之间。该电路是电压并联负反馈电路。

根据运算放大器工作在线性区的两个结论分析可知

$$i_1 = i_F, u_- = u_+ = 0$$

而

$$i_1 = \frac{u_i - u_-}{R_1} = \frac{u_i}{R_1}$$

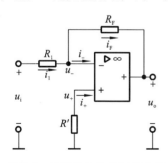

图 5.5　反相输入比例运算电路

$$i_F = \frac{u_- - u_o}{R_F} = -\frac{u_o}{R_F}$$

由此可得 $$u_{o} = -\frac{R_F}{R_1}u_i \tag{5.3}$$

式(5.3)中的负号表示输出电压与输入电压的相位相反。

闭环电压放大倍数为

$$A_f = \frac{u_o}{u_i} = -\frac{R_F}{R_1} \tag{5.4}$$

当 $R_F = R_1$ 时，$u_o = -u_i$，即 $A_f = -1$，该电路就成了反相器。

图中电阻 R' 称为平衡电阻，通常取 $R' = R_1 /\!/ R_F$，以保证其输入端的电阻平衡。

反相输入比例运算电路输入电阻较小，约等于 $R_1(r_i = u_i/i_1 = R_1 i_1/i_1 = R_1)$，输出阻抗较小。

例 5.1 在图 5.5 中，设 $u_i = -1$ V，$R_1 = 10$ kΩ，$R_F = 50$ kΩ，求 u_o。

解 依式(5.3)，代入数据，得

$$u_o = -\frac{R_F}{R_1}u_i = \left[-\frac{50}{10}(-1)\right] \text{V} = 5 \text{ V}$$

说明：当电路为书中(包括后面)介绍的几种典型运算放大器电路时，解题时可直接利用相应公式求出结果。对于一般的运算放大器电路，可利用理想运算放大器的分析方法加以求解。

例 5.2 有一电阻式压力传感器，其输出阻抗为 500 Ω，测量范围是 0~10 MPa，其灵敏度是 +1 mV/0.1 MPa，现在要用一个输入电压值为 0~5 V 的标准表来测量这个传感器的压力变化，需要一个放大器把传感器输出的信号放大到标准表输入需要的状态，设计一个放大器并确定各元件参数。

解 因为传感器的输出阻抗较低，所以可采用由输入阻抗较小的反相输入比例电路构成放大器，因为标准表的最高输入电压对应着传感器 10 MPa 时的输出电压，而传感器这时的输出电压为 10 MPa×1 mV/0.1 MPa=100 mV，也就是放大器的最高输入电压，而这时放大器的输出电压应是 5 V，所以放大器的电压放大倍数是 5/0.1=50。由于输入与输出电压相位要相同，故在第一级放大器后再接一个反相器即可满足要求。根据这些条件来确定电路的参数。

(1) 取放大器的输入阻抗是信号源内阻的 20 倍，即

$$R_1 = (20 \times 0.5) \text{ kΩ} = 10 \text{ kΩ}$$

(2) $R_F = 50R_1 = (50 \times 10) \text{ kΩ} = 500 \text{ kΩ}$

(3) $R' = R_1 /\!/ R_F = \frac{10 \times 500}{10 + 500} \text{ kΩ} \approx 9.8 \text{ kΩ}$

(4) 运算放大器采用 LM741。

(5) 采用对称电源供电，电压可采用 10 V(因为放大器最高输出电压是 5 V)。

(6) $R_{F2} = R_{12} = 50 \text{ kΩ}$

(7) $R_2' = R_{12} /\!/ R_{F2} = 25 \text{ kΩ}$

整个放大电路如图 5.6 所示。

2. 反相加法运算电路

在反相输入比例运算电路的反相输入端加上若干个输入信号电压，就可以对多个输入信号实现代数相加运算。图 5.7 是具有两个输入信号的反相加法运算电路。

根据运算放大器工作在线性区的两结论分析可知

$$i_F = i_1 + i_2, u_- = u_+ = 0$$

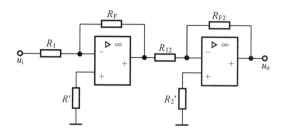

图 5.6　例 5.2 图

$$i_1 = \frac{u_{i1}}{R_1}, i_2 = \frac{u_{i2}}{R_2}, i_F = -\frac{u_o}{R_F}$$

由此可得

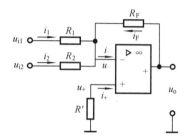

图 5.7　反相加法运算电路

$$u_o = -\left(\frac{R_F}{R_1}u_{i1} + \frac{R_F}{R_2}u_{i2}\right) \tag{5.5}$$

若 $R_1 = R_2 = R_F$，则

$$u_o = -(u_{i1} + u_{i2}) \tag{5.6}$$

可见输出电压与两个输入电压之间是一种反相
输入加法运算关系。这一运算关系可推广到有更多
个信号输入的情况。平衡电阻 $R' = R_1 /\!/ R_2 /\!/ R_F$。

例 5.3　反相加法运算电路如图 5.7 所示，设 $R_1 = R_2 = 10 \text{ k}\Omega$，$R_F = 50 \text{ k}\Omega$，$u_{i1} = 0.5$ V，$u_{i2} = -1$ V，试计算输出电压 u_o。

解　将数据代入式(5.5)中，得

$$u_o = -\left(\frac{R_F}{R_1}u_{i1} + \frac{R_F}{R_2}u_{i2}\right) = -\left[\frac{50}{10}\times 0.5 + \frac{50}{10}\times(-1)\right]\text{V} = 2.5 \text{ V}$$

例 5.4　求图 5.8 所示电路中 u_o 与 u_{i1}、u_{i2} 的关系。

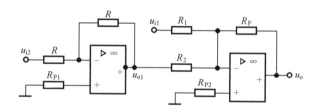

图 5.8　例 5.4 图

解　电路由第一级的反相器和第二级的反相加法运算电路级联而成。第一级的输出是第
二级加法运算电路的一个输入。

$$u_{o1} = -u_{i2}$$

$$u_o = -\left(\frac{R_F}{R_1}u_{i1} + \frac{R_F}{R_2}u_{o1}\right) = \frac{R_F}{R_2}u_{i2} - \frac{R_F}{R_1}u_{i1}$$

3. 反相积分电路

把反相输入比例运算电路中的反馈电阻 R_F 换成电容 C_F，就构成了反相积分电路，如图
5.9 所示。

由于反相输入端虚地，$u_- = u_+ = 0$，且 $i_+ = i_- = 0$，由图可得

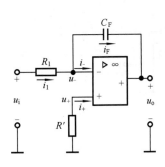

图 5.9　反相积分电路

$$i_1 = \frac{u_i - 0}{R_1} = \frac{u_i}{R_1}, \quad i_1 = i_F = i_C$$

$$i_C = C_F \frac{du_C}{dt} = -C_F \frac{du_o}{dt}$$

由此可得

$$u_o = -\frac{1}{C_F}\int \frac{u_i}{R_1}dt = -\frac{1}{R_1 C_F}\int u_i dt \tag{5.7}$$

输出电压与输入电压对时间的积分成正比。

若 u_i 为恒定电压 U，则输出电压 u_o 为

$$u_o = -\frac{U}{R_1 C_F}t \tag{5.8}$$

例 5.5　图 5.9 所示积分电路中，设 $R_1 = 1\ \text{M}\Omega, C_F = 1\ \mu\text{F}, U_i = 1\ \text{V}$，试求 $t = 0, 0.2, 0.6, 1$ s 时的输出电压 u_o 各为多少？

解　因 $R_1 = 1\ \text{M}\Omega, C_F = 1\ \mu\text{F}$

$$R_1 C_F = (1\times10^6 \times 10^{-6})\ \text{s} = 1\ \text{s}$$

依式(5.8)可知，

$$u_o = -\frac{U}{R_1 C_F}t = -t$$

当 $t = 0$ s 时，　　　　　　　$u_o = 0$

当 $t = 0.2$ s 时，　　　　　　$u_o = -0.2$ V

当 $t = 0.6$ s 时，　　　　　　$u_o = -0.6$ V

当 $t = 1$ s 时，　　　　　　　$u_o = -1$ V

4. 反相微分电路

把反相输入比例运算电路中的电阻 R_1 换成电容 C_1，就构成了反相微分电路，如图 5.10 所示。

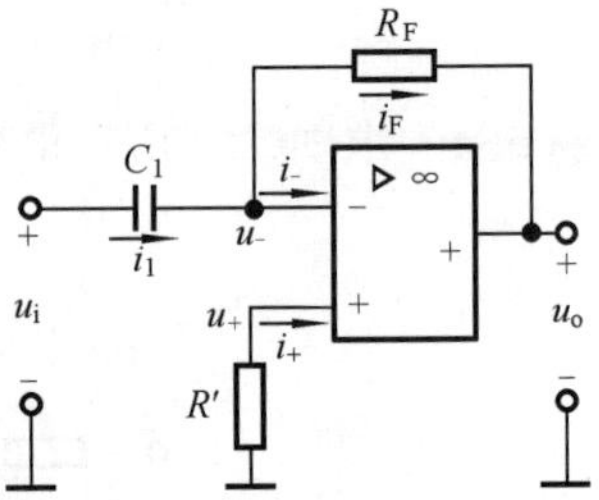

由于反相输入端虚地，$u_- = u_+ = 0$，且 $i_+ = i_- = 0$，由图可得

$$i_C = i_1 = i_F, \quad u_i = u_C$$

$$i_F = -\frac{u_o}{R_F}, \quad i_C = C_1 \frac{du_C}{dt} = C_1 \frac{du_i}{dt}$$

图 5.10　反相微分电路

由此可得

$$u_o = -R_F C_1 \frac{du_i}{dt} \tag{5.9}$$

输出电压与输入电压对时间的微分成正比。

若 u_i 为恒定电压 U，则在 u_i 作用于电路的瞬间，微分电路输出一个尖脉冲电压，波形如图 5.11 所示。

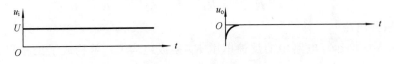

图 5.11　微分电路波形图

5.3.3　同相输入运算电路

指输入信号加在同相输入端与参考端之间,经运算放大器放大后的输出信号与输入信号相位同相。可构成同相比例、加法等运算电路。

1. 同相输入比例运算电路

图 5.12 所示电路为同相输入比例运算电路。它的输入信号电压 u_i 经过外接电阻 R_2 加到同相输入端,而反相输入端与地之间接一平衡电阻 R_1,反馈电阻 R_F 跨接在输出端与反相输入端之间,使电路工作在闭环状态。这是电压串联负反馈电路。

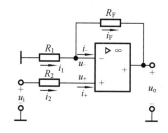

图 5.12　同相输入比例运算电路

根据运算放大器工作在线性区的两条结论分析可知

$$i_1 = i_F , u_- = u_+ = u_i$$

而

$$i_1 = \frac{0 - u_-}{R_1} = -\frac{u_i}{R_1} , \quad i_F = \frac{u_- - u_o}{R_F} = \frac{u_i - u_o}{R_F}$$

由此可得

$$u_o = \left(1 + \frac{R_F}{R_1}\right) u_i \tag{5.10}$$

输出电压与输入电压的相位相同。

同反相输入比例运算电路一样,为了提高电路的对称性,电阻 $R_2 = R_1 /\!/ R_F$。

闭环电压放大倍数为

$$A_f = \frac{u_o}{u_i} = 1 + \frac{R_F}{R_1}$$

可见同相比例运算电路的闭环电压放大倍数必定大于或等于 1。当 $R_1 = \infty$ 或 $R_F = 0$ 时(见图 5.13),$u_o = u_i$,即 $A_f = 1$,这时输出电压跟随输入电压作相同的变化,称为电压跟随器。

同相输入比例运算电路输入电阻较大,约等于 r_{id},输出阻抗较小。

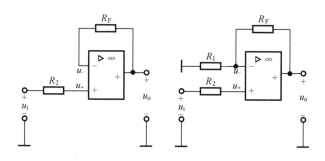

图 5.13　电压跟随器

例 5.6　如图 5.14 所示电路,试计算 u_o 的大小。

解　图 5.14 所示电路是一电压跟随器。

因为 $i_+ = i_- = 0$,由图可得

$$u_+ = [15 \times 15/(15 + 15)] \text{ V} = 7.5 \text{ V}$$

所以 $u_o = u_- = u_+ = 7.5$ V

例 5.7　如图 5.15 所示电路,试写出通过负载电阻 R_L 的电流 i_L 与输入电压 u_i 之间的关

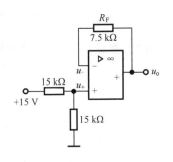
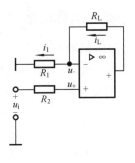

图 5.14　例 5.6 图　　　　　　　　图 5.15　例 5.7 图

系式。

解　由图可知 $u_- = u_+ = u_i, i_L = i_1 = u_-/R_1 = u_i/R_1$

所以

$$i_L = \frac{u_i}{R_1}$$

这一关系式说明,通过负载电阻 R_L 的电流 i_L 的大小与负载电阻 R_L 无关,只要 u_i 和 R_1 恒定,负载中的电流 i_L 就恒定。图 5.15 所示电路是将电压转换为电流的电压-电流转换器。

例 5.8　有一电容式压力传感器,其输出阻抗为 1 MΩ,测量范围是 0~10 MPa,其灵敏度是 +1 mV/0.1 MPa,现在要用一个输入电压值为 0~5 V 的标准表来显示这个传感器测量的压力变化,需要一个放大器把传感器输出的信号放大到标准表输入需要的状态,设计一个放大器并确定各元件参数。

解　因为传感器的输出阻抗(信号源内阻)很高,所以不能采用由输入阻抗较小的反相输入比例电路构成放大器,而须用高输入阻抗的同相输入比例电路构成放大器。因为标准表的最高输入电压对应着传感器 10 MPa 时的输出电压,而传感器这时的输出电压为 10 MPa×1 mV/0.1 MPa=100 mV,也就是放大器的最高输入电压,而这时放大器的输出电压应是 5 V,所以放大器的电压放大倍数是 5/0.1=50。根据这些条件来确定电路的参数。

(1) 取 $R_1 = 10$ kΩ

(2) $R_F = (50-1)R_1 = 49 \times 10 = 490$ kΩ

(3) $R_2 = R_1 /\!/ R_F = \dfrac{10 \times 490}{10 + 490} = 9.8$ kΩ

(4) 运算放大器采用高输入阻抗的 CA3140。

(5) 采用对称电源供电,电压可采用 10 V(因为放大器最高输出电压是 5 V)。

整个放大电路如图 5.12 所示。

2. 同相加法电路

在同相输入比例运算电路的同相输入端加上若干个输入信号电压,就可以对多个输入信号实现代数相加运算。图 5.16 是具有两个输入信号的同相加法运算电路。

对图 5.16 分析可知

$$i_2 = \frac{u_{i1} - u_+}{R_2}, \quad i_3 = \frac{u_{i2} - u_+}{R_3}$$

因为　　　　　　　　　　　　　$i_+ = 0$

所以　　　　　　　　　　　　　$i_2 = -i_3$

所以

$$\frac{u_{i1} - u_+}{R_2} = -\frac{u_{i2} - u_+}{R_3}$$

解得 $\quad u_+ = \left(\dfrac{u_{i1}}{R_2} + \dfrac{u_{i2}}{R_3} \right) \left(\dfrac{R_2 R_3}{R_2 + R_3} \right)$

又 $\quad\quad\quad i_1 = i_F$

且 $\quad\quad i_1 = \dfrac{-u_-}{R_1}, \quad i_F = \dfrac{u_- - u_o}{R_F}$

所以 $\quad\quad \dfrac{-u_-}{R_1} = \dfrac{u_- - u_o}{R_F}$

解得 $\quad\quad u_- = \dfrac{R_1}{R_1 + R_F} u_o$

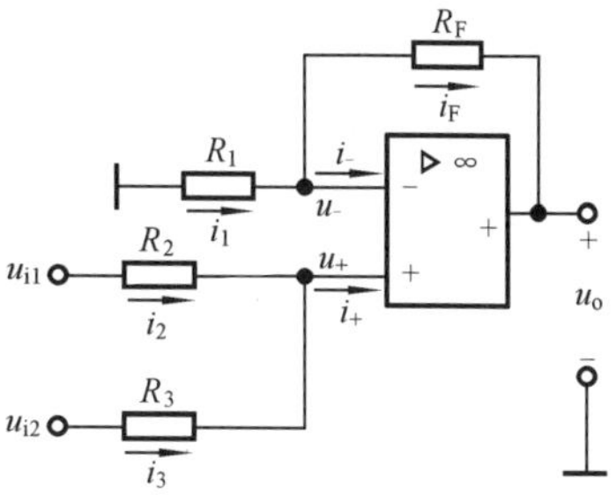

由 $u_+ = u_-$ 可得

$$\left(\dfrac{u_{i1}}{R_2} + \dfrac{u_{i2}}{R_3} \right) \left(\dfrac{R_2 R_3}{R_2 + R_3} \right) = \dfrac{R_1}{R_1 + R_F} u_o$$

整理后得

$$u_o = \left(1 + \dfrac{R_F}{R_1} \right) \left(\dfrac{R_3 u_{i1} + R_2 u_{i2}}{R_2 + R_3} \right) \tag{5.11}$$

若选取 $R_2 = R_3$，则

$$u_o = \dfrac{1}{2} \left(1 + \dfrac{R_F}{R_1} \right) (u_{i1} + u_{i2}) \tag{5.12}$$

若再有 $R_F = R_1$，则

$$u_o = u_{i1} + u_{i2} \tag{5.13}$$

实现了加法运算。

图 5.16 同相加法电路

5.3.4 差分输入运算电路

当运算放大器的同相输入端和反相输入端都接有输入信号时，称为差分输入运算电路，如图 5.17 所示。对图分析可知

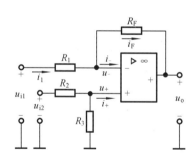

图 5.17 差分输入运算电路

$$u_- = u_+ = \dfrac{R_3 u_{i2}}{R_2 + R_3}$$

$$i_1 = \dfrac{u_{i1} - u_-}{R_1}, \quad i_F = \dfrac{u_- - u_o}{R_F}$$

$$i_1 = i_F$$

综合上面的几个关系式可以解得

$$u_o = \left(1 + \dfrac{R_F}{R_1} \right) \dfrac{R_3 u_{i2}}{R_2 + R_3} - \dfrac{R_F}{R_1} u_{i1} \tag{5.14}$$

当 $R_3 = R_F, R_2 = R_1$ 时，

$$u_o = \dfrac{R_F}{R_1} (u_{i2} - u_{i1}) \tag{5.15}$$

若再有 $R_1 = R_F$，则

$$u_o = u_{i2} - u_{i1} \tag{5.16}$$

差分输入运算电路在测量与控制系统中得到了广泛的应用。

例 5.9 求图 5.18 所示电路中 u_o 与 u_i 的关系。

解 电路由两级放大电路组成。第一级由运算放大器 A_1、A_2 组成。根据运算放大器工作在线性区的两条结论分析可知，电阻 R_1 和 R_2 上的电流相等。

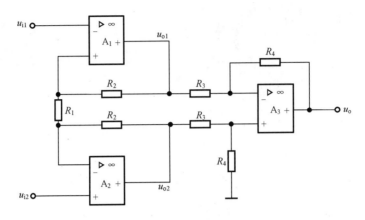

图 5.18　例 5.9 图

$$u_{1-} = u_{1+} = u_{i1}$$

$$u_{2-} = u_{2+} = u_{i2}$$

$$u_{i1} - u_{i2} = u_{1-} - u_{2-} = \frac{R_1}{R_1 + 2R_2}(u_{o1} - u_{o2})$$

故
$$u_{o1} - u_{o2} = \left(1 + \frac{2R_2}{R_1}\right)(u_{i1} - u_{i2})$$

第二级是由运算放大器 A_3 构成的差分放大电路,其输出电压为

$$u_o = \frac{R_4}{R_3}(u_{o2} - u_{o1}) = -\frac{R_4}{R_3}\left(1 + \frac{2R_2}{R_1}\right)(u_{i1} - u_{i2})$$

5.3.5　集成运算放大器的非线性应用

前面介绍的是集成运算放大器的线性应用,所有电路都有一个共同特点,就是反相输入端和输出端都有反馈电阻连接,使运算放大器工作在负反馈状态下,有虚短($u_+ = u_-$)和虚断($i_+ = i_- = 0$)两个结论。当运算放大器工作在开环(输入/输出间无反馈)或加有正反馈时(同向输入端和输出端接有反馈电阻),由于电压放大倍数极高,因而输入端之间只要有微小电压,运算放大器便进入非线性工作区域,输出电压 u_o 达到最大值 U_{om}(近似等于运算放大器的正负电源电压值)。非线性时,仍然有 $i_+ = i_- = 0$ 的关系,但不存在 $u_+ = u_-$ 的关系。

下面以比较器和方波发生器为例说明集成运算放大器的非线性应用。

1. 电压比较器

图 5.19 为最简单的电压比较器电路。电路中无反馈环节,运算放大器在开环状态下工作。运算放大器的反向输入端接输入信号 u_i,同向输入端接基准(参考)电压 U_{REF},基准电压 U_{REF} 可以为正值或负值,也可以为零。

当 $u_i > U_{REF}$ 时,反相端电压大于同相端电压,$u_o = -U_{om}$;

当 $u_i < U_{REF}$ 时,同相端电压大于反相端电压,$u_o = +U_{om}$;

当 $u_i = U_{REF}$ 时,输出电压将发生跳变。

输出电压与输入电压的关系称为电压比较器的传输特性,如图 5.20 所示。如果 $U_{REF} = 0$,当输入信号电压 u_i 每次过零时,输出电压都会发生跳变,这种比较器称为过零比较器。利用过零比较器可以实现信号的波形变换。

例如,若 $U_{REF} = 0$,输入电压 u_i 为正弦波,如图 5.21(a)所示,则 u_i 每过零一次,比较器的

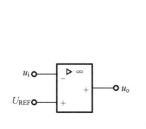

图 5.19　电压比较器

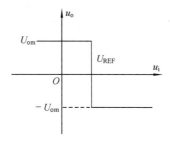

图 5.20　比较器的传输特性

输出电压就产生一次跳变,输出电压的波形如图 5.21(b)所示。可以看出,输出电压是与输入电压同频率的方波。

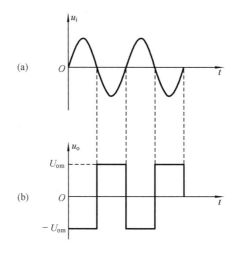

图 5.21　过零比较器的波形变换作用

　　例 5.10　图 5.22 为一监控报警装置。如需要对某一参数(如温度、压力等)进行监控时,可由传感器取得监控信号 u_i,U_{REF} 是参考电压。当 u_i 超过正常值上限 U_{REF} 时,报警器灯亮,试说明工作原理。运算放大器的最大输出电压 $U_{om} = 13$ V。

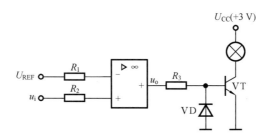

图 5.22　例 5.10 图

　　解　输入信号接在同相输入端,参考电压接在反相输入端。

　　当 u_i 超过正常值上限 U_{REF} 时,即 $u_i > U_{REF}$ 时,同相端电压大于反相端电压,$u_o = +U_{om}$,此时三极管集电结和发射结均正偏,工作在饱和状态,三极管导通,指示灯通电亮。

　　当 u_i 在正常值范围时,即 $u_i < U_{REF}$ 时,反相端电压大于同相端电压,$u_o = -U_{om}$,此时三极

管集电结和发射结均反偏,工作在截止状态,三极管截止,指示灯断电不亮。

图 5.22 中,当 u_o 为 $+U_{om}$ 时,二极管 D 截止,保证基极有较高正电位,保证三极管 T 导通;当 u_o 为 $-U_{om}$ 时,二极管 D 导通,由于电阻 R_3 的分压作用,基极电位约为负零点几伏,保证三极管 T 截止。

2. 滞回比较器

在前面的单限比较器中,当输入信号在参考电压附近时,只要有微小的干扰信号,输出电压就会来回变化。为了克服这一缺点,可在电路中引入正反馈,构成滞回比较器,电路图如图 5.23 所示。传输特性如图 5.24 所示。

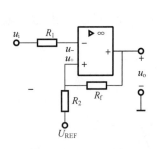

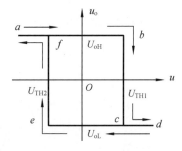

图 5.23　滞回比较器电路图　　　图 5.24　滞回比较器的电压传输特性

为简单起见,设 $U_{REF}=0$,显然,同相输入电压

$$u_+ = \frac{R_2}{R_f + R_2} u_o$$

由于电路中引入了正反馈,运放工作于非线性状态,稳态时的 u_o 可以是高电平 U_{OH}(与正电源电压相近)或低电平 U_{OL}(与负电源电压相近),故 u_+ 便有相应的两个值:

$$u_{+1} = \frac{R_2}{R_f + R_2} U_{OH} = U_{TH1}$$

$$u_{+2} = \frac{R_2}{R_f + R_2} U_{OL} = U_{TH2}$$

当 $u_i < U_{TH2}$ 时,输出电压 $u_o = u_{oH}$,

当 $u_i > U_{TH1}$ 时,$u_o = u_{oL}$。

当 $U_{TH2} < u_i < U_{TH1}$ 时,输出电压可能是 u_{oH},也可能是 u_{oL}。如果 u_i 从小于 U_{TH2} 逐渐变大到 $U_{TH2} < u_i < U_{TH1}$ 时,则输出电压为 u_{oH},如果 u_i 从大于 U_{TH1} 逐渐变小到 $U_{TH2} < u_i < U_{TH1}$ 时,则输出电压为 u_{oL}。

所以在 u_o 和 u_i 的关系曲线上常标明方向,如图 5.24 中的箭头所示。因为 $U_{TH1} \neq U_{TH2}$,有两个阈值电压,其传输特性有滞回的特点,故滞回比较器也是一种双限比较器。

滞回比较器的主要优点是抗干扰能力强,缺点是灵敏度较低,因为当 u_i 处于两个阈值之间时,u_o 不会产生跳变。

3. 方波发生器

最基本的方波发生器如图 5.25(a)所示,由一个滞回比较器和 $R_F C$ 负反馈网络组成,输出端接有由稳压管 D_Z 组成的双向限幅器。将输出电压的最大幅度限定为 $+U_Z$ 或 $-U_Z$。故比较器的两个阈值电压为

$$U_{B1} = U_{th1} = \frac{R_2}{R_1 + R_2} U_Z$$

$$U_{B2} = U_{th2} = -\frac{R_2}{R_1 + R_2}U_Z$$

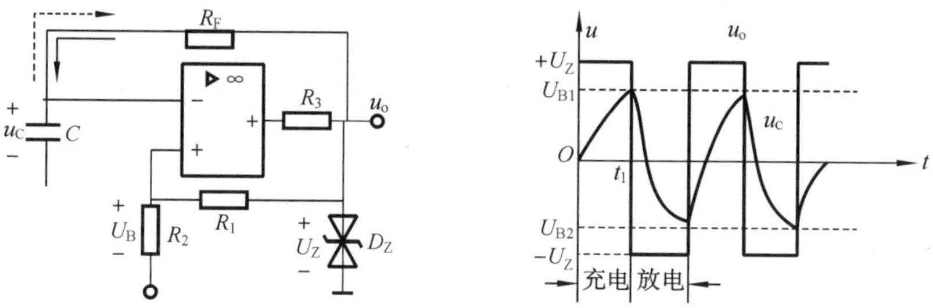

(a)原理图　　　　　　　　(b) 波形图

图 5.25　方波发生器

$R_F C$ 组成了一个负反馈网络，$u_。$ 通过 R_F 对电容 C 充电，或电容 C 通过 R_F 放电，于是电容 C 上的电压 u_C 的波形便按指数规律变化。运算放大器作为比较器，将 u_C 与 u_B 进行比较，根据比较结果决定输出状态：当 $u_C > u_B$ 时，$u_。= -U_Z$，为负值；当 $u_C < u_B$ 时，$u_。= +U_Z$，为正值。

接通电源瞬间，$u_。$ 为正为负，纯属偶然。假设开始时电容未充电，即 $u_C = 0$，且输出电压为正：$u_。= +U_Z$，于是阈值电压为 U_{th1}。输出电压 $u_。$ 经电阻 R_F 向电容 C 充电，充电电流方向如图中实线箭头所示，u_C 按指数规律增长。当 $u_C = U_{th1}$ 时，输出电压便由 $+U_Z$ 向 $-U_Z$ 跳变，$u_。$ 跃变为 $-U_Z$，阈值电压则变为 U_{th2}。此时电容通过 R_F 放电（放电电流方向如图中虚线箭头所示），u_C 按指数规律逐渐下降。当 u_C 降到等于 U_{th2} 时，输出电压 $u_。$ 由 $-U_Z$ 翻转到 $+U_Z$，电容 C 又开始充电，u_C 由 U_{th2} 按指数规律向 U_{th1} 值上升。如此周而复始，电路产生自激振荡，便在输出端获得一个方波电压 $u_。$，如图 5.25(b)所示。

方波频率为

$$f = \frac{1}{T} = \frac{1}{2R_F C\ln\left(1 + \dfrac{2R_2}{R_1}\right)}$$

上式表明，方波的频率仅与 R_F、C 和 R_2/R_1 有关，而与输出电压幅度 U_Z 无关，因此在实际应用中，通常改变阻值 R_F 的大小来调节频率 f 的大小。

在 Multisim 软件中建立如图 5.26 的方波发生器仿真电路进行仿真，得到的波形图如图 5.27 所示。

5.4　集成运算放大器选用和使用中应注意的问题

目前，集成运算放大器应用很广，在选型、使用和调试时应注意以下问题。

5.4.1　集成运算放大器的选型

集成运算放大器按技术指标可分为通用型和专用型两大类。按每一集成片中运算放大器的数目可分为单运算放大器、双运算放大器和四运算放大器。

通常应根据实际要求来选用运算放大器。如无特殊要求，一般选用通用型运算放大器，因通用型既易得到，价格又较低廉；而对于有特殊要求的应选择专用型运算放大器。如测量放大

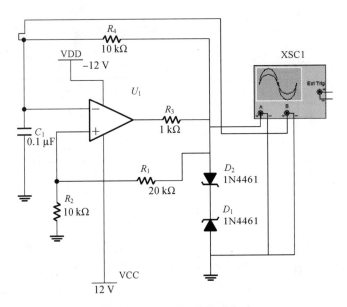

图 5.26　方波发生器仿真电路

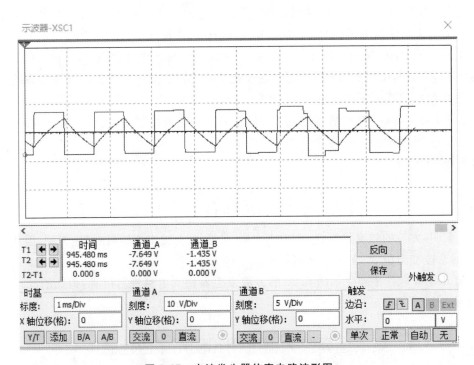

图 5.27　方波发生器仿真电路波形图

器、模拟调节器、有源滤波器和采样-保持电路等,应选择高输入阻抗型运算放大器;精密检测、精密模拟计算、自控仪表等选择低温漂型运算放大器;快速模-数和数-模转换器等应选择高速型运算放大器等。

目前运算放大器的类型很多,型号标注又未完全统一,例如部标型号 F007,国标为CF741。因此选择元件时,必须先查有关产品手册,了解其指标参数和使用方法。选好后,再根据管脚图和符号图连接外部电路,包括电源、外接偏置电阻、消振电路及调零电路等。

5.4.2　集成运放的消振和调零

1. 消振

由于运算放大器内部晶体管的极间电容和其他寄生参数的影响,很容易产生自激振荡,破坏正常工作。为此,在使用时要注意消振。目前由于集成工艺水平提高,运算放大器内部已有消振元件,无须外部消振。是否已消振,可将输入端接"地",用示波器观察输出端有无高频振荡波形,即可判断。

2. 调零

由于运算放大器的内部参数不可能完全对称,以致当输入信号为零时,输出电压 U_o 不等于零。为此,在使用时要外接调零电路。

如图 5.28 所示的为 LM741 运算放大器的调零电路,由 -15 V 电源、1 kΩ 电阻和调零电位器 R_P 组成。调零时应将电路接成闭环。在无输入下调零,即将两个输入端均接"地",调节调零电位器 R_P,使输出电压 U_o 为零。

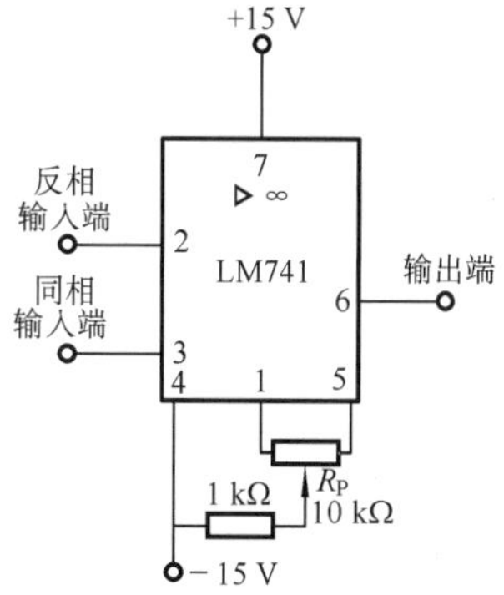

5.4.3　集成运放的保护

1. 电源端保护

图 5.28　调零电路

为了防止电源极性接反而损坏运算放大器,可利用二极管的单向导电性,在电源连接线中串接二极管来实现保护,如图 5.29 所示。

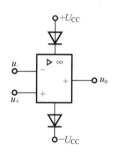

图 5.29　电源端保护

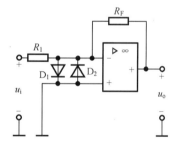

图 5.30　输入端保护

2. 输入端保护

当输入信号电压过高时会损坏运算放大器的输入级。为此,可在输入端接入反向并联的二极管,将输入电压限制在二极管的正向压降以下。如图 5.30 所示。

3. 输出端保护

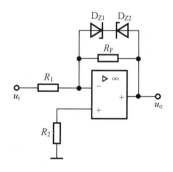

图 5.31　输出端保护

为了防止输出电压过大,可用稳压管来保护。如图 5.31 所示,将两个稳压管反向串联再并接于反馈电阻 R_F 的两端。运算放大器正常工作时,输出电压 u_o 低于任一稳压管的稳压值 U_Z,稳压管不会被击穿,稳压管支路相当于断路,对运算放大器的正常工作无影响。当输出电压 u_o 大于一只稳压管的稳压值 U_Z 和另一只稳压管的正向压降 U_F 之和时,一只稳压管就会反向击穿,另一只稳压管正向导通。从而把输出电压限制在$\pm(U_Z+U_F)$的范围内。

5.5　正弦波振荡电路

　　振荡电路是用来产生一定频率和幅度的正弦交流信号的电子电路,频率的范围很广,可以从一赫兹以下到几百兆赫兹以上。输出的功率可以从几毫瓦到几十千瓦。

　　根据输出的波形不同,振荡电路可分为正弦波振荡电路和非正弦波(如矩形波)振荡电路。常用的正弦波振荡电路有 LC 振荡电路和 RC 振荡电路两种。RC 振荡电路输出功率小,频率较低,LC 振荡电路输出功率大,频率较高。工业上的高频感应炉、超声波发生器、正弦波信号发生器、半导体接近开关等,都是振荡电路的应用。

　　正弦波振荡电路是在没有外加输入信号的情况下,靠电路自激振荡产生正弦波输出电压的电路,它除了广泛应用于量测、遥感、自动控制技术、广播、通信等领域外,还常用在热处理、超声波焊接等加工设备中。

5.5.1　自激振荡

1. 产生自激振荡的条件

　　自激振荡电路一般可用图 5.32 所示框图表示。上方的框是电压放大电路,下方的框是反馈网络。

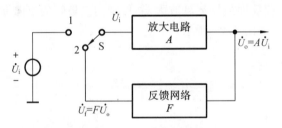

图 5.32　自激振荡电路

　　当开关 S 在位置 1 时,放大电路的输入端与信号源 $\dot{U}_i$ 相连,这是一个无反馈的交流放大电路,设输入电压为 $\dot{U}_i$,输出电压为 $\dot{U}_o$,则

$$\dot{U}_o = A\dot{U}_i \tag{5.17}$$

　　$\dot{U}_o$ 为输出电压,$\dot{U}_i$ 为输入电压,$\dot{A}$ 为电压放大倍数;下方的框是反馈网络,$\dot{U}_f$ 为反馈电压,F 为反馈系数,其值是 $\dot{U}_f$ 与 $\dot{U}_o$ 之比。

　　如果将输出信号通过反馈电路反馈到输入端,反馈电压为

$$\dot{U}_f = F\dot{U}_o \tag{5.18}$$

　　设法调整放大电路和反馈电路的参数,使

$$\dot{U}_f = \dot{U}_i \tag{5.19}$$

　　即反馈电压和输入电压两者大小相等,相位相同,此时就可以用反馈电压 $\dot{U}_f$ 来代替外加输入信号电压 $\dot{U}_i$。就是将开关 S 接到位置 2 上,除去信号源而接上反馈电压。显然,如此换接仍能保持输出电压 $\dot{U}_o$ 不变。这时整个电路就成为一个自激振荡电路。从图 5.32 可以看出,该电路的输入信号是从自身的输出端通过反馈网络反馈回来的,而没有外加输入信号,因此称为自激振荡。

从上述分析可知,当自激振荡电路维持振荡时,必须使反馈电压信号与输入电压信号相同,如式(5.19)所示。将式(5.17)和式(5.18)代入式(5.19)中,可得

$$AF = 1 \tag{5.20}$$

式(5.20)即自激振荡的平衡条件。式中:A 为放大电路的开环电压放大倍数;F 为闭环时反馈电路的反馈系数。

设

$$A = |A| \angle \varphi_A \tag{5.21}$$

$$F = |F| \angle \varphi_F \tag{5.22}$$

则

$$AF = |AF| \angle (\varphi_A + \varphi_F) = 1 \tag{5.23}$$

即

$$|AF| = 1 \tag{5.24}$$

$$\varphi_A + \varphi_F = 2n\pi, \quad n = 0,1,2,3 \tag{5.25}$$

式(5.24)称为自激振荡的幅值平衡条件,式(5.25)称为自激振荡的相位平衡条件。

由上述分析可知,要使反馈放大电路产生自激振荡,则必须同时满足两个条件。

(1)幅值平衡条件　反馈电压 $\dot{U}_f$ 与输入电压 $\dot{U}_i$ 的幅值必须相等,即必须有足够强的反馈,满足幅值平衡条件 $|AF| = 1$。

(2)相位平衡条件　反馈电压 $\dot{U}_f$ 与输入电压 $\dot{U}_i$ 必须同相,即必须是正反馈,满足相位平衡条件 $\varphi_A + \varphi_F = 2n\pi (n = 0,1,2,3)$。

只有这两个条件同时满足,振荡才得以维持。这两个平衡条件,对于任何类型的反馈振荡器都是适用的。它们是分析振荡器的理论基础。

由上述内容可知,自激振荡电路实质上是一个具有足够强正反馈的放大电路。

2. 振荡的建立与稳定

振荡电路的幅度特性是表示输出电压幅值 U_{om} 与输入电压幅值(即为反馈电压幅值 U_{fm})的关系曲线,即表示 $U_{om} = AU_{fm}$ 这个关系式。幅度特性可用实验方法测得。当 U_{fm} 较小时,晶体管工作在放大区,U_{om} 与 U_{fm} 近似成正比;当 U_{fm} 较大时,晶体管进入饱和区或截止区工作,β 和 A 逐渐减小,幅度特性便向横轴弯曲(见图 5.33)。

振荡电路的反馈特性表示 $U_{fm} = FU_{om}$ 的关系。因为反馈电路通常由线性元件组成,反馈系数 F 是一常数,故反馈特性是一直线(见图 5.33)。

振荡电路刚与电源接通起振时,电路中出现一个电冲击,从而激起一个微小的幅值为 U_{fm1} 的反馈信号加到输入端。这就是输入信号的由来。经过放大,可用幅度特性上的点 1 求出输出电压的幅值 U_{om1}。U_{om1} 经过反馈,可用反馈特性上的点 2 求出反馈电压 U_{fm2}(当满足自激振荡条件时,U_{fm2} 大于 U_{fm1})。这样,不断通过放大→反馈→再放大→再反馈,输出电压的幅值也就不断地增大

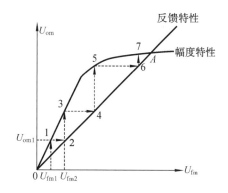

图 5.33　自激振荡的建立过程

($1→2→3→4→\cdots→A$),一直到达两条特性曲线的交点 A 时,振荡幅度才稳定下来。因为这个交点既能满足 U_{om} 与 U_{fm} 之间的幅度特性,又能满足它们之间的反馈特性。

如果改变反馈系数,反馈特性的斜率便改变了,振荡幅度也将改变。

由上可见,自激振荡电路中确实无须外加交流信号,而应靠正反馈和足够的反馈量来建立和维持自激振荡。在建立振荡的过程中,反馈电压不能小于前一次输入端的输入电压,振荡幅

度才能逐步增大,最后达到稳定。如果反馈到输入端的电压小于输入端原有的电压(即当 AF <1时),振荡幅度就会逐步减小,最后停止振荡。

此外,起振时在电路中激起的电压和电流的变化,往往是非正弦的、含有各种频率的谐波分量。为了得到单一频率的正弦输出电压,振荡电路还必须具有选频性。就是对不同频率的信号要有不同的放大倍数和相位,而能满足自激振荡的只有某一个特定频率的信号。

3. 正弦波振荡电路基本组成及各部分的作用

正弦波振荡电路一般包含以下几个基本部分。

(1) 放大电路　　没有放大,不可能产生正弦波振荡。放大电路不仅必须有供给能源的电源,而且应该结构合理,静态工作点合适,以保证放大电路具有放大作用。

(2) 正反馈网络　　它的主要作用是形成正反馈,以满足相位和幅值平衡条件。

(3) 选频网络　　它的主要作用是只让单一频率满足自激振荡条件,即产生单一频率的正弦波。选频网络所确定的频率一般就是正弦波振荡电路的振荡频率 f_0。

根据选频电路所用元件的不同,正弦波振荡电路分为 LC 振荡电路和 RC 振荡电路及石英晶体振荡电路。

5.5.2　LC 振荡电路

采用 LC 并联谐振网络作为选频网络的振荡电路称为 LC 振荡电路。根据反馈电压取出方式不同,LC 振荡电路可分为变压器反馈式、电感三点式和电容三点式三种。LC 振荡电路常用来产生高频正弦信号,一般在数百 kHz 以上。

1. 变压器反馈式 LC 振荡电路

图 5.34 是变压器反馈式 LC 振荡电路。它由放大电路、变压器反馈电路和 LC 选频电路三部分组成。图中三个线圈作变压器耦合,线圈 L 和电容 C 组成选频电路,L_f 是反馈线圈,另一个线圈与负载相连。

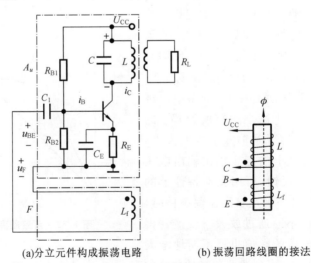

(a)分立元件构成振荡电路　　　　(b)振荡回路线圈的接法

图 5.34　变压器反馈式 LC 振荡电路

选频网络的作用:图 5.35 为一个 LC 并联回路,其中 R 表示电感线圈和回路其他损耗总的等效电阻。

LC 并联回路能发生并联谐振,具有良好的选频特性。当发生谐振时,它的谐振频率

$$f_0 \approx \frac{1}{2\pi\sqrt{LC}}$$

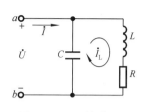

图 5.35 LC 并联回路

在并联谐振时,LC 并联回路的阻抗最大,并且是电阻性的(相当于集电极电阻 R_c)。因此,对 f_0 这个频率来说,电压放大倍数最高。如果具备自激振荡的条件,就产生自激振荡。对于其他频率的分量,不能发生并联谐振,这就达到了选频的目的。当改变 LC 并联电路的参数 L 或 C 时,输出信号的振荡频率也就改变了。

振荡的建立与稳定:

在图 5.34(b)中标出了线圈 L、L_f 的极性及与晶体管各极的正确连接。图中的"・"表示两个线圈的同名端。在图 5.34(a)所示的瞬时,u_{BE} 极性是上(+)下(−),由于 LC 振荡电路在并联谐振时以纯电阻形式作为集电极负载,所以集电极输出电压 u_{CE} 与 u_{BE} 反相,即 LC 振荡电路两端的极性应为下(−)上(+),由 L_f 的连接极性可知 U_f 正好与 u_{BE} 同相,即满足了相位平衡条件。且当电路的反馈系数 F 及放大倍数 A 满足 $|AF|>1$(即满足起振条件)时,电路便可自激振荡。

当电源接通后,由于电路中产生电冲击,于是在电路中就会出现某种噪声或扰动,以及电路中某些电压或电流的波动等,这些都是非正弦信号,但是其中频率为 f_0 的谐波分量就会被振荡电路的选频电路自动选出,并反馈到放大电路的输入端进行放大,被放大了的频率为 f_0 的交流信号再反馈到输入端进一步加以放大。这样,振荡频率为 f_0 的正弦电压的幅值会逐渐增大,于是振荡就将建立起来。开始时,基极电压 u_{BE} 的幅度较小,晶体管工作在线性区,这时电路的放大倍数 A 较大,$|AF|>1$,频率为 f_0 的正弦信号得到不断放大;但当 u_{BE} 继续增大时,晶体管将逐渐进入非线性区,这时电路电压的放大倍数也将逐渐减小,直至 $|AF|=1$,振荡趋于稳定,最后电路就稳定在某一幅度下工作,维持等幅振荡。由上可知,振荡电路振幅的稳定是依靠晶体管特性的非线性来实现的。

实际上,如果不知道线圈的同名端,无从确定正反馈的连接,可采用试连的方法。如果不产生振荡是由于连成负反馈,只需将 L_f 或 L 两者之一的两个接头对调一下即可。如果不产生振荡是由于反馈量不够,则可增加线圈 L_f 的匝数,或使 L_f 与 L 的位置更接近,耦合得更紧。

2. 电感三点式振荡电路

电感三点式振荡电路如图 5.36 所示。和图 5.34 相比,就是只用了一个有抽头的电感线圈代替了变压器互感线圈。电感线圈的三点分别同晶体管的三个极相连。C_1、C_2、C_E 对交流都可视作短路。反馈线圈 L_2 是电感线圈的一段,通过它将反馈电压送到输入端。这样,可以保证实现正反馈。例如,当 u_{BE} 为正时,u_{CE} 反相为负,因而 u_F 与 u_{BE} 同相。反馈电压的大小可通过改变线圈抽头的位置来调整。通常反馈线圈 L_2 的匝数为电感线圈总匝数的 $1/8 \sim 1/4$。

电感三点式振荡电路的振荡频率

$$f_0 \approx \frac{1}{2\pi\sqrt{(L_1 + L_2 + 2M)C}}$$

式中:M 为线圈 L_1 与 L_2 之间的互感。通常会通过改变电容 C 来调节振荡频率。此种电路一般用于产生几十兆赫以下的频率。

3. 电容三点式振荡电路

电容三点式振荡电路如图 5.37 所示。C_1 和 C_2 串联,其三点分别同晶体管的三个极相连。反馈电压从 C_2 取出。这样连接也能保证实现正反馈。在这种振荡电路中,反馈信号通过电容,频率愈高,容抗愈小,反馈愈弱,所以可以削弱高次谐波分量,输出波形较好。

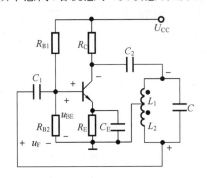

图 5.36　电感三点式振荡电路

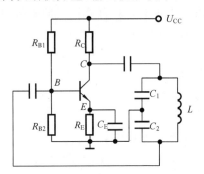

图 5.37　电容三点式振荡电路

电容三点式振荡电路的振荡频率

$$f_0 \approx \frac{1}{2\pi\sqrt{L\left(\dfrac{C_1 C_2}{C_1 + C_2}\right)}}$$

这种电路在调节振荡频率时,要同时改变 C_1 和 C_2,显得很不方便。因此,通常再与线圈 L 串联一个电容量较小的可变电容器,用它来调节振荡频率。由于 C_1 和 C_2 的容量可以选得较小,故振荡频率一般可达到 100 MHz 以上。

5.5.3　RC 振荡电路

图 5.38 是桥式 RC 振荡电路,是一个两级阻容耦合正反馈电路。当阻容耦合电路工作于中频段时,前级的输入电压与输出电压(即后级的输入电压)反相,而后级的输入电压又与输出电压反相。所以,前级的输入电压 u_i 与后级的输出电压 u_o 同相。但是,还要考虑到选频性,不是直接将输出电压反馈到输入端,而是通过 R_1、C_1、R_2、C_2 所组成的串并联选频电路反馈回去,输入电压 u_i 是从 $R_2 C_2$ 并联电路的两端取出的,它是输出电压 u_o 的一部分。

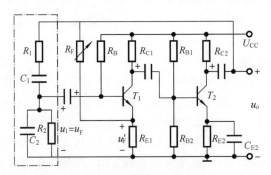

图 5.38　桥式 RC 振荡电路

对 $R_1 C_1 R_2 C_2$ 选频电路而言,u_o 是输入电压,而 u_i 则是输出电压。如果取 $R_1 = R_2 = R$,$C_1 = C_2 = C$,只有当

$$f = f_0 = \frac{1}{2\pi RC}$$

时,u_o 与 u_i 同相,并且

$$\frac{U_{\mathrm{i}}}{U_{\mathrm{o}}} = \frac{1}{3}$$

由上可见:第一,$R_1C_1R_2C_2$ 串并联电路具有选频性,当 R_1、C_1、R_2、C_2 一经选定后,只能对一个频率产生自激振荡(如果没有 C_1 和 C_2,则对任何频率都能产生自激振荡),输出的是正弦信号;第二,为了满足自激振荡的相位条件,放大电路采用两级,每一级的相位移为 $180°$;第三,为了满足幅值条件,要求放大电路的放大倍数稍大于 3。

在该振荡电路中,由于选频电路中的 R_1C_1、R_2C_2 和负反馈电路中的 R_F、R_{E1} 正好构成电桥的四臂,放大电路的输出端和输入端分别接到电桥的两对角上,因此这种电路称为桥式 RC 振荡电路。

5.5.4 石英晶体正弦波振荡电路

受环境温度、电源波动等因素的影响,上述振荡电路的振荡频率都不大稳定。频率的稳定程度一般用频率相对偏移率 $\Delta f/f_0$ 衡量,其中 Δf 为频率偏移量,f_0 为振荡频率。RC 振荡器的频率相对偏移率在 10^{-3} 以上,LC 振荡器的则在 10^{-4} 左右。在某些要求较高(相对偏移率小于 10^{-5})的场合,如数字电路和计算机中的时钟脉冲发生器、标准频率发生器和射频发生器、脉冲计数器等,一般均使用石英晶体作为振荡器中的选频网络,其频率相对偏移率可达 10^{-9} ~ 10^{-11}。

石英晶体的主要成分是二氧化硅 SiO_2,是一种各向异性的六角形锥晶体,其物理、化学性能相当稳定。从石英晶体上按一定方位将其切割成晶片,在两面涂敷金属膜并引出电极,就构成了石英晶体振荡器,通常简称为石英晶体或晶体。

石英晶体的主要特性是它具有压电效应,即在晶体的两个电极上加交流电压时,晶体就会产生机械振动,而这种机械振动反过来又会产生交变电场,在电极上出现交变电压。如果外加交变电压的频率与晶片本身的固有振动频率(取决于晶片的外形、尺寸及切割方式等)相等,则机械振动的振幅和它产生的交流电压的幅值都会显著增大,这种现象称为压电谐振,该晶体称为石英晶体振荡器,或简称晶振。

石英晶体的电路符号如图 5.39(a) 所示。目前市售的晶振产品具有多种标称频率可供选择,如 32768 kHz、3.9936 MHz、3 MHz、4 MHz、7.8 MHz,等等。但需注意,这些晶振的标称频率是指接入规定的外接电容(通称负载电容)C_L 后的谐振频率,如图 5.39(b) 所示。晶体要求的负载电容可从产品说明书中查到,使用时需微调 C_L,才可达到标称频率。

(a)电路符号   (b)接入负载

图 5.39 石英晶体的符号

根据晶体在电路中的作用,石英晶体振荡电路可分为两类:一类是晶体等效为电感的并联晶体振荡电路;另一类是晶体在谐振时呈纯电阻性特点的串联晶体振荡电路。

图 5.40 是一种并联晶体振荡电路。从电路结构上看,该电路属于电容三点式 LC 振荡电路,其振荡频率由 C_1、C_2、C_L 及晶体的等效电感 L 决定。但因选择参数时,C_1、C_2 的电容量比 C_L 的大得多,故振荡频率主要取决于负载电容 C_L 和晶体的谐振频率。

图 5.41 为串联晶体振荡电路,电感 L 和电容 C_1、C_2、C_3、C_4 组成 LC 振荡电路,再由 C_1、C_2 分压并经晶体选频后送入集成运放的同相输入端,形成正反馈。由于 C_1、C_2 的值远大于

C_3、C_4，故 f_0 主要由 L、C_3、C_4 决定：

$$f_0 = \frac{1}{2\pi \sqrt{L(C_3 + C_4)}} \tag{5.26}$$

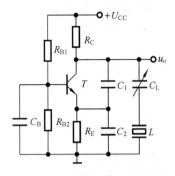

图 5.40   并联晶体振荡电路

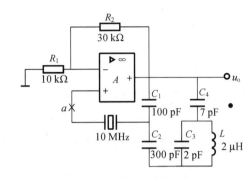

图 5.41   串联晶体振荡电路

为实现稳定振荡，应使 $AF=1$。若断开反馈支路（图中 a 点），则集成运放为同相比例放大器，其放大倍数为

$$A = 1 + \frac{R_2}{R_1}$$

C_2 上的电压为反馈电压，故反馈系数

$$F = \frac{jX_{C_2}}{-(jX_{C_2} + jX_{C_1})} = \frac{C_1}{C_1 + C_2}$$

由此可得

$$AF = \left(1 + \frac{R_2}{R_1}\right)\frac{C_1}{C_1 + C_2} = 1 \tag{5.27}$$

若已知 f_0，则可根据式(5.26)、式(5.27)选配各元件参数。

5.6   本章仿真实训

集成运算放大器的线性应用

一、实验目的

1. 研究由集成运算放大器组成的比例、加法、减法和积分等基本运算电路的功能。
2. 了解运算放大器在实际应用时应考虑的一些问题。
3. 利用 Multisim 软件对电路进行仿真，并对仿真结果和理论计算结果进行对比分析。

二、实验原理、仿真实验内容与步骤

集成运算放大器是一种具有高电压放大倍数的直接耦合多级放大电路。当外部接入不同的线性或非线性元器件组成负反馈电路时，可以灵活地实现各种特定的函数关系。在线性应用方面，可组成比例、加法、减法、积分、微分、对数等模拟运算电路。

1. 反相比例运算电路

如图 5.42 所示,对于理想运算放大器(运放),该电路的输出电压与输入电压之间的关系为

$$u_{\mathrm{o}} = -\frac{R_{\mathrm{F}}}{R_1}u_{\mathrm{i}}$$

为了减小输入偏置电流引起的运算误差,在同相输入端应接入平衡电阻。

$$R' = R_1 \mathbin{/\!\!/} R_{\mathrm{F}}$$

在 Multisim 中建立如图 5.43 所示的反相比例运算仿真电路,进行仿真。

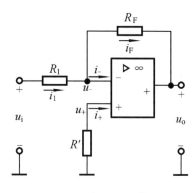

图 5.42　反相比例运算电路

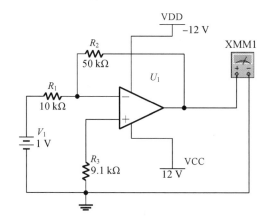

图 5.43　反相比例运算仿真电路

2. 反相加法运算电路

电路如图 5.44 所示,输出电压与输入电压之间的关系为

$$u_{\mathrm{o}} = -\left(\frac{R_{\mathrm{F}}}{R_1}u_{\mathrm{i1}} + \frac{R_{\mathrm{F}}}{R_2}u_{\mathrm{i2}}\right)$$

$$R' = R_1 \mathbin{/\!\!/} R_2 \mathbin{/\!\!/} R_{\mathrm{F}}$$

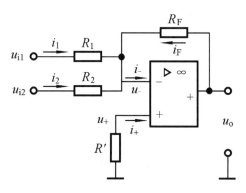

图 5.44　反相加法运算电路

在 Multisim 中建立如图 5.45 所示的反相加法运算仿真电路,进行仿真。

3. 同相比例运算电路

图 5.46 是同相比例运算电路,它的输出电压与输入电压之间的关系为

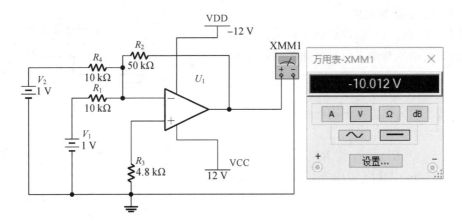

图 5.45　反相加法运算仿真电路

$$u_{\mathrm{o}} = \left(1 + \frac{R_{\mathrm{F}}}{R_1}\right) u_{\mathrm{i}}$$

当 $R_1 = \infty$ 或 $R_{\mathrm{F}} = 0$ 时 $u_{\mathrm{o}} = u_{\mathrm{i}}$，这时输出电压跟随输入电压作相同的变化，称为电压跟随器。

在 Multisim 中建立如图 5.47 所示的同相比例运算仿真电路，进行仿真。

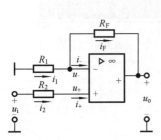

图 5.46　同相比例运算电路

4. 差分减法运算电路

对于图 5.48 所示的差分减法运算电路，当 $R_3 = R_{\mathrm{F}}$、$R_2 = R_1$ 时，有如下关系式：

$$u_{\mathrm{o}} = \frac{R_{\mathrm{F}}}{R_1}(u_{\mathrm{i2}} - u_{\mathrm{i1}})$$

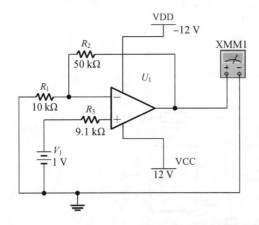

图 5.47　同相比例运算仿真电路

在 Multisim 中建立如图 5.49 所示的差分减法运算仿真电路，进行仿真。

5. 反相积分运算电路

反相积分运算电路如图 5.50 所示。在理想化条件下，有如下关系式：

$$u_{\mathrm{o}} = -\frac{1}{R_1 C_{\mathrm{F}}} \int u_{\mathrm{i}} \mathrm{d}t$$

反相积分运算实验电路如图 5.51 所示。

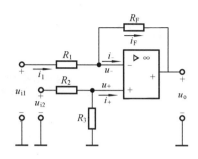

图 5.48　差分减法运算电路

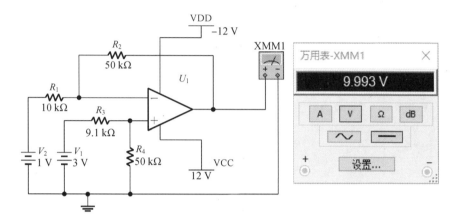

图 5.49　差分减法运算仿真电路

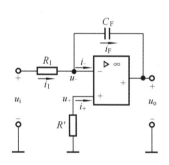

图 5.50　反相积分运算电路

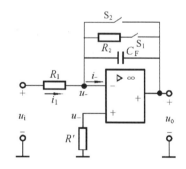

图 5.51　反相积分运算实验电路

在 Multisim 中建立如图 5.52 所示的反相积分运算仿真电路,进行仿真。

(1) 打开 S_2,闭合 S_1,对运放输出进行调零。

(2) 调零完成后,再打开 S_1,闭合 S_2,使 $u_C = 0$。

(3) 预先调好直流输入电压 $U_i = 0.5$ V,接入实验电路,再打开 S_2,然后用直流电压表测量输出电压 U_o,观察 输出电压 U_o 不断变化,直到 U_o 不继续明显增大为止(约为 -12 V)。

6. 反相微分运算电路

反相微分运算电路如图 5.53 所示。在理想化条件下,有如下关系式:

$$u_o = -R_F C_1 \frac{\mathrm{d}u_i}{\mathrm{d}t}$$

在 Multisim 中建立如图 5.54 所示的反相微分运算仿真电路,进行仿真。

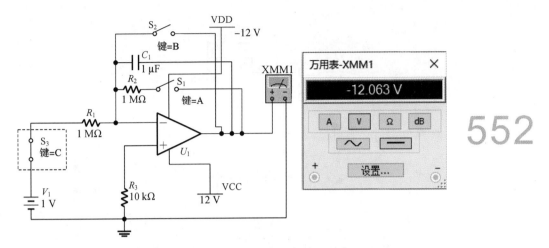

图 5.52　反相积分运算仿真电路

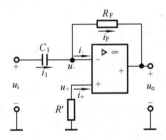

图 5.53　反相微分运算电路

（1）在函数发生器上调节输入正弦信号 u_i，用示波器监视之，正弦信号的周期为 1 ms，振幅为 10 V。

（2）把 u_i 信号加到微分电路的输入端，仿真，用示波器观察 u_i 和 u_o 的波形，如图 5.55 所示。

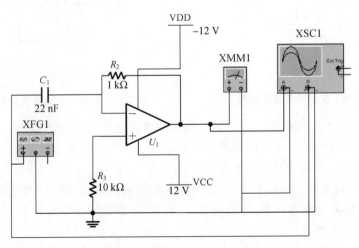

图 5.54　反相微分运算仿真电路

实用微分运算仿真电路在输入回路中接入一个电阻与微分电容串联，在反馈回路中接入一个电容与微分电阻并联。

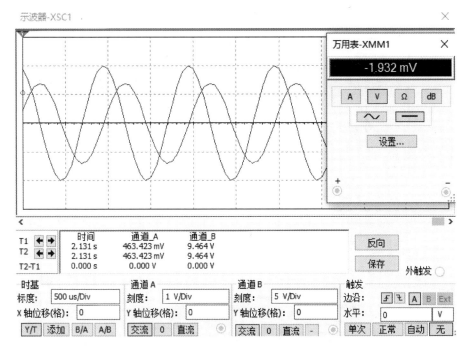

图 5.55　反相微分运算仿真电路 u_i 和 u_o 的波形

（1）按图 5.56 连接实用微分运算仿真电路,在函数发生器上调节输入方波信号 u_i,用示波器观察,方波信号的周期为 1 ms,振幅为 10 V。

（2）把 u_i 信号加到微分电路的输入端,仿真,用示波器观察 u_i 和 u_o 的波形,如图 5.57 所示。

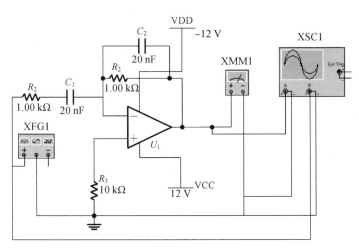

图 5.56　实用微分运算仿真电路

本 章 小 结

1. 运算放大器是一个电压放大倍数很高、输入电阻很大、输出电阻很低的直接耦合的多级交直流放大电路,它可以工作在线性和非线性两种状态。

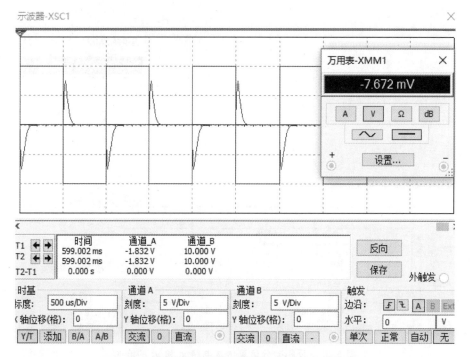

图 5.57　实用微分运算仿真电路 u_i 和 u_o 的输出波形

2. 理想运算放大器在线性工作状态时有两个重要结论,即"虚短"和"虚断"。在分析实际运算放大器电路时一般把实际运算放大器看成理想运算放大器。

3. 线性运算放大器电路要引入负反馈。典型的有同相输入、反相输入和差分输入电路。在分析具体运算放大器电路时,碰到上述典型电路可直接利用它们的计算公式,一般电路情况可自行推导。

4. 非线性运算放大器电路可引入正反馈也可不引入反馈。非线性应用主要有电压比较器、滞回比较器和方波发生器。

5. 正弦波振荡电路是具有选频网络的自激振荡电路,是利用选频网络通过正反馈产生自激振荡的电路。正弦波振荡电路一般由放大电路、选频网络和反馈网络三个基本部分组成。按选频网络的不同,正弦波振荡电路可分为 LC 正弦波振荡电路、RC 正弦波振荡电路和石英晶体正弦波振荡电路。

6. 可以运用仿真软件对各种运算放大器电路进行仿真。

习　　题

第 5 章即测题

5.1　在题 5.1 图所示的运算电路中,已知 $R_{11}=R_{12}=R_{13}=R_F/2$,求:

(1) 当 $u_{i1}=2$ V,$u_{i2}=3$ V,$u_{i3}=0$ 时,u_o 的值;

(2) 当 $u_{i1}=2$ V,$u_{i2}=-4$ V,$u_o=3$ V 时,u_{i3} 的值。

5.2　如题 5.2 图所示,已知 $R_1=R_3=10$ kΩ,$R_2=R_F=20$ kΩ,$u_i=3$ V,试求输出电压 u_o。

5.3　求题 5.3 图所示电路中 u_o 与 u_i 的关系。

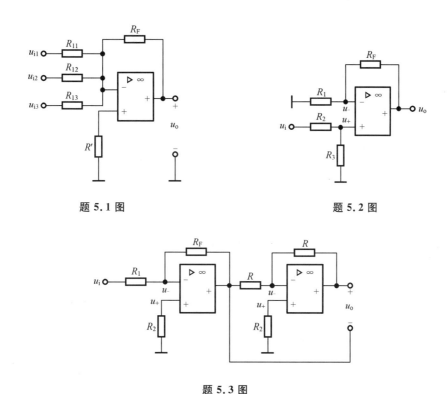

题 5.1 图　　　　　　　　　　　　　　　题 5.2 图

题 5.3 图

5.4　如题 5.4 图所示,已知 $R_1=10$ kΩ,$R_F=40$ kΩ,试求输出电压 u_o。

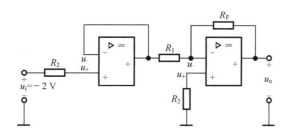

题 5.4 图

5.5　在如题 5.5 图所示的电路中,已知 $R_1=R_2=R_F$,输入电压 u_{i1} 和 u_{i2} 的波形如图所示。试画出输出电压 u_o 的波形。

5.6　反相积分电路如图 5.9 所示。已知 $R_1=20$ kΩ,$C_F=1$ μF,$u_i=-1$ V,试求:输出电压 u_o 由零到 10 V(设为运算放大器的最大输出电压)所需要的时间是多少? 超出这段时间后 u_o 如何变化?

5.7　如题 5.7 图所示差分放大电路,已知 $R_1=R_2=5$ kΩ,$R_F=10$ kΩ,$u_{i1}=5$ V,$u_{i2}=4$ V,试求输出电压 u_o。

5.8　在题 5.8 图所示运算电路中,已知 $R_A=R_B=R_D=100$ Ω,$R_C=200$ Ω,$R_1=5$ kΩ,$R_F=10$ kΩ,$u_{i1}=5$ V,$u_{i2}=4$ V,试求输出电压 u_o。

5.9　写出 5.9 图所示电路的输出电流 i_o 与 E 的关系式,并说明其功能。当负载电阻 R_L 改变时,输出电流 i_o 有无变化?

5.10　试求题 5.10 图所示电路中输入、输出电压的关系。

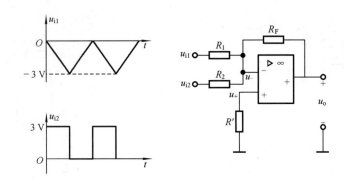

题 5.5 图

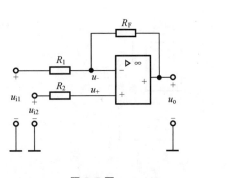

题 5.7 图

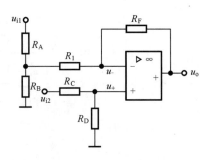

题 5.8 图

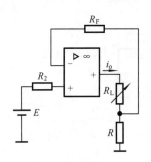

题 5.9 图

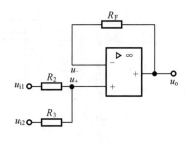

题 5.10 图

5.11 测量小电流的原理如题 5.11 图所示,若想在测量 5 mA、0.5 mA、0.1 mA、0.05 mA、0.01 mA 的电流时,分别使输出端的 5 V 电压表满量程,求电阻 $R_{F1} \sim R_{F5}$ 的阻值。

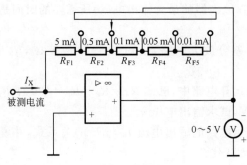

题 5.11 图

5.12　题 5.12 图所示电路是差分运算放大器测量电路,图中 U_S 为恒压源,ΔR_F 是某个非电量(如应变、压力或温度)的变化所引起的传感元件的阻值变化量。试写出 U_o 与 ΔR_F 之间的关系式;二者是否成正比?

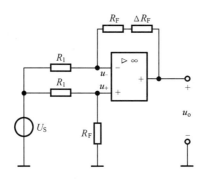

题 5.12 图

5.13　在题 5.13 图中,运算放大器的最大输出电压 $U_{OPP} = \pm 12$ V,稳压管的稳定电压 $U_Z = 6$ V,其正向压降不计。设输入信号 $u_i = 12\sin\omega t$ V,当参考电压分别为 $U_{REF} = 3$ V 和 $U_{REF} = -3$ V 时,试画出输出电压 u_{o1} 和 u_o 的波形。

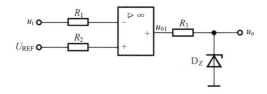

题 5.13 图

第6章　门电路与组合逻辑电路

电子技术中电路处理和传输的信号一般是指随时间变化的电压和电流,可分为两大类:一类为模拟信号,指在时间上和幅值上均为连续变化的信号;另一类为数字信号,指在时间上和幅值上均为离散(断续变化)的信号,也称为脉冲信号。处理和传输模拟信号的电路称为模拟电路,处理和传输数字信号的电路称为数字电路。第3~5章介绍的交流放大电路和集成运算放大器均为模拟电路,第6章和第7章将讨论数字电路。

数字电路的基本工作信号是用1和0表示的数字信号,在电路中用高电平和低电平来分别表示这两个逻辑值(逻辑1和逻辑0,这里的1和0不是指大小,而是代表数字电路中两种对立的状态)。从本章开始学习数字电路,要注意与模拟电路相对比,数字电路中的各种半导体器件都工作在开关状态(如晶体管的导通与关断)。

6.1　数制与编码

6.1.1　数制

在生产实践中,人们创造了各种不同的计数方法。由数字符号构成且表示物理量大小的数字或数字组合称为数码。所谓数制就是多位数码中每一位的构成方法,及从低位到高位按进位规则进行计数的方法。

一种数制中采用数码的个数称为该数制的基数,如十进制的基数为10,数码为0~9;二进制的基数为2,数码为1和0;八进制的基数为8,数码为0~7;十六进制的基数为16,数码为0~15,其中10~15分别用A~F表示。

每种数制的各位有不同的位权,也称为该数制的基数的幂。如十进制第i位($i=0,1,2,3\cdots\cdots$)的位权为10^i;二进制第i位的位权为2^i。

日常中最常用的是十进制,而数字电路中广泛采用二进制、八进制和十六进制。下面介绍常用的十进制、二进制和十六进制及其之间的转换。

1. 十进制

十进制有$0,1,\cdots,9$十个数码,"逢10进1",即$9+1=10$。十进制数注有下标10或D(decimal)。任何一个十进制数都可以写成以10为底的幂之和的形式,称为按权展开式。如一个十进制数可写成如下按权展开式:

$$(756)_{10}=7\times10^2+5\times10^1+6\times10^0$$
$$=700+50+6$$
$$=756$$

我们把10^2、10^1、10^0称为各相应位的位权,如10^2为7的位权,十进制的基数为10。

2. 二进制

在数字系统中广泛采用二进制计数,二进制只有0和1两个数码,"逢2进1",即$1+1=10$(这里的"10"不是十进制中的"10")。为与十进制数区别,规定二进制数注有下标2或B (binary)。任何一个二进制数都可以写成以 2 为底的幂之和的形式。如一个二进制数可写成如下按权展开式：

$$(11011)_2 = 1 \times 2^4 + 1 \times 2^3 + 0 \times 2^2 + 1 \times 2^1 + 1 \times 2^0$$
$$= 16 + 8 + 2 + 1$$
$$= (27)_{10}$$

和十进制一样，2^4、2^3、2^2、2^1、2^0 称为各相应位的位权，二进制的基数为 2。

(1) 二进制数转换为十进制数。

要将二进制转换为十进制，只需要将二进制数写成它的按权展开式，然后算出结果就是十进制数。如

$$(11011)_2 = 1 \times 2^4 + 1 \times 2^3 + 0 \times 2^2 + 1 \times 2^1 + 1 \times 2^0 = (27)_{10}$$

(2) 十进制数转换为二进制数

要将十进制数转换为二进制数，对整数位，只需要将十进制数"除以 2 反序取余"即可。如

$$
\begin{array}{ll}
2\underline{|27} & \\
2\underline{|13} & \cdots \cdots \text{余 } 1 \\
2\underline{|6} & \cdots \cdots \text{余 } 1 \\
2\underline{|3} & \cdots \cdots \text{余 } 0 \\
2\underline{|1} & \cdots \cdots \text{余 } 1 \\
0 & \cdots \cdots \text{余 } 1
\end{array}
$$

所以 $(27)_{10} = (11011)_2$。

从以上按权展开式可以看出，如果数值越大，二进制的位数就越多，读写都不方便且易出错。故在数字系统中还会采用八进制和十六进制计数。

3. 八进制

八进制有 $0, 1, \cdots, 7$ 八个数码，"逢 8 进 1"，即 $7 + 1 = 10$（这里的"10"不是十进制中的"10"）。为与十进制数区别，规定八进制数注有下标 8 或 O(octal)。任何一个八进制数都可以写成以 8 为底的幂之和的形式。如一个八进制数可写成如下按权展开式：

$$(356)_8 = 3 \times 8^2 + 5 \times 8^1 + 6 \times 8^0$$
$$= 192 + 40 + 6$$
$$= (238)_{10}$$

和其他进制数一样，8^2、8^1、8^0 称为各相应位的位权，八进制的基数为 8。

(1) 八进制数转换为十进制数。

要将八进制数转换为十进制数，只需要将八进制数写成它的按权展开式，然后算出结果就是十进制数。如

$$(356)_8 = 3 \times 8^2 + 5 \times 8^1 + 6 \times 8^0 = (238)_{10}$$

(2) 十进制数转换为八进制数。

要将十进制数转换为八进制数，对整数位，只需要将十进制数"除以 8 反序取余"即可。如

$$
\begin{array}{ll}
8\underline{|238} & \\
8\underline{|29} & \cdots \cdots \text{余 } 6 \\
8\underline{|3} & \cdots \cdots \text{余 } 5 \\
0 & \cdots \cdots \text{余 } 3
\end{array}
$$

所以$(238)_{10}=(356)_8$。

要将十进制数转换为八进制数还有另一种方法:可先将十进制数转换为二进制数,再由二进制数转换为八进制数。因为每一个八进制数都可以用 3 位二进制数表示,如$(111)_2$表示八进制的 7;$(101)_2$表示八进制的 5,等等。故可将二进制数从低位开始,每 3 位为一组写出其值,再从高位到低位读写,就是八进制数。如

$$(81)_{10}=(001\ 010\ 001)_2=(121)_8$$

4. 十六进制

十六进制有 $0,1,2,\cdots,9,A,B,C,D,E,F$ 十六个数码,其中 A~F 分别代表十进制数的 10～15。十六进制是"逢 16 进 1",即 $F+1=10$(这里的"10"不是十进制中的"10")。为与十进制数区别,规定十六进制数注有下标 16 或 H(hexa-decimal)。任何一个十六进制数都可以写成以 16 为底的幂之和的形式。一个十六进制数可写成如下按权展开式:

$$(5E6)_{16}=5\times16^2+14\times16^1+6\times16^0$$
$$=1280+224+6$$
$$=(1510)_{10}$$

和其他进制数一样,16^2、16^1、16^0 称为各相应位的位权,十六进制的基数为 16。

(1) 十六进制数转换为十进制数。

要将十六进制数转换为十进制数,只需要将十六进制数写成它的按权展开式,然后算出结果就是十进制数。如

$$(4E6)_{16}=4\times16^2+14\times16^1+6\times16^0=(1254)_{10}$$

(2) 十进制数转换为十六进制数。

要将十进制数转换为十六进制数,对整数位,只需要将十进制数"除以 16 反序取余"即可。如

$$
\begin{array}{r}
16\,\underline{|1254} \\
16\,\underline{|78}\quad\cdots\cdots\text{余 }6 \\
16\,\underline{|4}\quad\cdots\cdots\text{余 }14 \\
0\quad\cdots\cdots\text{余 }4
\end{array}
$$

所以$(1254)_{10}=(4E6)_{16}$。

要将十进制数转换为十六进制数,也可先将十进制数转换为二进制数,再由二进制数转换为十六进制数,因为每一个十六进制数都可以用 4 位二进制数表示,如$(1011)_2$表示十六进制的 B;$(0101)_2$表示十六进制的 5,等等。故可将二进制数从低位开始,每 4 位为一组写出其值,再从高位到低位读写,就是十六进制数。如

$$(27)_{10}=(00011011)_2=(1B)_{16}$$

下面比较一下上面四种数制的数码,见表 6.1。

表 6.1　四种数制的数码对应表

十进制	二进制	八进制	十六进制	十进制	二进制	八进制	十六进制
0	000	0	0	8	1000	10	8
1	001	1	1	9	1001	11	9
2	010	2	2	10	1010	12	A
3	011	3	3	11	1011	13	B

十进制	二进制	八进制	十六进制	十进制	二进制	八进制	十六进制
4	100	4	4	12	1100	14	C
5	101	5	5	13	1101	15	D
6	110	6	6	14	1110	16	E
7	111	7	7	15	1111	17	F

6.1.2　编码

在数字电路中,二进制数码不仅可以表示数值的大小,还可以表示一些特定的信息。把字母、符号、十进制数等信息采用一定的编码方法用二进制数码表示出来,称为二进制代码。这些代码的编码过程称为编码。常用的二进制代码有二-十进制编码(也称为 BCD 码)和 ASCII 码。

1. 常用的 BCD 码

BCD 码是用一个 4 位二进制代码来表示 1 位十进制数码 0~9 的编码方法。BCD 码分为有权码和无权码两大类。有权码的每一位都有固定的权值,如 8421BCD 码各位权值由高到低分别为 8、4、2、1,5421BCD 码各位权值由高到低分别为 5、4、2、1;无权码的每一位都没有固定权值,如格雷码。表 6.2 列出了几种常用的 BCD 码。

表 6.2　几种常用的 BCD 码

十进制数	有权码		无权码
	8421BCD 码	5421BCD 码	格雷码
0	0000	0000	0000
1	0001	0001	0001
2	0010	0010	0011
3	0011	0011	0010
4	0100	0100	0110
5	0101	1000	0111
6	0110	1001	0101
7	0111	1010	0100
8	1000	1011	1100
9	1001	1100	1101

(1) 8421BCD 码。

从表 6.2 可以看出,8421BCD 码是用 0000~1001 这十种状态来表示十进制数 0~9,1010~1111 六种为不用状态,称为禁用码。8421BCD 码是用按自然顺序的二进制数来表示所对应的十进制数,这种编码简单明了,便于识别记忆,是应用最广泛的一种 BCD 码。8421BCD 码和一个 4 位二进制数一样,从高位到低位的位权依次为 8、4、2、1,故称为 8421BCD 码。如一个十进制数用 8421BCD 码表示为

$$(2019)_{10} = (0010\ 0000\ 0001\ 1001)_{8421BCD}$$

（2）5421BCD 码。

从表 6.2 可以看出，5421BCD 码是用 0000～0100 和 1000～1100 这十种状态来表示十进制数 0～9，0101～0111 和 1101～1111 六种为禁用码。5421BCD 码从高位到低位的位权依次为 5、4、2、1。如一个十进制数用 5421BCD 码表示为

$$(1982)_{10} = (0001\ 1100\ 1011\ 0010)_{5421BCD}$$

（3）格雷码。

格雷码的每一位没有固定的权值，它的显著特点是：任意两个相邻码之间只有一位不同。格雷码的这个特点使它在代码的形成与传输时引起的误差较小。

2. ASCII 码

ASCII(american standard code for information interchange)码是美国信息交换标准代码，它用特定的代码表示字母、符号、数字等。ASCII 码采用 7 位（或 8 位）二进制数编码来表示 $2^7 = 128$（或 $2^8 = 256$）种可能的字符。

6.2　逻辑代数与逻辑函数

6.2.1　逻辑代数及基本运算

逻辑代数是由英国数学家乔治·布尔于 19 世纪中叶提出用于描述客观事物逻辑关系的数学方法，又称为布尔代数。它是研究逻辑函数与逻辑变量之间规律的一门应用数学，是分析和设计数字逻辑电路的数学工具。逻辑代数有其自身独立完整的运算规则，包括公理、定理和定律。与普通代数相比，它们都是用字母如 A、B、C……表示变量，用代数式表示客观事物间的关系。不同之处在于，逻辑代数用于描述客观事物间的逻辑关系，逻辑代数中逻辑变量的取值、函数值都只有"0"和"1"。这里的"0"和"1"不代表数量的大小，而是表示客观事物的两种对立的逻辑状态。例如，用"1"和"0"表示事物的"真"与"假"，电位的"高"与"低"，脉冲的"有"与"无"，开关的"闭合"与"断开"等。

在逻辑代数中，输出逻辑变量和输入逻辑变量的关系，称为逻辑函数，可表示为

$$F = f(A, B, C, \cdots)$$

其中：A、B、C 为输入逻辑变量，F 为输出逻辑变量。下面介绍基本逻辑运算。

1. 与运算

在图 6.1 所示的开关电路中，只有当开关 A 和 B 都闭合，灯 F 才亮；A 和 B 中只要有一个断开，灯就灭。

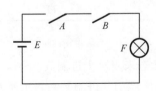

图 6.1　与逻辑控制电路

如果以开关闭合作为条件，灯亮作为结果，图 6.1 所示电路可以表示这样一种因果关系："只有当决定一件事情（F 灯亮）的所有条件（开关 A、B）都具备（都闭合），这件事情才能实现。"这种逻辑关系称为"与逻辑"。记为

$$F = A \cdot B$$

式中的"·"表示"与运算"或"逻辑乘"，与普通代数中的乘号一样，它可省略不写。上式称为输入与输出的逻辑表达式，读作"F 等于 A 与 B"或"F 等于 A 乘 B"。

2. 或运算

在图 6.2 所示的开关电路中,开关 A 和 B 只要有一个闭合,灯 F 就亮。

如果以开关闭合作为条件,灯亮作为结果,图 6.2 所示电路可以表示这样一种因果关系:"决定一件事情(F 灯亮)的所有条件(开关 A、B)中只要有一条具备(开关 A 闭合或开关 B 闭合),这件事情就能实现。"这种逻辑关系称为"或逻辑"。记为

$$F = A + B$$

式中的"+"表示"或运算"或"逻辑加"。读作"F 等于 A 或 B"或"F 等于 A 加 B"。

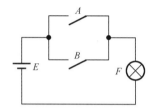 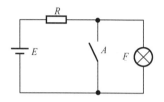

图 6.2　或逻辑控制电路　　　　图 6.3　非逻辑控制电路

3. 非运算

在图 6.3 所示的开关电路中,当开关 A 闭合时,灯 F 不亮;当开关 A 断开时,灯 F 亮。如果以开关闭合作为条件,灯亮作为结果,此电路表示的因果关系是:"条件的具备(开关 A 闭合)与事情的实现(F 灯亮)刚好相反。"这种逻辑关系称为"非逻辑"关系。记为

$$F = \overline{A}$$

式中:字母 A 上方的横线表示"非"或者"反",读作"F 等于 A 非"或"F 等于 A 反"。

在基本逻辑运算中,非运算优先级别最高,其次是与运算,最低的是或运算。加括号可以改变运算的优先顺序。

4. 复合逻辑运算

除了以上基本的逻辑运算外,在研究逻辑问题时还会经常用到与非、或非、与或非、异或、同或等逻辑运算。

与非运算逻辑表达式为 $F = \overline{A \cdot B}$。

或非运算逻辑表达式为 $F = \overline{A + B}$。

与或非运算逻辑表达式为 $F = \overline{AB + CD}$。

异或运算逻辑表达式为 $F = A \oplus B = \overline{A}B + A\overline{B}$。

同或运算逻辑表达式为 $F = A \odot B = \overline{A}\,\overline{B} + AB$。

其中,异或运算和同或运算互为非运算,即有 $A \oplus B = \overline{A \odot B}$,$A \odot B = \overline{A \oplus B}$。

6.2.2　逻辑代数的运算法则

1. 基本逻辑运算法则

与运算:$A \cdot 0 = 0$;$A \cdot 1 = A$;$A \cdot A = A$;$A \cdot \overline{A} = 0$。

或运算:$A + 0 = A$;$A + 1 = 1$;$A + A = A$;$A + \overline{A} = 1$。

非运算:$\overline{\overline{A}} = A$。

分别令 $A = 0$ 及 $A = 1$ 代入这些公式,即可证明它们的正确性。

2. 逻辑代数的基本定律

（1）交换律：

$$A \cdot B = B \cdot A$$
$$A + B = B + A$$

（2）结合律：

$$A \cdot B \cdot C = (A \cdot B) \cdot C = A \cdot (B \cdot C)$$
$$A + B + C = (A + B) + C = A + (B + C)$$

（3）分配律：

$$A \cdot (B + C) = A \cdot B + A \cdot C$$
$$A + B \cdot C = (A + B)(A + C)$$

证明：

$$(A + B)(A + C) = A \cdot A + A \cdot B + A \cdot C + B \cdot C$$
$$= A + A(B + C) + B \cdot C$$
$$= A[1 + (B + C)] + B \cdot C$$
$$= A + B \cdot C$$

（4）吸收律：

$$A(A + B) = A$$
$$A + \overline{A} \cdot B = A + B$$

证明：

$$A(A + B) = A \cdot A + A \cdot B$$
$$= A + AB$$
$$= A(1 + B)$$
$$= A$$

（5）反演律（摩根定律）：

$$\overline{A \cdot B} = \overline{A} + \overline{B}$$
$$\overline{A + B} = \overline{A} \cdot \overline{B}$$

摩根定律可以用真值表6.3来证明。

表 6.3　真值表

A	B	$\overline{A}$	$\overline{B}$	$\overline{A \cdot B}$	$\overline{A} + \overline{B}$	$\overline{A + B}$	$\overline{A} \cdot \overline{B}$
0	0	1	1	1	1	1	1
1	0	0	1	1	1	0	0
0	1	1	0	1	1	0	0
1	1	0	0	0	0	0	0

3. 运算规则

（1）代入规则。

在任何一个逻辑等式中，若将等式两端的某一个变量都用一个逻辑函数替代，替代后等式仍然成立，这个规则称为代入规则。如利用代入规则可以扩大公式的应用范围。将代入法用于 $A + \overline{A} \cdot B = A + B$，令 $F = AC$，代入表达式中的 A，则有

$$AC + \overline{AC} \cdot B = AC + B$$

（2）反演规则。

在任何一个逻辑表达式中，若将 F 中的所有"·"换成"＋"，"＋"换成"·"；所有"0"换成

"1"，"1"换成"0"；原变量换成反变量，反变量换成原变量，那么可得到原理逻辑函数 F 的反函数 $\overline{F}$，这个规则称为反演规则。常用反演规则求一个已知逻辑函数的反函数。如已知逻辑函数 $F = A \cdot \overline{B} \cdot \overline{C} + DE + 0$，利用反演规则，则有

$$\overline{F} = (\overline{A} + \overline{\overline{B}} + \overline{\overline{C}}) \cdot (\overline{D} + \overline{E}) \cdot 1$$
$$= (\overline{A} + B \cdot C) \cdot (\overline{D} + \overline{E})$$
$$= \overline{A} \cdot \overline{D} + \overline{A} \cdot \overline{E} + BC\overline{D} + BC\overline{E}$$

运用反演规则要注意运算的优先顺序，必要时用括号；与非、或非等运算的长非号保持不变，规则中的原变量和反变量间的变换规则只针对单个逻辑变量有效。

（3）对偶规则。

在任何一个逻辑表达式中，若将 F 中的所有"・"换成"＋"，"＋"换成"・"；所有"0"换成"1"，"1"换成"0"，这样就得到一个新的逻辑函数 F'，F 和 F' 互为对偶关系。这个规则称为对偶规则。如已知逻辑函数 $F = \overline{A}B + B(C + 0)$，利用对偶规则，则有

$$F' = (\overline{A} + B) \cdot (B + C \cdot 1)$$

运用对偶规则要保持换算前运算的优先顺序不变。对偶规则还常用于证明逻辑等式，若两个函数式相等则它们的对偶式也相等。

6.2.3　逻辑函数及其表示法

1. 逻辑函数

任何一个具体的逻辑关系都可以用一个确定的逻辑函数来表示，具体来说，我们将决定客观事件结果的变量称为逻辑自变量，表示事件结果的变量称为逻辑因变量，那么逻辑自变量和逻辑因变量之间的函数关系就是逻辑函数。

2. 逻辑函数的表示方法

任何逻辑函数都可用逻辑表达式、真值表、逻辑图和卡诺图这四种形式来表示，对于同一个逻辑函数，这四种表示方法可以相互转换。

（1）逻辑表达式。

用逻辑运算符将关系表达式或逻辑变量连接起来的有意义的式子称为逻辑表达式，它是具体逻辑关系的抽象表达形式。如 $F = A + B \cdot C$。

（2）真值表。

用来描述逻辑函数各个输入变量（即逻辑自变量）的取值组合与逻辑函数输出变量（即逻辑因变量）的取值之间的对应关系的表格称为真值表。如逻辑函数 $F = A + \overline{A}B$ 的真值表如表 6.4 所示。具体方法：先确定逻辑函数 F 有 A、B 两个输入变量，所有取值组合有 $2^2 = 4$ 种输入组合，分别将这 4 种组合代入逻辑函数求得相应的函数值填入表中即可。

表 6.4　逻辑函数 $F = A + \overline{A}B$ 的真值表

输 入 变 量		输 出 变 量
A	B	F
0	0	0
0	1	1
1	0	1
1	1	1

（3）逻辑图。

用逻辑门电路的逻辑符号组成的能实现特定逻辑功能的电路图称为逻辑图。有关逻辑图的介绍详见 6.3.2 小节。

（4）卡诺图。

卡诺图是逻辑函数的图解表示方法，它以发明人美国贝尔实验室的工程师卡诺（Karnaugh）命名。有关卡诺图的介绍详见 6.2.4 小节。

6.2.4　逻辑函数的化简

根据实际逻辑问题得出的逻辑函数式对应的真值表是唯一的，但逻辑函数式可能有不同的形式，那么对应实现这些逻辑函数的逻辑电路也不同。一般来说，表达式越简单，实现它的逻辑电路就越简单；同样，如果已知一个逻辑电路，则按其列出的逻辑表达式越简单，就越有利于对电路的逻辑功能进行分析。所以，在数字电路设计中，逻辑函数的化简是十分重要的环节。若对逻辑函数进行变换和化简得到最简的逻辑函数，则可设计出最简单的逻辑电路，这样既节省了元器件、节省了成本，又提高了电路整体的可靠性。

在化简逻辑函数式时，我们力图得到最简的与或表达式（其结果为几个乘积项相或），最简与或表达式的原则是：乘积项最少；每个乘积项中包含的变量个数最少。

1. 逻辑函数的公式化简法

公式化简法是利用逻辑代数的基本运算法则和基本定律，消去多余的乘积项和每个乘积项中的多余变量，得到最简逻辑表达式的方法。

（1）并项法利用 $A+\overline{A}=1$、$AB+A\overline{B}=A$ 进行化简，通过合并公因子消去变量。

例 6.1　化简 $F=ABC+\overline{A}BC+B\overline{C}$ 。

解　　　　　　$F=(A+\overline{A})BC+B\overline{C}=BC+B\overline{C}=B(C+\overline{C})=B$

例 6.2　化简 $F=ABC+A\overline{B}+A\overline{C}$ 。

解　　　　$F=ABC+A(\overline{B}+\overline{C})=ABC+A\,\overline{BC}=A(BC+\overline{BC})=A$

（2）吸收法利用 $A+AB=A$ 进行化简，消去多余变量。

例 6.3　化简 $F=\overline{A}B+\overline{A}BCD(E+F)$ 。

解　　　　　　　　$F=\overline{A}B+\overline{A}BCD(E+F)=\overline{A}B$

（3）消去法利用 $A+\overline{A}B=A+B$ 进行化简，消去多余变量。

例 6.4　化简 $F=AB+\overline{A}C+\overline{B}C$ 。

解　　　　　$F=AB+(\overline{A}+\overline{B})C=AB+\overline{AB}C=AB+C$

（4）配项法利用 $A+\overline{A}=1$ 适当配项进行化简。

例 6.5　化简 $F=AB+\overline{A}C+BC$ 。

解　　　　　　　　　$F=AB+\overline{A}C+BC(A+\overline{A})$

$$=AB+\overline{A}C+ABC+\overline{A}BC$$

$$=AB(1+C)+\overline{A}C(1+B)$$

$$=AB+\overline{A}C$$

实际化简时，可能需要运用以上一种或几种方法得到最简的与或表达式。

2. 逻辑函数的卡诺图化简法

卡诺图化简法是对逻辑函数进行图解化简的方法。它可以非常方便直观地化简逻辑函数,能较容易地获得逻辑函数的最简与或表达式。

(1) 最小项。

在含有 n 个变量的逻辑函数中,若它的乘积项包含 n 个变量,且每个变量在乘积项中以原变量或反变量仅出现一次,那么这个乘积项就是该逻辑函数的最小项。n 个变量逻辑函数的全部最小项有 2^n 个。

含有 3 个变量的逻辑函数最小项共有 $2^3 = 8$ 个,表 6.5 所示为 3 个变量逻辑函数对应的全部最小项的真值表。

表 6.5　3 个变量逻辑函数的全部最小项真值表

变　量			全部最小项							
A	B	C	$\overline{A}\,\overline{B}\,\overline{C}$	$\overline{A}\,\overline{B}C$	$\overline{A}B\overline{C}$	$\overline{A}BC$	$A\overline{B}\,\overline{C}$	$A\overline{B}C$	$AB\overline{C}$	ABC
0	0	0	1	0	0	0	0	0	0	0
0	0	1	0	1	0	0	0	0	0	0
0	1	0	0	0	1	0	0	0	0	0
0	1	1	0	0	0	1	0	0	0	0
1	0	0	0	0	0	0	1	0	0	0
1	0	1	0	0	0	0	0	1	0	0
1	1	0	0	0	0	0	0	0	1	0
1	1	1	0	0	0	0	0	0	0	1

从上表可以看出,对于任意一个最小项有且只有一组变量取值组合使其值为 1,变量其他取值组合均使其值为 0;对于相同的变量取值组合,任意两个最小项之积恒为 0;对于任意一组变量取值组合,其全部最小项之和恒为 1。

为了便于叙述和书写,通常用 m_i 对最小项进行编号,其中下标 i 与最小项编号对应。那么 $\overline{A}\,\overline{B}\,\overline{C}$、$\overline{A}\,\overline{B}C$、$\overline{A}B\overline{C}$、$\overline{A}BC$、$A\overline{B}\,\overline{C}$、$A\overline{B}C$、$AB\overline{C}$、$ABC$ 分别与 000、001、010、011、100、101、110、111 对应,分别记为 m_0、m_1、m_2、m_3、m_4、m_5、m_6、m_7。

任何一个逻辑函数都可以表示为最小项之和的标准与或表达式。例如,将逻辑函数 $F = AB + \overline{B}C$ 写成最小项表达式:

$$F = AB + \overline{B}C = AB(C + \overline{C}) + (A + \overline{A})\overline{B}C$$
$$= ABC + AB\overline{C} + A\overline{B}C + \overline{A}\,\overline{B}C$$
$$= m_7 + m_6 + m_5 + m_1$$
$$= \sum m(1,5,6,7)$$

(2) 卡诺图。

卡诺图是把最小项按照一定的规则排列构成的方格图。卡诺图中的每个小方格对应一个最小项,那么 n 个变量逻辑函数的卡诺图有 2^n 个小方格。图 6.4(a)、(b)、(c)分别表示 2 个变量、3 个变量、4 个变量逻辑函数的卡诺图。

由上图可知,对卡诺图的画法有如下规定:输入变量的取值组合按格雷码(任意两个相邻码之间只有一位不同)规律排列,即任意两个相邻的小方格中的最小项只有一个变量不同;任意两个具有几何相邻性和位置对称性的最小项其逻辑上也必须相邻。逻辑相邻是指若两个最小项中除了一个变量的取值不同其余均相同,那么就说这两个最小项逻辑上相邻。如图 6.4

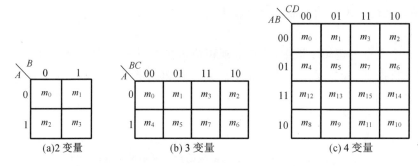

图 6.4　2 个变量、3 个变量、4 个变量逻辑函数的卡诺图

(c)所示,最小项 m_2($\overline{A}\,\overline{B}CD$) 与 m_3($\overline{A}\,\overline{B}CD$)、$m_6$($\overline{A}BC\overline{D}$) 具有几何相邻性,同时与 m_0($\overline{A}\,\overline{B}\,\overline{C}\,\overline{D}$)、$m_{10}$($A\overline{B}C\overline{D}$) 具有位置对称性,其逻辑上都相邻。

(3)卡诺图法化简逻辑函数。

首先,任何逻辑函数都可以写成最小项之和的标准与或表达式,那么在卡诺图中把逻辑函数表达式中出现的最小项所对应的小方格中填入 1,其余小方格填入 0,则得到逻辑函数的卡诺图。

然后,将逻辑函数的 2^n 个(n 取 0、1、2、3 等)逻辑相邻的最小项画一个包围圈,每个包围圈内的最小项合并为一个与项,画出所有的包围圈合并成与项后相加即得到化简后的逻辑函数。

画包围圈要遵循以下原则:所有 1 的小方格都要被包围圈圈过;每个包围圈包含的小方格个数必须是 2^n 个(n 取 0、1、2、3 等)且应包含尽可能多的小方格,包围圈的个数尽可能最少;同一个小方格可以被不同的包围圈多次圈过,但是每个新的包围圈至少应圈过一个新的小方格。

例 6.6　用卡诺图化简逻辑函数 $F = \sum m(0,1,4,6,8,9,10,12,13,14,15)$。

解　先画出逻辑函数 F 的 4 个变量的卡诺图。再画包围圈,如图 6.5 所示。

最后写出最简与或式:

$$F = AB + \overline{BC} + A\overline{D} + B\overline{D}$$

例 6.7　用卡诺图化简逻辑函数 $F = \overline{A}BC\overline{D} + \overline{A}BCD + A\overline{B}\overline{C}D + A\overline{B}C + ABD + \overline{A}BD + CD$。

解　先将逻辑函数化成最小表达式:

$$F = \sum m(3,5,6,7,10,11,13,15)$$

画出逻辑函数 F 的 4 个变量的卡诺图。再画包围圈,如图 6.6 所示。

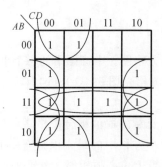

图 6.5　例 6.6 的卡诺图

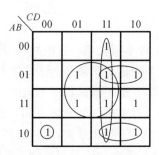

图 6.6　例 6.7 的卡诺图

最后写出最简与或式：

$$F = A\overline{BCD} + \overline{A}BC + A\overline{B}C + BD + CD$$

6.3　逻辑门电路

6.3.1　三极管的开关特性

三极管工作于放大区的情况已经在模拟电路部分进行了分析。三极管除了放大作用外，还有另外一个重要作用，就是它的开关作用。利用三极管的开关特性就能够制作许多用于数字电路中的元件。

在模拟电路分析时我们已经知道，三极管的输出特性曲线上有三个区，即放大区、饱和区、截止区，如图 6.7 所示。

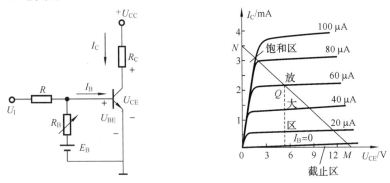

图 6.7　三极管电路及其输出特性曲线

1. 晶体管工作于放大区

当静态工作点在直流负载线中部时，晶体管工作于放大区。此时，发射结正向偏置、集电结反向偏置。晶体管的电压与电流有如下关系：

$$|U_{BE}| < |U_{CE}|$$
$$I_C = \beta I_B$$
$$U_{CE} = U_{CC} - R_C I_C$$

2. 晶体管工作于饱和区（相当于开关闭合导通）

发射结和集电结均处于正向偏置，I_B 和 I_C 不再满足线性正比关系。晶体管的电压与电流关系为

$$|U_{BE}| > |U_{CE}|$$
$$U_{CE} \approx 0$$
$$I_C \approx \frac{U_{CC}}{R_C}$$

集-射极间电压约为零，相当于开关闭合。

3. 晶体管工作于截止区（相当于开关断开截止）

发射结和集电结均处于反向偏置，此时

$$U_{BE} < 0, \ I_B < 0$$
$$I_C \approx 0, \ U_{CE} \approx U_{CC}$$

集-射极间电流约为零，相当于开关断开。

由上可知,晶体管饱和时,集-射极间电压 U_{CE} 约为零,集电极与发射极之间如同一个开关的闭合;晶体管截止时,I_C 约为零,集电极与发射极之间如同一个开关的断开。这就是晶体管的开关作用。数字电路就是利用晶体管的开关作用工作的。

6.3.2　分立元件门电路

1. 二极管与门电路

由二极管组成的与门电路如图 6.8(a)所示。A、B 是它的两个输入端,F 是输出端。

设二极管为理想二极管,输入及输出信号低电平为 0 V,高电平为 3 V。每个输入端都有高、低电平两种状态。两个输入信号,有四种不同组合。

(1) $U_A = U_B = 3$ V,D_1、D_2 均导通,输出 $U_F = 3$ V,为高电平。

(2) $U_A = 3$ V,$U_B = 0$ V,D_2 优先导通,输出 $U_F = 0$ V,为低电平,这时 D_1 因承受反向电压(阴极电位高于阳极电位)而截止。

(3) $U_A = 0$ V,$U_B = 3$ V,D_1 优先导通,输出 $U_F = 0$ V,为低电平,这时 D_2 因承受反向电压(阴极电位高于阳极电位)而截止。

(4) $U_A = 0$ V,$U_B = 0$ V,D_1、D_2 均导通,输出 $U_F = 0$ V,为低电平。

从以上分析不难得出,只有当输入端均为高电平时,输出端才是高电平,否则输出端均为低电平。输出端 F 与输入端 A 和 B 之间符合与逻辑关系,则实现与逻辑运算的电路就是与门电路。与门电路输出 F 的逻辑表达式为

$$F = A \cdot B$$

图 6.8(b)是二极管与门电路的逻辑符号。根据与门的逻辑功能可画出输入端 A 和 B 与输出端 F 的电压波形,如图 6.8(c)所示。

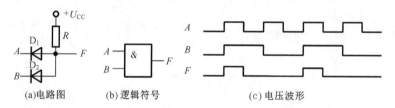

(a)电路图	(b)逻辑符号	(c)电压波形

图 6.8　二极管与门电路

用符号 1 和 0(读作逻辑 1 和逻辑 0)分别表示高电平和低电平(这样的逻辑体制称为正逻辑系统,反之称为负逻辑系统)。我们用真值表表示逻辑电路所有可能的输入变量和输出变量之间的逻辑关系。上述与门电路真值表如表 6.6 所示。

表 6.6　与门电路真值表

输入变量		输出变量
A	B	F
1	1	1
1	0	0
0	1	0
0	0	0

为便于记忆,与门电路的逻辑关系可概括为"全 1 为 1,有 0 为 0"。

2. 二极管或门电路

由二极管组成的或门电路如图 6.9(a)所示。A、B 是它的两个输入端,F 是输出端。注意图中二极管的方向以及电阻所接电源的极性和与门是不同的。

设二极管为理想二极管,与前面分析方法一样,设输入及输出信号低电平为 0 V,高电平为 3 V。每个输入端都有高、低电平两种状态。两个输入信号,仍有四种不同组合。

(1) $U_A = U_B = 3$ V,D_1、D_2 均导通,输出 $U_F = 3$ V。

(2) $U_A = 3$ V,$U_B = 0$ V,D_1 优先导通,输出 $U_F = 3$ V,这时 D_2 因承受反向电压(阴极电位高于阳极电位)而截止。

(3) $U_A = 0$ V,$U_B = 3$ V,D_2 优先导通,输出 $U_F = 3$ V,这时 D_1 因承受反向电压(阴极电位高于阳极电位)而截止。

(4) $U_A = 0$ V,$U_B = 0$ V,D_1、D_2 均导通,输出 $U_F = 0$ V。

从以上分析得出,只要有一个输入端为高电平,输出就是高电平,只有输入端均为低电平时输出才是低电平。输出端 F 与输入端 A 和 B 之间符合或逻辑关系,则实现或逻辑运算的电路就是或门电路。或门电路输出 F 的逻辑表达式为

$$F = A + B$$

图 6.9(b)是二极管或门电路的逻辑符号。根据或门的逻辑功能可画出输入端 A 和 B 与输出端 F 的电压波形,如图 6.9(c)所示。

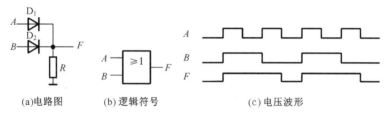

(a)电路图　　　　(b)逻辑符号　　　　(c)电压波形

图 6.9　二极管或门电路

上述或门电路真值表如表 6.7 所示。

表 6.7　或门电路真值表

输 入 变 量		输 出 变 量
A	B	F
1	1	1
1	0	1
0	1	1
0	0	0

为便于记忆,或门电路的逻辑关系可概括为"有 1 为 1,全 0 为 0"。

3. 三极管非门电路

由三极管组成的非门电路如图 6.10(a)所示。非门只有一个输入端 A,F 是它的输出端。

下面来分析非门电路的逻辑功能。三极管在非门电路中,不是工作在放大状态,而是工作在截止和饱和状态。

(1) 输入端 A 为高电平 1($U_A = 3$ V)时,适当选取 R_K、R_B 之值,可使三极管深度饱和导通,使 $U_F = U_{CE} \approx 0$ V,即输出端 F 为低电平 0。

（2）输入端 A 为低电平 $0(U_A=0\ \text{V})$ 时,负电源 U_{BB} 经 R_K、R_B 分压使三极管基极电位为负,保证 A 为低电平 $0(U_A=0\ \text{V})$ 时三极管可靠截止,使 $U_F\approx 3\ \text{V}$（二极管导通）,即输出端 F 为高电平 1。

上述分析说明,图 6.10(a)所示电路的输入变量与输出变量是相反的,即输入为 1 时,输出为 0;输入为 0 时,输出为 1。输出端 F 与输入端 A 之间符合非逻辑关系,则实现非逻辑运算的电路就是非门电路。非门电路输出 F 的逻辑表达式为

$$F=\overline{A}$$

图 6.10(b)是三极管非门电路的逻辑符号。根据非门的逻辑功能可画出输入端 A 与输出端 F 的电压波形,如图 6.10(c)所示。

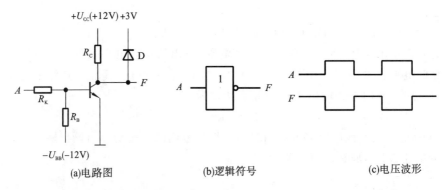

(a)电路图   (b)逻辑符号   (c)电压波形

图 6.10 三极管非门电路

上述非门电路的真值表如表 6.8 所示。

表 6.8 非门电路真值表

输 入 变 量	输 出 变 量
A	F
1	0
0	1

4. 复合逻辑门电路

将与门、或门和非门三种基本逻辑门电路组合可构成各种复合逻辑门电路,实现与非、或非、异或、同或等逻辑功能,如表 6.9 所示。

表 6.9 几种复合逻辑门电路

名称	与非门	或非门	异或门	同或门
逻辑符号	A — &, B — F	A — $\geqslant 1$, B — F	A — $=1$, B — F	A — $=1$, B — F
逻辑表达式	$F=\overline{A\cdot B}$	$F=\overline{A+B}$	$F=A\overline{B}+\overline{A}B$ $=A\oplus B$	$F=AB+\overline{A}\,\overline{B}$ $=A\odot B$

6.3.3　TTL 集成逻辑门电路

前述的各种逻辑门电路都是由二极管、三极管、电阻等分立元件组成的,它们称为分立元件门电路。目前数字电路中广泛采用的是集成逻辑门电路,它们具有高可靠性和微型化等特点。集成逻辑门电路中,最基本的门电路是与、或、非三种以及它们组成的与非、或非等电路。其中应用最普遍的是集成与非门电路。

1. TTL 与非门

(1) TTL 与非门电路结构。

由于这种集成门电路的结构形式采用了半导体三极管,其与功能和非功能都是用半导体三极管实现的,所以,一般称为晶体管-晶体管逻辑与非门电路,简称 TTL 与非门。

如图 6.11(a)所示为 TTL 与非门的典型工作电路,它由输入级、中间级和输出级三部分构成。其中,输入级由多发射极三极管 T_1 和电阻 R_1 组成,多发射极三极管的两个发射结和一个集电结为 3 个 PN 结,用来实现与逻辑功能。中间级由三极管 T_2 和电阻 R_2、R_3 组成,其主要作用是完成对 T_2 基极电流(即 T_1 的集电极输出信号)的放大,增强对输出级的驱动能力,T_2 集电极输出驱动 T_3,T_2 发射极输出驱动 T_5,中间级的电路结构是共发射极组态的基本放大电路。输出级由 T_3、T_4、T_5 和电阻 R_4、R_5 组成,复合管 T_3、T_4 和 T_5 分别由互相倒相的集电极电压和发射极电压来控制(即对 T_2 的基极来说,集电极和发射极互为倒相),那么输出级 T_3、T_4 饱和导通时,T_5 截止,输出端 F 为高电平;T_3、T_4 截止时,T_5 饱和导通,输出端 F 为低电平,输出级这种电路形式称为推拉式结构,它可以减小电路的输出电阻。

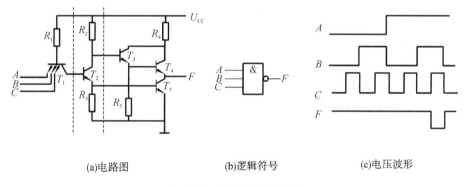

(a)电路图　　　　　　　(b)逻辑符号　　　　　　(c)电压波形

图 6.11　TTL 与非门电路

(2) TTL 与非门电路原理。

设输入及输出端低电平 U_{IL} 为 0.3 V,高电平 U_{IH} 为 3.6 V。

① 当任一输入端为低电平时,如 U_A 为低电平 0.3 V 时,$U_{B1}=U_A+U_{BE1}=0.3+0.7=1$ (V),则 T_1 发射结导通,而 $U_{B2}=U_{C1}=U_A+U_{CES1}\approx0.3+0.1=0.4$ (V)(T_1 处于深度饱和状态),故 T_2、T_5 均截止。由于 I_{B3} 很小忽略 U_{R2},则 $U_{B3}\approx V_{CC}$,故 T_3、T_4 导通,输出端为高电平 $U_F=U_{C2}-U_{BE3}-U_{BE4}=5-0.7-0.7=3.6$ (V)。

② 当输入端全为高电平时,$U_A=U_B=U_C=3$ V,$U_{B1}=U_{BE2}+U_{IH}=0.7+3.6=4.3$ (V),使得 T_1 集电结、T_2 和 T_5 发射结均导通,T_1 的基极电位 $U_{B1}=U_{BC1}+U_{BE2}+U_{BE5}=0.7+0.7+0.7=2.1$ (V)实际被钳位在 2.1 V,T_1 发射结反偏、集电结正偏(T_1 处于倒置工作状态),T_3 和 T_4 截止,T_2 和 T_5 均饱和导通,则输出端低电平 $U_F=U_{CES5}=0.3$ V。

从上面的分析可以得出,图 6.11(a)所示电路中只要有一个输入端为低电平时,输出就是高电平,只有输入端均为高电平时输出才是低电平。输出端 F 与输入端 A、B、C 之间符合与非逻辑关系,则实现与非逻辑运算的电路就是与非门电路。与非门电路输出 F 的逻辑表达式为

$$F = \overline{A \cdot B \cdot C}$$

图 6.11(b)是与非门电路的逻辑符号。根据与非门的逻辑功能可画出输入端 A、B、C 与输出端 F 的电压波形,如图 6.11(c)所示。

在一块集成电路里,可以封装多个与非门,图 6.12 是 4 个 2 输入 TTL 与非门的外管脚引线排列图,其外形为双列直插式,有 14 个管脚。

（3）TTL 与非门的主要参数。

①输出高电平 U_{OH}。它是指与非门输出端高电平为 1 时的电压值,一般规定 $U_{OH} \geq 2.7$ V。

②输出低电平 U_{OL}。它是指与非门输出端低电平为 0 时的电压值,一般规定 $U_{OL} \leq 0.4$ V。

③扇出系数 N。它是指一个与非门能够驱动同类与非门正常工作的最大数目,反映了与非门带负载的能力,一般情况下 $N \geq 8$。

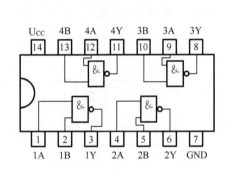

图 6.12　4 个 2 输入 TTL 与非门外管脚引线排列图

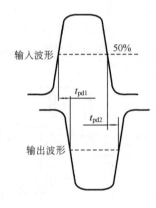

图 6.13　TTL 与非门的传输延迟时间

④平均传输延迟时间 t_{pd}。与非门工作时,其输出脉冲对于输入脉冲将有一定的时间延迟,如图 6.13 所示。从输入脉冲上升沿的 50% 处起到输出脉冲下降沿的 50% 处止的时间称为导通延迟时间 t_{pd1};从输入脉冲下降沿的 50% 处起到输出脉冲上升沿的 50% 处止的时间称为截止延迟时间 t_{pd2};t_{pd1} 和 t_{pd2} 的平均值称为平均传输延迟时间 t_{pd},它是表示与非门电路开关速度的一个参数。t_{pd} 越小,开关速度就越快,允许输入信号的频率越高,所以,此值越小越好。TTL 与非门的平均传输延迟时间为 3 ns～30 ns。

⑤阈值电压 U_{TH}。又称门槛电压,是指与非门输入信号高电平与低电平的分界电压值。一般认为,$U_I \geq U_{TH}$ 时,U_I 为高电平 1;$U_I < U_{TH}$ 时,U_I 为低电平 0。U_{TH} 的典型值为 1.4 V。

（4）TTL 集成逻辑门电路使用注意事项。

①TTL 集成逻辑门电路的电源电压 $U_{CC} = +5$ V,且电源的正极和地线不可接错。

②电源接入电路时需进行滤波,以防止外来干扰通过电源线进入电路。通常是在电路板的电源线上,并接 10 μF～100 μF 的电容进行低频滤波;并接 0.01 μF～0.047 μF 的电容进行

高频滤波。

③多余或暂时不用的输入端可按下述几种方法处理。

• 外界干扰较小时,与门、与非门的闲置输入端可悬空,或门、或非门的闲置输入端可接地。

• 外界干扰较大时,与门、与非门的闲置输入端直接接电源U_{CC}。

• 前级的驱动能力较强时,可将闲置输入端与同一门的有用输入端并联使用。

④输出端不允许直接接电源U_{CC},不允许直接接地,不允许并联使用。

2. TTL 三态输出与非门(TSL)

三态输出与非门,简称三态门。图 6.14 是它的逻辑符号。它是一种受控与非门,且输出有 3 种状态,即高电平 1 态,低电平 0 态和高阻状态(称为开路状态或禁止状态)。

逻辑符号中的 EN 为控制端,A、B 为输入端。当 EN 有效时,输出 $F=\overline{AB}$,三态门工作,且相当于与非门;当 EN 无效时,不管 A、B 的状态如何,输出端开路总处于高阻状态或禁止状态。图 6.14(a)所示为 EN 高电平有效,图 6.14(b)所示为 EN 低电平有效。

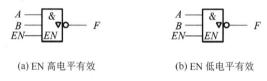

(a) EN 高电平有效　　　　　　(b) EN 低电平有效

图 6.14　三态门逻辑符号

6.4　组合逻辑电路

6.4.1　组合逻辑电路分析

组合逻辑电路分析是在电路结构给定后,研究电路的输出与输入之间的逻辑关系。分析的步骤大致如下:

已知逻辑图──▶写逻辑函数表达式──▶用逻辑代数化简或变换─┐
分析逻辑功能◀──列出真值表◀────────────────────────┘

例 6.8　分析图 6.15 所示的组合逻辑电路。

解　(1)由逻辑图写出逻辑函数表达式。

依次写出各个逻辑门输入变量与输出变量的逻辑函数表达式,可得出组合逻辑电路的输出与各个输入变量间的逻辑函数表达式:

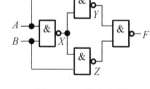

图 6.15　例 6.8 图

$$X = \overline{A \cdot B}$$

$$Y = \overline{AX} = \overline{A \cdot \overline{AB}}$$

$$Z = \overline{BX} = \overline{B \cdot \overline{AB}}$$

$$F = \overline{YZ} = \overline{\overline{A \cdot \overline{AB}} \cdot \overline{B \cdot \overline{AB}}}$$

(2)利用逻辑代数化简。

$$F = \overline{YZ} = \overline{\overline{A \cdot \overline{AB}} \cdot \overline{B \cdot \overline{AB}}}$$

$$= A \cdot \overline{AB} + B \cdot \overline{AB}$$
$$= A(\overline{A} + \overline{B}) + B(\overline{A} + \overline{B})$$
$$= A\overline{B} + B\overline{A}$$

（3）由逻辑函数表达式列出真值表（见表 6.10）。

表 6.10   例 6.8 真值表

输入变量		输出变量
A	B	F
0	0	0
0	1	1
1	0	1
1	1	0

（4）分析逻辑功能。

由真值表可以看出，当输入端同为"1"或同为"0"时，输出为 0，当 A、B 的状态不同时，输出为 1。这种电路称为"异或"电路。写作" $F = A \oplus B$ "。

6.4.2   组合逻辑电路的设计

组合逻辑电路设计是指按已知逻辑要求画出逻辑图。一般步骤是：根据实际问题的逻辑关系列出真值表→写出逻辑表达式→对逻辑表达式化简或变换→画出逻辑电路图。

组合逻辑电
路的设计

例 6.9   设计一个逻辑电路供三人（A、B、C）表决使用。每人有一按键，如表示赞成，就按下此键，表示 1；如果不赞成，不按此键，表示 0。表决结果用指示灯来显示，如果多数赞成，则灯亮，$F = 1$；反之灯不亮，$F = 0$。

解：（1）根据题意列出真值表。

如表 6.11 所示，共有 8 种组合情况。

表 6.11   三人表决电路真值表

输入变量			输出变量
A	B	C	F
0	0	0	0
1	0	0	0
0	1	0	0
0	0	1	0
1	1	0	1
1	0	1	1
0	1	1	1
1	1	1	1

（2）根据真值表写出逻辑表达式。

$$F = AB\overline{C} + A\overline{B}C + \overline{A}BC + ABC$$

（3）逻辑表达式化简或变换。

$$F = AB\overline{C} + A\overline{B}C + \overline{A}BC + ABC + ABC + ABC$$
$$= AB(\overline{C} + C) + BC(\overline{A} + A) + CA(\overline{B} + B)$$
$$= AB + BC + CA$$
$$= AB + C(A + B)$$

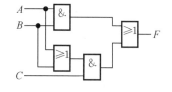

图 6.16　三人表决逻辑电路图

（4）根据逻辑表达式画出逻辑电路图，如图 6.16 所示。

6.5　逻辑电路的应用

6.5.1　加法器

加法器是用来进行二进制数加法运算的组合逻辑电路，是电子计算机中最基本的运算单元。

1. 半加器

在二进制数加法运算中，要实现最低位的加法，必须有两个输入端（加数和被加数），两个输出端（本位和数及向高位的进位数），这种加法逻辑电路称为半加器。

设 A 为被加数，B 为加数，S 为本位和，C 为向高位的进位数。根据半加规则可列出半加器的真值表，如表 6.12 所示。

表 6.12　半加器真值表

输 入 变 量		输 出 变 量	
A	B	C	S
0	0	0	0
0	1	0	1
1	0	0	1
1	1	1	0

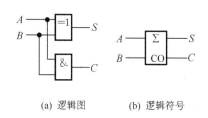

（a）逻辑图　　（b）逻辑符号

图 6.17　半加器的逻辑图和逻辑符号

由真值表写出逻辑表达式：

$$S = \overline{A}B + A\overline{B} = A \oplus B$$
$$C = AB$$

由逻辑式可画出逻辑图。S 是异或逻辑，C 是与逻辑，可用异或和与门实现。半加器的逻辑图和逻辑符号如图 6.17(a)、(b)所示。

2. 全加器

全加过程是被加数、加数以及低位向本位的进位数三者相加的过程，所以全加器有三个输入端（加数、被加数以及低位向本位的进位数），两个输出端（本位和数及向高位的进位数）。

设 A_n 为被加数，B_n 为加数，C_{n-1} 为低位向本位的进位数，S_n 为本位的全加和，C_n 为本位向高位的进位数。根据全加规则可列出全加器的真值表，如表 6.13 所示。

表 6.13　全加器的真值表

输　入　变　量			输　出　变　量	
A_n	B_n	C_{n-1}	S_n	C_n
0	0	0	0	0
0	0	1	1	0
0	1	0	1	0
0	1	1	0	1
1	0	0	1	0
1	0	1	0	1
1	1	0	0	1
1	1	1	1	1

由真值表可分别写出 S_n 和 C_n 的逻辑表达式,并化简得

$$S_n = \overline{A_n}\overline{B_n}C_{n-1} + \overline{A_n}B_n\overline{C_{n-1}} + A_n\overline{B_n}\overline{C_{n-1}} + A_nB_nC_{n-1}$$
$$= (\overline{A_n}B_n + A_n\overline{B_n})\overline{C_{n-1}} + (\overline{A_n}\overline{B_n} + A_nB_n)C_{n-1}$$
$$= S'_n\overline{C_{n-1}} + \overline{S'_n}C_{n-1}$$
$$= S'_n \oplus C_{n-1}$$

式中,$S'_n = \overline{A_n}B_n + A_n\overline{B_n} = A_n \oplus B_n$ 是半加器中的半加和。

$$C_n = \overline{A_n}B_nC_{n-1} + A_n\overline{B_n}C_{n-1} + A_nB_n\overline{C_{n-1}} + A_nB_nC_{n-1}$$
$$= (\overline{A_n}B_n + A_n\overline{B_n})C_{n-1} + A_nB_n(\overline{C_{n-1}} + C_{n-1})$$
$$= S'_nC_{n-1} + A_nB_n$$

由逻辑式可画出逻辑图。全加器可由两个半加器和一个或门组成,如图 6.18(a)所示。A_n 和 B_n 在第一个半加器中相加,先得出半加和 S'_n,S'_n 再与 C_{n-1} 在第二个半加器中相加,其本位和输出即全加和 S_n。两个半加器的进位输出再通过或门进行或运算,即可得出全加的进位数 C_n。全加器的逻辑符号如图 6.18(b)所示。

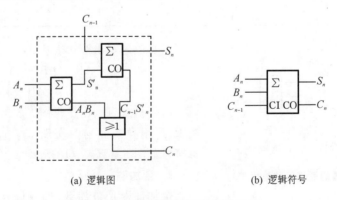

(a) 逻辑图　　　　　　　　　(b) 逻辑符号

图 6.18　全加器逻辑图和逻辑符号

6.5.2　比较器

在数字系统中,特别是在计算机中,经常要比较两个数的大小。数值比较器能够对两个位

数相同的二进制数比较大小。

1. 一位数值比较器

比较两个一位二进制数 A 和 B 时，会有以下三种结果：$A>B$、$A=B$、$A<B$，一位数值比较器的真值表如表 6.14 所示。

表 6.14　一位数值比较器真值表

输 入 变 量		输 出 变 量		
A	B	$F_{A>B}$	$F_{A=B}$	$F_{A<B}$
0	0	0	1	0
0	1	0	0	1
1	0	1	0	0
1	1	0	1	0

由表 6.14 可得出，函数逻辑表达式为

$$F_{A>B} = A\overline{B}$$

$$F_{A=B} = \overline{A} \cdot \overline{B} + AB$$

$$F_{A<B} = \overline{A}B$$

根据表达式可画出一位数值比较器的逻辑图，如图 6.19 所示。

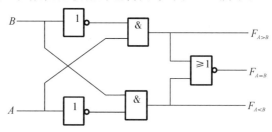

图 6.19　一位数值比较器逻辑图

2. 四位数值比较器

如果比较 2 个四位二进制数 $A=A_3A_2A_1A_0$ 和 $B=B_3B_2B_1B_0$（A_3 和 B_3 为最高位，A_0 和 B_0 为最低位），那么需要从高位到低位进行比较。首先比较最高位，若最高位相等，再逐位比较次高位直至最低位。

集成数值比较器 74LS85 是四位数值比较器，如图 6.20 所示为其逻辑功能示意图。数值比较器的输入端为 A_3、A_2、A_1、A_0、B_3、B_2、B_1、B_0，$I_{A>B}$、$I_{A=B}$ 和 $I_{A<B}$ 是级联输入端（扩展多于四位二进制数的端口），数值比较器的输出端为 $F_{A>B}$、$F_{A=B}$ 和 $F_{A<B}$。四位数值比较器 74LS85 的真值表如表 6.15 所示。

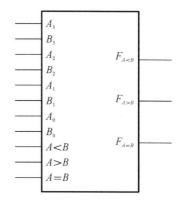

图 6.20　四位数值比较器逻辑功能示意图

表 6.15　74LS85 真值表

输 入 变 量				级 联 输 入			输 出 变 量		
A_3B_3	A_2B_2	A_1B_1	A_0B_0	$I_{A>B}$	$I_{A=B}$	$I_{A<B}$	$F_{A>B}$	$F_{A=B}$	$F_{A<B}$
$A_3 > B_3$	$\times$	$\times$	$\times$	$\times$	$\times$	$\times$	1	0	0

输 入 变 量				级 联 输 入			输 出 变 量		
$A_3 < B_3$	×	×	×	×	×	×	0	0	1
$A_3 = B_3$	$A_2 > B_2$	×	×	×	×	×	1	0	0
$A_3 = B_3$	$A_2 < B_2$	×	×	×	×	×	0	0	1
$A_3 = B_3$	$A_2 = B_2$	$A_1 > B_1$	×	×	×	×	1	0	0
$A_3 = B_3$	$A_2 = B_2$	$A_1 < B_1$	×	×	×	×	0	0	1
$A_3 = B_3$	$A_2 = B_2$	$A_1 = B_1$	$A_0 > B_0$	×	×	×	1	0	0
$A_3 = B_3$	$A_2 = B_2$	$A_1 = B_1$	$A_0 < B_0$	×	×	×	0	0	1
$A_3 = B_3$	$A_2 = B_2$	$A_1 = B_1$	$A_0 = B_0$	1	0	0	1	0	0
$A_3 = B_3$	$A_2 = B_2$	$A_1 = B_1$	$A_0 = B_0$	0	1	0	0	1	0
$A_3 = B_3$	$A_2 = B_2$	$A_1 = B_1$	$A_0 = B_0$	0	0	1	0	0	1

两片 74LS85 可构成一个八位数值比较器,如图6.21所示,比较 $a = a_7 a_6 a_5 a_4 a_3 a_2 a_1 a_0$ 和 $b = b_7 b_6 b_5 b_4 b_3 b_2 b_1 b_0$($a_7$ 和 b_7 为最高位,a_0 和 b_0 为最低位),低位 74LS85 的级联输入端取值为 $I_{A>B} = 0$,$I_{A=B} = 1$ 和 $I_{A<B} = 0$,低位 74LS85 的输出端作为高位 74LS85 的级联输入端,从而实现八位数值的比较。

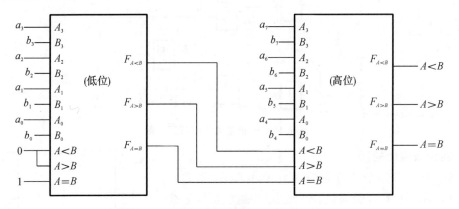

图 6.21　用 74LS85 扩展的八位数值比较器

6.5.3　编码器

把用来表示某种特定信息含义(例如十进制数码,字母 A、B、C 等,符号＋、－、×、＝等)的一串符号称为代码。把若干个二进制数码 0 和 1 按一定规律编排起来,这个过程就称为编码。具有这种逻辑功能的逻辑电路称为编码器。例如计算机的键盘就是由编码器组成的,每按一个键,编码器就将该键的含义转换为一个计算机能够识别的二进制代码,用它去控制机器的操作。

编码器的输入变量就是被编码的信号,一般用 N 表示要编码的信号个数的总和。输出信号是输入信号的编码,一般用 n 表示转换成二进制代码的位数。因为 n 位二进制数有 2^n 种状态,可以表示 2^n 个信号,所以要对 N 个信号进行编码时,选定的二进制数的位数 n 要满足 $2^n > N$。

　　按照不同的需要,有二进制编码器,二-十进制编码器、优先编码器等。

1. 二进制编码器

　　二进制编码器是将 2^n 个信号转换成 n 位二进制代码的逻辑电路。例如,4 个输入信号,输出为 2 个二进制数码,叫作 4 线-2 线编码器。还有 8 线-3 线编码器、16 线-4 线编码器。图 6.22 所示为 8 线-3 线编码器,图中 $I_0 \sim I_7$ 为编码器的输入端,$Y_0 \sim Y_2$ 为编码器的输出端,在某一时刻编码器只能有一个输入信号被转换成二进制代码输出。8 线-3 线编码器的功能表如表 6.16 所示,由功能表可知,8 个输入端 $I_0 \sim I_7$ 高电平有效,即当某个输入端为高电平时,在输出端得到对应的 3 位二进制代码。

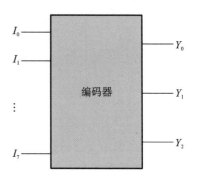

图 6.22　8 线-3 线译码器示意图

表 6.16　8 线-3 线编码器功能表

输　　　　　入								输　　　出		
I_7	I_6	I_5	I_4	I_3	I_2	I_1	I_0	Y_2	Y_1	Y_0
0	0	0	0	0	0	0	1			
0	0	0	0	0	0	1	0	0	0	1
0	0	0	0	0	1	0	0	0	1	0
0	0	0	0	1	0	0	0	0	1	1
0	0	0	1	0	0	0	0	1	0	0
0	0	1	0	0	0	0	0	1	0	1
0	1	0	0	0	0	0	0	1	1	0
1	0	0	0	0	0	0	0	1	1	1

　　由表 6.16 可得出逻辑表达式为

$$Y_2 = I_4 + I_5 + I_6 + I_7 = \overline{\overline{I_4} \cdot \overline{I_5} \cdot \overline{I_6} \cdot \overline{I_7}}$$
$$Y_1 = I_2 + I_3 + I_6 + I_7 = \overline{\overline{I_2} \cdot \overline{I_3} \cdot \overline{I_6} \cdot \overline{I_7}}$$
$$Y_0 = I_1 + I_3 + I_5 + I_7 = \overline{\overline{I_1} \cdot \overline{I_3} \cdot \overline{I_5} \cdot \overline{I_7}}$$

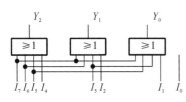

图 6.23　8 线-3 线编码器由或门构成的逻辑图

　　根据逻辑表达画出逻辑图如图 6.23 所示,还可自行画出由与门构成的逻辑图。

2. 二-十进制编码器

　　二-十进制编码器是将十进制的十个数字 0,1,2,$\cdots$,9 转换成二进制代码的逻辑电路。图 6.24 是一个二-十进制编码器逻辑图。它是一个具有 10 个输入变量、4 个输出变量的组合逻辑电路,$I_0 \sim I_9$ 是它的十个输入端,分别代表 0~9 十个数字。Y_3、Y_2、Y_1、Y_0 是它的四个输出端,组成 4 位二进制代码。由于 4 位二进制代码可以组成 $2^4 = 16$ 种状态,其中任何十种状态都可以表示 0~9 十个数字,所以必须选取其中的 10 种状态,去掉多余的 6 种状态,才能一一对应表示 0~9 这十个数字。

　　最常用的 BCD 编码方式是在 4 位二进制代码的 16 种状态中取出前面的 10 种状态,即用

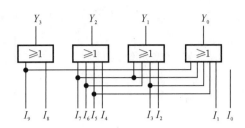

图 6.24 8421 BCD 码编码器

$0000\sim1001$ 来表示十进制数的 $0\sim9$ 十个数字,去掉后面的 6 种状态 $1010\sim1111$,如表 6.17 所示。编码表是把待编码的信号和对应的二进制代码列成的表格。从表中可以看出,二进制各位的 1 所代表的十进制数从高位到低位依次是 8、4、2、1,它们被称为 8421BCD 编码,简称 8421 编码。

表 6.17 8421 BCD 码编码表

输　　　入	输　　　出			
十进制数	Y_3	Y_2	Y_1	Y_0
$0(I_0)$	0	0	0	0
$1(I_1)$	0	0	0	1
$2(I_2)$	0	0	1	0
$3(I_3)$	0	0	1	1
$4(I_4)$	0	1	0	0
$5(I_5)$	0	1	0	1
$6(I_6)$	0	1	1	0
$7(I_7)$	0	1	1	1
$8(I_8)$	1	0	0	0
$9(I_9)$	1	0	0	1

由逻辑图和编码表都可写出如下逻辑表达式:

$$Y_3 = I_8 + I_9$$
$$Y_2 = I_4 + I_5 + I_6 + I_7$$
$$Y_1 = I_2 + I_3 + I_6 + I_7$$
$$Y_0 = I_1 + I_3 + I_5 + I_7 + I_9$$

当输入某个十进制数码时,只要使相应的输入端为高电平,其余各输入端都为低电平,编码器的四个输出端将出现一组对应的二进制代码。例如,当输入十进制数 6 时,使 $I_6=1$,其余各输入端为 0,由逻辑表达式可以求出输出端 $Y_3=0$,$Y_2=1$,$Y_1=1$,$Y_0=0$,这就是用二进制代码表示的十进制数 6。

3. 优先编码器

前面讲的两种类型的编码器都是普通编码器,在任何时刻都能对一个输入信号进行编码,但不允许有两个或两个以上的输入信号同时请求编码。而优先编码器允许有两个或两个以上的输入信号,优先对级别高的输入信号编码。

实际常用的是优先编码器,图 6.25 是 8 线-3 线优先编码器 74LS148 的逻辑示意图,表

6.18是 74LS148 的逻辑功能表。

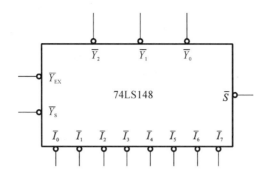

图 6.25　8 线-3 线优先编码器 74LS148 的逻辑示意图

表 6.18　74LS148 逻辑功能表

输　　入									输　　出				
$\overline{S}$	$\overline{I_7}$	$\overline{I_6}$	$\overline{I_5}$	$\overline{I_4}$	$\overline{I_3}$	$\overline{I_2}$	$\overline{I_1}$	$\overline{I_0}$	$\overline{Y_2}$	$\overline{Y_1}$	$\overline{Y_0}$	$\overline{Y_S}$	$\overline{Y_{EX}}$
1	×	×	×	×	×	×	×	×	1	1	1	1	1
0	1	1	1	1	1	1	1	1	1	1	1	0	1
0	0	×	×	×	×	×	×	×	0	0	0	1	0
0	1	0	×	×	×	×	×	×	0	0	1	1	0
0	1	1	0	×	×	×	×	×	0	1	0	1	0
0	1	1	1	0	×	×	×	×	0	1	1	1	0
0	1	1	1	1	0	×	×	×	1	0	0	1	0
0	1	1	1	1	1	0	×	×	1	0	1	1	0
0	1	1	1	1	1	1	0	×	1	1	0	1	0
0	1	1	1	1	1	1	1	0	1	1	1	1	0

由 74LS148 功能表分析其逻辑功能如下：

(1) $\overline{I_0} \sim \overline{I_7}$ 为编码输入端，$\overline{I_0} \sim \overline{I_7}$ 上面都有非号"‾"，表示编码器输入信号为低电平有效，即输入信号为 0 发出编码信号。输入端优先级别 $\overline{I_7}$ 最高，$\overline{I_0}$ 最低。

(2) $\overline{Y_0} \sim \overline{Y_2}$ 为编码输出端，$\overline{Y_0} \sim \overline{Y_2}$ 上面都有非号"‾"，采用反码输出。例如，对 $\overline{I_7}$ 编码，输出应为 111，而编码器输出为 000；对 $\overline{I_2}$ 编码，输出应为 010，而编码器输出为 101。

(3) $\overline{S}$ 为选通输入端或称为使能输入端，低电平有效。即当 $\overline{S}=0$ 时，编码器工作；当 $\overline{S}=1$ 时，编码器停止工作，所有输出端为高电平。

(4) $\overline{Y_S}$ 为选通输出端或称为使能输出端，低电平有效。当 $\overline{S}=0$ 且 $\overline{I_0} \sim \overline{I_7}$ 均为高电平，即没有输入编码信号时，$\overline{Y_S}=0$，此时编码器工作，但是无输入编码信号。$\overline{Y_S}$ 主要用于多个编码器的级联控制。当优先级别高的编码器工作但无输入编码信号时，$\overline{Y_S}=0$，$\overline{Y_S}$ 与优先级别低的相邻编码器的 $\overline{S}$ 端相连，则 $\overline{S}=0$，那么优先级别低的相邻编码器开始工作。当优先级别高的编码器开始工作且有输入编码时，$\overline{Y_S}=1$，$\overline{Y_S}$ 与优先级别低的相邻编码器的 $\overline{S}$ 端相连，则 $\overline{S}=1$，那么优先级别低的相邻编码器不工作。

(5) $\overline{Y_{EX}}$ 为扩展输出端，低电平有效。当 $\overline{S}=0$ 且 $\overline{I_0} \sim \overline{I_7}$ 中有任何一个输入编码信号为低

电平时,$\overline{Y}_{EX}=0$,此时编码器正常工作且有输入编码信号。

用两片 74LS148 构成 16 线-4 线优先编码器,如图 6.26 所示,分析其逻辑功能如下:

(1) $\overline{A}_0 \sim \overline{A}_{15}$ 为 16 个输入编码信号,低电平有效。低位 74LS148(I)输入信号为 $\overline{A}_0 \sim \overline{A}_7$,高位 74LS148(Ⅱ)输入信号为 $\overline{A}_8 \sim \overline{A}_{15}$,优先级别 $\overline{A}_{15}$ 最高,$\overline{A}_0$ 最低。

(2) $Z_0 \sim Z_3$ 为编码输出端,由于采用了反相器和与非门,编码器采用原码输出。

(3) $\overline{S}$ 为选通输入端,低电平有效;$\overline{Y}_S$ 为选通输出端,低电平有效。高位 74LS148(Ⅱ)的选通输入端 $\overline{S}=0$,即允许编码时,若有输入编码信号 $\overline{A}_8 \sim \overline{A}_{15}$,则高位 74LS148(Ⅱ)进行编码,$\overline{Y}_S=1$,低位 $\overline{S}=1$ 则低位 74LS148(I)停止工作,说明高位 74LS148(Ⅱ)的 $\overline{Y}_S$ 接到低位 74LS148(I)的选通输入端 $\overline{S}$ 以控制低位 74LS148(I)工作,这是因为高位 74LS148(Ⅱ)输入信号的优先级别高于低位 74LS148(I)的。若无输入编码信号 $\overline{A}_8 \sim \overline{A}_{15}$,则高位 74LS148(Ⅱ)的 $\overline{Y}_S=0$,低位的 $\overline{S}=0$,则低位 74LS148(I)编码工作。

(4) $\overline{Y}_{EX}$ 为扩展输出端,低电平有效。将高位 74LS148(Ⅱ)的 $\overline{Y}_{EX}$ 输出接反相器后作为编码输出的最高位,因为 $\overline{Y}_{EX}=0$ 表示高位 74LS148(Ⅱ)有输入编码信号。

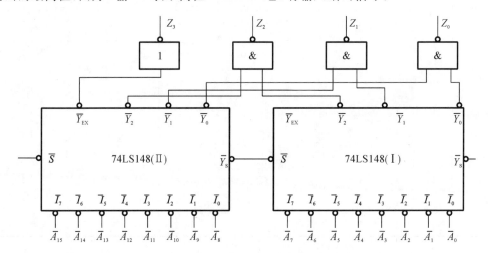

图 6.26　用两片 74LS148 构成 16 线-4 线优先编码器

6.5.4　译码器和数码显示器

译码是编码的逆过程,是指将编码后代表某种含义的二进制代码翻译成相应信息的过程,表现为某种电路的输出状态(高、低电平或脉冲)。实现译码功能的电路称为译码器。译码器一般是具有多输入多输出的组合逻辑电路,输入为二进制代码,输出为与输入代码相对应的特定信息。

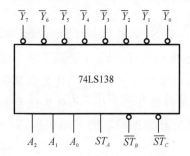

图 6.27　译码器的逻辑示意图

1. 二进制译码器

将 n 位二进制代码转换成 2^n 种输出信号的电路,称为 $n\text{-}2^n$ 线译码器。例如,把两位二进制代码译成 4 种输出信号,三位二进制代码译成 8 种输出信号等。

例如,常用的 3 位二进制译码器 74LS138,输入信号为 3 个(A_2、A_1、A_0),输出信号为 8 个($\overline{Y}_7 \sim \overline{Y}_0$),故又称为 3 线-8 线译码器。图 6.27 是译码器的逻辑示

意图。表 6.19 为 74LS138 的逻辑功能表。

表 6.19　74LS138 逻辑功能表

输　　入					输　　出							
ST_A	$\overline{ST_B}+\overline{ST_C}$	A_2	A_1	A_0	$\overline{Y_7}$	$\overline{Y_6}$	$\overline{Y_5}$	$\overline{Y_4}$	$\overline{Y_3}$	$\overline{Y_2}$	$\overline{Y_1}$	$\overline{Y_0}$
×	1	×	×	×	1	1	1	1	1	1	1	1
0	×	×	×	×	1	1	1	1	1	1	1	1
1	0	0	0	0	1	1	1	1	1	1	1	0
1	0	0	0	1	1	1	1	1	1	1	0	1
1	0	0	1	0	1	1	1	1	1	0	1	1
1	0	0	1	1	1	1	1	1	0	1	1	1
1	0	1	0	0	1	1	1	0	1	1	1	1
1	0	1	0	1	1	1	0	1	1	1	1	1
1	0	1	1	0	1	0	1	1	1	1	1	1
1	0	1	1	1	0	1	1	1	1	1	1	1

由表 6.19 可知：① ST_A、$\overline{ST_B}$、$\overline{ST_C}$ 为译码器工作状态控制端或称使能端。其中只要有一个信号无效(指 $ST_A=0$、$\overline{ST_B}=1$、$\overline{ST_C}=1$)，译码器的所有输出均为高电平 1，译码器不工作；② ST_A、$\overline{ST_B}$、$\overline{ST_C}$ 三个信号全部有效时，译码器工作，正常译码。且只有一个输出为低电平 0，其余输出均为高电平 1，如输入代码为 $A_2A_1A_0=011$，输出只有 $\overline{Y_3}=0$，这样就实现了把输入信号译成特定信号的作用。

2. 二-十进制显示译码器

在数字仪表、计算机及其他数字系统中，经常需要将数字和运算结果以人们习惯的十进制数字形式显示出来，这就要用二-十进制显示译码器，它能够把以二-十进制代码表示的结果作为输入进行译码，并用其输出去驱动数码显示器件，从而显示出十进制数字。在显示器件中，应用较广泛的是七段数码显示器，相应的就需要使用七段显示译码器。

(1) 七段数码显示器。

常见的七段数码显示器有半导体数码管(LED)显示器、液晶(LCD)显示器和荧光数码管显示器等。它们都是由七段可发光的字段组合而成，组字原理相同，但发光字段的材料和发光原理不同。下面仅以半导体数码管为例，说明七段数码显示器的组字原理。

发光二极管是一种将电能转换成光能的发光器件。当外加正向电压时，它可发出清晰醒目的光线。将七个条状发光二极管按"日"字形排列封装在一起即成半导体发光数码管，如图 6.28(a)所示。七个条状发光二极管组成七个字段，利用这七个字段的不同发光组合，便可显示出 0,1,2,…,9 共十个不同的数字，由七个字段的不同发光组合所显示的数字图形如图 6.28(b)所示。

半导体发光数码管各发光二极管的连接方式有共阴极接法和共阳极接法两种，如图 6.29 所示。对于共阴极接法的数码管，某字段加有高电平时发光，反之不发光；而对于共阳极接法的数码管，某字段加有低电平时发光，反之不发光。半导体数码管的七个字段的各端与七段显

(a)"日"字形封装　　　　　　　　　(b) 数字图形

图 6.28　七段显示的数字图形

示译码器的相应输出端连接,当译码器输入端输入二进制代码时,即可使不同的字段发光而显示不同的字形。例如,若用共阴极接法,当输入为 1000 时,应使 $abcdefg=1111111$,七段全亮,显示出"8"字;当输入为 0000 时,只 g 段不亮,$abcdefg=1111110$,显示出"0"字;当输入 0001 时,b、c 段亮,$abcdefg=0110000$,显示出"1"字;等等。若用共阳极接法,当输入为 1000 时,应使 $abcdefg=0000000$,七段全亮,显示出"8"字;当输入为 0000 时,只 g 段不亮,$abcdefg=0000001$,显示出"0"字;当输入 0001 时,b、c 段亮,$abcdefg=1001111$,显示出"1"字;等等。因此,驱动数码显示器的七段显示译码器的连接方式,也分为共阴极和共阳极接法两种。使用时数码显示器和显示译码器的类型要一致。

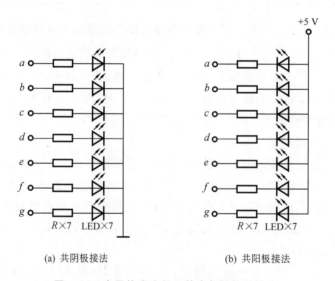

(a) 共阴极接法　　　　　　　　　(b) 共阳极接法

图 6.29　半导体发光数码管内部结构及接法

（2）七段显示译码器。

　　七段显示译码器的作用是将 4 位二进制代码(8421BCD 码)代表的十进制数字,翻译成显示器输入所需要的 7 位二进制代码($abcdefg$),以驱动显示器显示相应的数字。因此,常把这种译码器称为"代码译码器"。

　　七段显示译码器常采用集成电路。常见的有 T337 型(共阴极),T338 型(共阳极)等。图6.30 是七段显示译码器的外引线排列图。A_3、A_2、A_1、A_0 为四位二进制数码输入端,$a\sim g$ 为输出端,分别接到七段液晶显示器的 $a\sim g$ 端,均为高电平有效。表 6.20 为它的逻辑功能表,表中 0 指低电平,1 指高电平,×指任意电平。I_B 为消隐输入端,高电平有效,即 $I_B=1$,译码器可以正常工作;$I_B=0$,显示器熄灭,不工作。U_{CC} 通常取＋5 V。

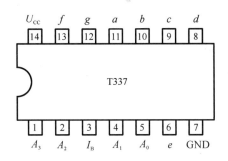

图 6.30　T337 外引线排列图

表 6.20　七段显示译码器 T337 逻辑功能表

输　入					输　出							数字
I_B	A_3	A_2	A_1	A_0	a	b	c	d	e	f	g	
0	×	×	×	×	0	0	0	0	0	0	0	
1	0	0	0	0	1	1	1	1	1	1	0	0
1	0	0	0	1	0	1	1	0	0	0	0	1
1	0	0	1	0	1	1	0	1	1	0	1	2
1	0	0	1	1	1	1	1	1	0	0	1	3
1	0	1	0	0	0	1	1	0	0	1	1	4
1	0	1	0	1	1	0	1	1	0	1	1	5
1	0	1	1	0	1	0	1	1	1	1	1	6
1	0	1	1	1	1	1	1	0	0	0	0	7
1	1	0	0	0	1	1	1	1	1	1	1	8
1	1	0	0	1	1	1	1	1	0	1	1	9

6.6　本章仿真实训

组合逻辑电路的实验分析

一、实验目的

1. 进一步熟悉各种常用门电路的逻辑符号及逻辑功能。
2. 认识各种组合逻辑门集成芯片及其各管脚功能的排列情况。
3. 验证半加器、全加器的逻辑功能。
4. 学会组合逻辑电路的实验分析方法。
5. 利用 Multisim 软件对电路进行仿真，并对仿真结果进行分析。

二、实验原理

1. 常用逻辑门符号及逻辑表达式

如图 6.31 所示,图(a)为与门,逻辑表达式为 $Q=A \cdot B$。图(b)为或门,逻辑表达式为 $Q=A+B$。图(c)为与非门,逻辑表达式为 $Q=\overline{A \cdot B}$。图(d)为异或门,逻辑表达式为 $Q=A \oplus B$。图(e)为非门,逻辑表达式为 $Q=\overline{A}$。

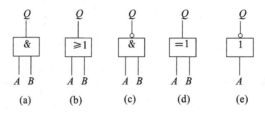

图 6.31　常用逻辑门符号

2. 用与非门构成的半加器

如图 6.32 所示,由电路图可得到以下关系式:

$$Y = A \oplus B$$
$$Z = AB$$

3. 半加器的电路图和表达式

对于图 6.33 所示的半加器电路,逻辑表达式为

$$S_n = A \oplus B$$
$$C_n = AB$$

4. 全加器的电路图和表达式

对于图 6.34 所示的全加器电路,逻辑表达式为

$$S_n = A \oplus B \oplus C_{n-1}$$
$$C_n = A_n B_n + (A_n \oplus B_n) C_{n-1}$$

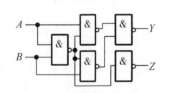
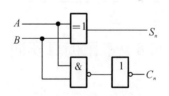
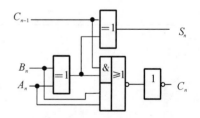

图 6.32　用与非门构成的半加器　　　图 6.33　半加器电路图　　　图 6.34　全加器电路图

三、实验内容和步骤

1. 测试用与非门组成的电路的逻辑功能

(1) 用 Multisim 仿真软件,选择 TTL 元件库中的与非门 7400N,设置 5 个 7400N 放在电路中,电源和接地从 Sources 器件库中选择 POWER SOURCES 里的电源 VCC 和接地 GROUND,输入信号 A 和 B 的按键从 Basic 器件库中选择 SWITCH 里的开关 SPDT,指示灯从元器件栏中的 Indicators 器件库里选择电压探测器 PROBE,Y 和 Z 分别选用 X1 红灯 PROBE RED 和 X2 绿灯 PROBE GREEN,按图 6.32 建立如图 6.35 所示的仿真实验电路图。

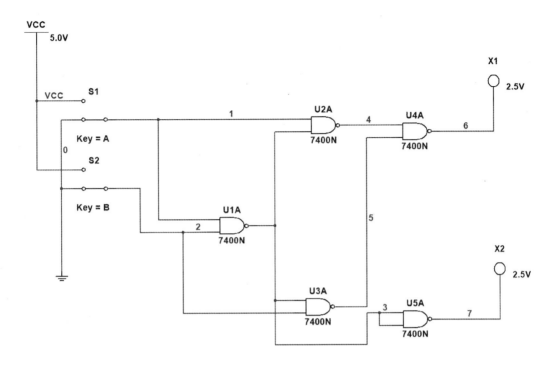

图 6.35　用与非门组成的电路仿真实验电路图

（2）启动仿真运行，观察电路功能能否实现。如图 6.36 所示电路显示当 $AB = 10$（A 为高电平，B 为低电平）时，X1＝1（指示灯红灯亮），故 $Y = 1$；如图 6.37 所示电路显示当 $AB = 11$（A 为高电平，B 也为高电平）时，X2＝1（指示灯绿灯亮），故 $Z = 1$。

（3）按表 6.21 的要求输入信号，测出相应的输出逻辑电平，并填入表 6.21 中。

表 6.21　逻辑电路实验记录表

A	B	Y	Z
0	0		
0	1		
1	0		
1	1		

（4）根据表格数据写出逻辑表达式并概述电路的逻辑功能。

2. 测试用异或门、与非门和非门组成的电路的逻辑功能

（1）用 Multisim 仿真软件，选择 TTL 元件库中的异或门 74LS86D、与非门 7400N 和非门 7404N，按图 6.33 建立如图 6.38 所示的仿真实验电路图。

（2）单击 Multisim 主窗口中的仪器仪表库，选择逻辑变换器 Logic converter 正确连入电路中，如图 6.39 所示。

（3）双击逻辑变换器，在弹出的"Logic Converter-XLC1"窗口中单击
"$\boxed{\quad \Leftrightarrow \; \rightarrow \; \text{101} \quad}$"（逻辑图转换为真值表按钮），显示如图 6.40 所示的 S_n 仿真结果，在
"Logic Converter-XLC1"窗口中，当 AB 为 00、01、10、11 时，Y 值分别为 0、1、1、0。单击
"$\boxed{\quad \text{101} \; \text{SIMP} \; \text{A|B} \quad}$"（真值表到简化表达式按钮），逻辑表达式为 $S_n = \overline{A}B + A\overline{B} = A \oplus B$，

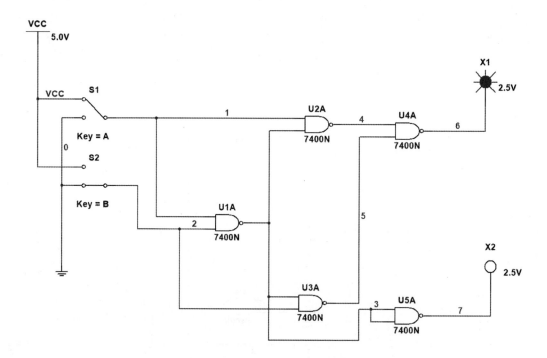

图 6.36　用与非门组成的电路启动仿真运行电路图 1

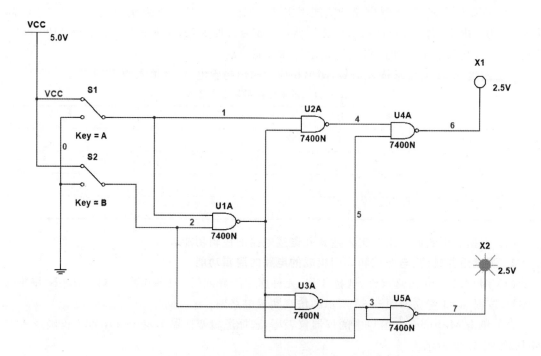

图 6.37　用与非门组成的电路启动仿真运行电路图 2

如图 6.41 所示。

　　图 6.42 所示为 C_n 仿真结果,在"Logic Converter-XLC1"窗口中,当 AB 为 00、01、10、11 时,Y 值分别为 0、0、0、1。单击"　　　　　　　　　　"(真值表到简化表达式按钮),逻辑表

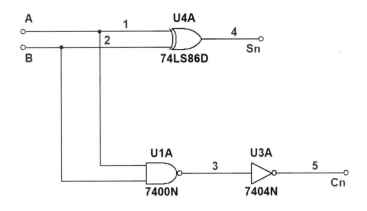

图 6.38 用异或门和与非门组成的电路仿真实验电路图

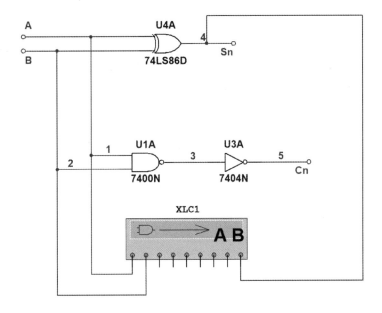

图 6.39 选择逻辑变换器仿真用异或门和与非门组成的实验电路图

达式为 $C_n = AB$，如图 6.43 所示。

（4）按表 6.22 的要求输入信号，测出相应的输出逻辑电平，并填入表 6.22 中。

表 6.22 半加器电路实验记录表

A	B	S_n	C_n
0	0		
0	1		
1	0		
1	1		

（5）根据表格数据写出逻辑表达式并概述电路的逻辑功能。

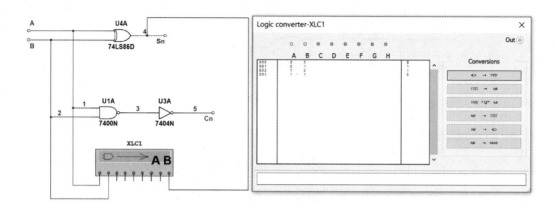

图 6.40　用异或门和与非门组成电路的 S_n 仿真结果

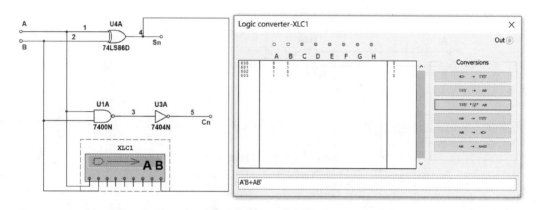

图 6.41　用异或门和与非门组成电路的 S_n 逻辑表达式

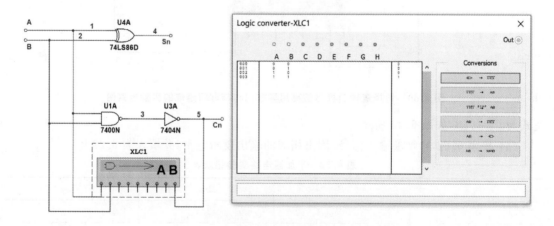

图 6.42　用异或门和与非门组成电路的 C_n 仿真结果

3. 测试用异或门、非门和与或非门组成的电路的逻辑功能

（1）用 Multisim 仿真软件，选择 TTL 元件库中的异或门 74LS86D、非门 7404N 和与或非门 74LS51D，输入信号 A 和 B、低位进位信号 C 的按键从 Basic 器件库中选择 SWITCH 里的开关 SPDT，S_n 和 C_n 分别选用 X1 红灯 PROBE RED 和 X2 绿灯 PROBE GREEN，按图 6.34

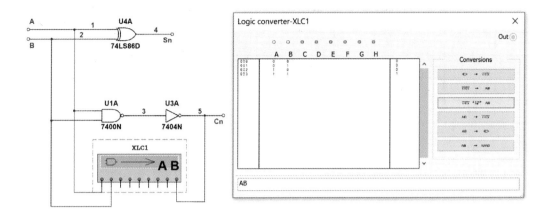

图 6.43 用异或门和与非门组成电路的 C_n 逻辑表达式

建立如图 6.44 所示的仿真实验电路图。

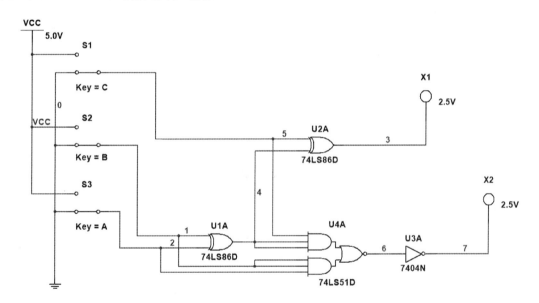

图 6.44 用异或门、非门和与或非门组成的电路仿真实验电路图

(2) 启动仿真运行,观察电路功能能否实现。如图 6.45 所示,当 $ABC=010$(A 为低电平,B 为高电平,C 为低电平)时,X1=1(指示灯红灯亮),故 $S_n=1$;如图 6.46 所示,当 $ABC=111$(A、B、C 均为高电平)时,X1=1(指示灯红灯亮),X2=1(指示灯绿灯亮),故 $Z=1$。

(3) 按表 6.23 要求输入信号,测出相应的输出逻辑电平,并填入表 6.23 中。

表 6.23 全加器电路实验记录表

A_n	B_n	C_{n-1}	S_n	C_n
0	0	0		
0	0	1		
0	1	0		
0	1	1		

A_n	B_n	C_{n-1}	S_n	C_n
1	0	0		
1	0	1		
1	1	0		
1	1	1		

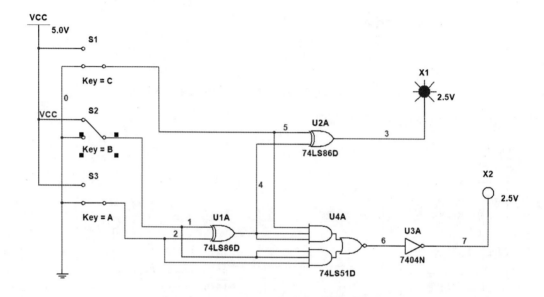

图 6.45　用异或门、非门和与或非门组成的电路启动仿真运行电路图 1

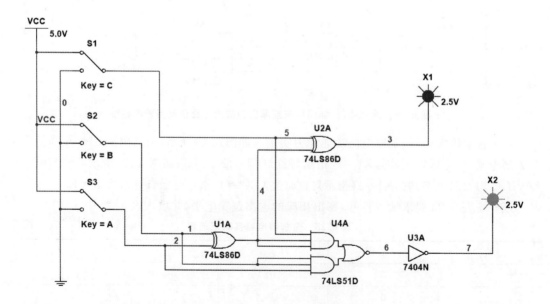

图 6.46　用异或门、非门和与或非门组成的电路启动仿真运行电路图 2

（4）根据表格数据写出逻辑表达式并概述电路的逻辑功能。

本 章 小 结

1. 数字电路是工作在数字信号下的电路,也称为逻辑电路。数字电路是电子技术的重要分支,其应用范围非常广泛。数字电路中的输入信号是用高电平 1 和低电平 0 来表示的。

2. 基本逻辑关系有三种:与、或、非。与门、或门、非门能分别实现这三种逻辑关系,是三种最基本的逻辑门电路。在基本逻辑门电路的基础上,还可以组成与非门、或非门两种应用较多的逻辑门电路。

3. 逻辑代数是研究数字电路的一种数学工具,要掌握其基本运算法则和常用公式。对于由若干基本逻辑门组合而成的组合逻辑电路,可以根据逻辑图写出逻辑函数表达式并化简,得到比较简单的表达式,列出真值表,画出卡诺图和时序图,分析其逻辑功能。逻辑图、逻辑函数表达式、真值表、卡诺图和时序图之间可以相互转换。

4. 为了更好地使用数字集成芯片,应熟悉 TTL 各系列芯片的外部特征、主要参数、优缺点和使用注意事项。

4. 组合逻辑电路的特点是在任何时刻的输出状态与当时的输入状态有关,而与电路原理的状态无关,电路无存储功能。

5. 目前各种规模集成组合逻辑器件应用广泛。加法器、比较器、编码器、译码器是常用的组合逻辑电路。要求掌握 74LS148 编码器、74LS138 译码器的功能及应用,七段译码显示电路的连接,熟悉这些逻辑器件的功能,学会查阅手册,会灵活使用这些组合逻辑器件。

6. 组合逻辑电路的分析是找出电路中输出变量与输入变量之间的逻辑关系,确定电路的逻辑功能的主要方法。

7. 组合逻辑电路的设计是分析的逆过程,它是将实际问题抽象为逻辑问题,然后确定输出变量和输入变量,建立它们之间的逻辑关系,设计出需要的电路。

习　　题

第 6 章即测题

6.1　将下列十进制数转换为二进制数。
$$5;8;12;30;51$$

6.2　将下列十进制数转换为十六进制数。
$$97;573;785;1356$$

6.3　将下列各数转换为十进制数。
$$(1001)_2;(01101001)_2;(101101001)_2;(16)_{16};(EBC)_{16};(796)_{16}$$

6.4　输入 A、B 的波形如题 6.4 图所示,分别画出与门、或门、与非门、或非门的输出波形图。

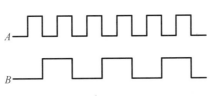

题 6.4 图

6.5　用逻辑代数的基本公式和定律,化简下列逻辑函数。

(1) $F = A\overline{B}C + \overline{A} + B + \overline{C}$

(2) $F = ABC + AC\overline{D} + A\overline{C} + CD$

(3) $F = A\,\overline{BC} + ABC + \overline{A}BC + \overline{A}B\overline{C}$

(4) $F = AC(\overline{C}D + \overline{A}B) + BC + \overline{(B + \overline{A}D + CD)}$

(5) $F = A\overline{B}C + \overline{A}BC + ABC + \overline{A}\,\overline{B}C$

(6) $F = A + \overline{\overline{B} + \overline{CD}} + \overline{AD\,\overline{B}}$

6.6　用逻辑代数证明下列各式:

(1) $ABC + \overline{A} + \overline{B} + \overline{C} = 1$

(2) $\overline{A}\,\overline{B} + A\overline{B} + \overline{A}B = \overline{A} + \overline{B}$

(3) $\overline{A}B + \overline{A}BCD(E + F) = \overline{A}B$

6.7　用卡诺图化简下列函数,并写出最简与或表达式。

(1) $F(A,B,C,D) = \sum m(0,1,2,4,5,7,9,12)$

(2) $F(A,B,C,D) = \sum m(2,3,6,7,8,10,12,14)$

(3) $F = \overline{B}\,\overline{C}\,\overline{D} + \overline{A}BD + BCD + AC + A\overline{B}$

6.8　写出如题 6.8 图所示逻辑电路的逻辑表达式。

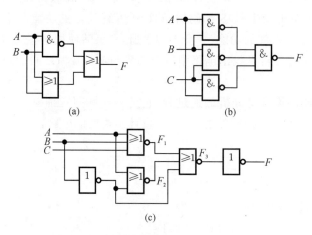

题 **6.8** 图

6.9　根据下列逻辑式,写出真值表,画出逻辑电路图。

(1) $F = AB + BC$

(2) $F = \overline{A + B} \cdot A \cdot \overline{BC}$

(3) $F = A(B + C) + BC$

(4) $F = (A + B) \cdot (B + C)$

6.10　设计一个举重裁判表决电路,要求如下:

设举重比赛有 3 个裁判,一个主裁判和两个副裁判。杠铃完全举起的裁决由每一个裁判按一下自己面前的按钮来确定。只有当两个或两个以上裁判(其中必须包含主裁判)判明成功时,表明举重成功的灯才亮。

6.11　设计一个交通报警控制电路,要求如下:

交通信号灯有红、绿、黄 3 种,三种灯分别单独工作或黄、绿灯同时工作时属正常情况,其他情况均属于故障情况,出现故障时输出报警信号。

6.12 如题 6.12 图所示电路,一个照明灯安装两个控制开关(例如楼道照明)。单刀双掷开关 A 装在甲处,开关 B 装在乙处。在甲处开灯后可在乙处关灯,在乙处开灯后也可在甲处关灯。由图可以看出,只有当两个开关都处于向上或都处于向下位置时,灯才亮;否则灯就不亮。试设计一个实现这种关系的逻辑电路。

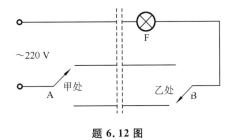

题 6.12 图

6.13 如题 6.13 图所示为 8 线-3 线编码器。$I_0 \sim I_7$ 为 8 个输入端(即 8 个被编码的对象),Y_0、Y_1、Y_2 为 3 个输出端。写出输出变量与输入变量的逻辑关系表达式。

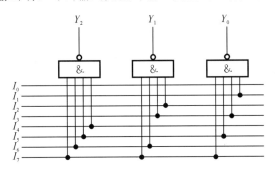

题 6.13 图

6.14 将下列函数写成标准"与或"式,并用如题 6.14 图所示的编码器 74LS138 和与非门实现,完成电路的连线。

$$F(A,B,C) = A\overline{B} + B\overline{C}$$

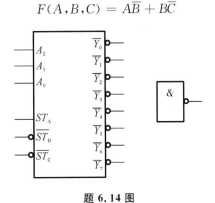

题 6.14 图

第7章 触发器和时序逻辑电路

第 6 章讨论的各种门电路及其组成的组合逻辑电路中,它们的输出变量状态仅由当时的输入变量的组合状态来决定,而与电路原来的状态无关,即它们不具有记忆功能。但是一个复杂的计算机或数字系统,要连续进行各种复杂的运算和控制,就必须在运算和控制过程中,暂时保存(记忆)一定的代码(指令、操作数或控制信号),这就需要利用本章将要讨论的触发器构成的具有记忆功能的逻辑电路(如寄存器和计数器),即时序逻辑电路。这种电路某一时刻的输出状态不仅和当时的输入状态有关,而且还和电路原来的状态有关。

触发器按其稳定工作状态可分为双稳态触发器、单稳态触发器、无稳态触发器。本书只讨论双稳态触发器,它是各种时序逻辑电路的基础。

7.1 双稳态触发器

双稳态触发器是构成时序逻辑电路的基本逻辑部件。它有两种相反的稳定输出状态:0 状态和 1 状态。在不同的输入情况下,它可以被置成 0 状态或 1 状态;当输入信号消失后,所置成的状态能够保持不变。

所以,双稳态触发器可以记忆 1 位二值信号。根据逻辑功能的不同,双稳态触发器可以分为 R-S 触发器、J-K 触发器、D 触发器、T 触发器等;按照结构形式的不同,又可分为主从型触发器和维持-阻塞型触发器等。

7.1.1 基本 R-S 触发器

基本 R-S 触发器由两个与非门交叉连接而成。图 7.1(a)、(b)分别是它的逻辑电路和逻辑符号。$\overline{R}_D$、$\overline{S}_D$ 是信号输入端,Q、$\overline{Q}$ 是输出端。

在正常情况下,两个输出端 Q、$\overline{Q}$ 的逻辑状态能保持相反。一般把 Q 的状态规定为触发器的状态。

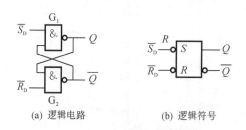

(a) 逻辑电路　　　　　　(b) 逻辑符号

图 7.1 基本 R-S 触发器

$Q=1$、$\overline{Q}=0$ 的状态称 1 状态(置位状态),$Q=0$、$\overline{Q}=1$ 的状态称 0 状态(复位状态),这就是触发器的两种稳定状态,所以称为双稳态触发器。

相对应的输入端 $\overline{S}_D$ 称为直接置 1 端(直接置位端),$\overline{R}_D$ 称为直接置 0 端(直接复位端),二者均是低电平有效。

下面分四种情况来分析基本 R-S 触发器输出与输入的逻辑关系。说明：触发器在正常情况下两个输入端总是一直加高电平。

(1) $\overline{R}_D = 0$，$\overline{S}_D = 0$。

当 $\overline{S}_D$ 端和 $\overline{R}_D$ 端同时加负脉冲，无论初始状态为什么状态，两个与非门的输出端 Q 和 $\overline{Q}$ 都会变为 1，这时已不符合 Q 与 $\overline{Q}$ 相反的逻辑关系。同时，当负脉冲除去后，触发器将由各种偶然因素决定其最终状态，因此这种情况在使用中应禁止出现。

(2) $\overline{R}_D = 0$，$\overline{S}_D = 1$。

由于 $\overline{R}_D = 0$，与非门 G_2 有一个输入端为 0，不论 Q 为 0 还是 1，都有 $\overline{Q} = 1$（与非门逻辑功能为"有 0 为 1"）；再由 $\overline{S}_D = 1$、$\overline{Q} = 1$ 可得 $Q = 0$（与非门"全 1 为 0"）。即不论触发器原来处于什么状态都将变成 0 状态，这种情况称将触发器置 0 或复位。由于是在 $\overline{R}_D$ 端加输入信号（负脉冲）将触发器置 0，所以把 $\overline{R}_D$ 端称为触发器的置 0 端或复位端。

(3) $\overline{R}_D = 1$，$\overline{S}_D = 0$。

由于 $\overline{S}_D = 0$，不论 $\overline{Q}$ 为 0 还是 1，都有 $Q = 1$；再由 $\overline{R}_D = 1$、$Q = 1$ 可得 $\overline{Q} = 0$。即不论触发器原来处于什么状态都将变成 1 状态，这种情况称将触发器置 1 或置位。由于是在 $\overline{S}_D$ 端加输入信号（负脉冲）将触发器置 1，所以把 $\overline{S}_D$ 端称为触发器的置 1 端或置位端。

(4) $\overline{R}_D = 1$，$\overline{S}_D = 1$。

假如在第(2)种情况下，$\overline{R}_D$ 由 0 变 1（即除去负脉冲），或在第(3)种情况下，$\overline{S}_D$ 由 0 变 1（即除去负脉冲），这样 $\overline{R}_D = 1$、$\overline{S}_D = 1$，则触发器保持原有状态不变，即 Q 原来为 1 还继续是 1，Q 原来为 0 还继续是 0，这就是触发器具有存储或记忆能力。

为什么能保持原有状态不变呢？假如在第(2)种情况下，触发器处于 0 状态，即 $\overline{R}_D = 0$、$\overline{S}_D = 1$，$Q = 0$，$\overline{Q} = 1$，当 $\overline{R}_D$ 由 0 变 1（即除去负脉冲）时，G_2 门的另一个输入端就是 Q 仍为 0，其输出 $\overline{Q}$ 仍为 1，G_1 门两个输入均为 1，所以输出 $Q = 0$，因此触发器能保持 0 态不变。

假如在第(3)种情况下，触发器处于 1 状态，即 $\overline{R}_D = 1$、$\overline{S}_D = 0$，$Q = 1$，$\overline{Q} = 0$，当 $\overline{S}_D$ 由 0 变 1（即除去负脉冲）时，G_1 门的另一个输入端就是 $\overline{Q}$ 仍为 0，其输出 Q 仍为 1，所以输出 $Q = 1$，触发器保持 1 态不变。

从上述分析可知，基本 R-S 触发器有两个稳定状态，即置位（置 1）或复位（置 0）状态。在直接置位端加负脉冲（$\overline{S}_D = 0$）即可置位（$Q = 1$），在直接复位端加负脉冲（$\overline{R}_D = 0$）即可复位（$Q = 0$）。负脉冲除去后，直接置位端和直接复位端都处于高电平（因为两个输入端平时固定接高电平），此时触发器保持相应负脉冲去掉前的状态（保持原状态不变），实现存储或记忆功能。但要注意负脉冲不可同时加在直接置位端和直接复位端。基本 R-S 触发器的逻辑状态表如表 7.1 所示。

表 7.1　基本 R-S 触发器逻辑状态表

$\overline{R}_D$	$\overline{S}_D$	Q	$\overline{Q}$	功能
0	0	不定	不定	不允许
0	1	0	1	置 0
1	0	1	0	置 1
1	1	不变	不变	保持

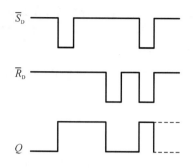

图 7.2 基本 R-S 触发器的工作波形

图 7.1(b)是基本 R-S 触发器的逻辑符号,图中输入端引线上靠近方框的小圆圈表示触发器用负脉冲(0电平)来置位或复位。图 7.2 是基本 R-S 触发器的工作波形。

7.1.2 可控 R-S 触发器

为克服基本 R-S 触发器输出状态直接受输入信号控制的缺点,在基本 R-S 触发器的基础上增加两个控制门和一个触发信号,让输入控制信号经过控制门传送到基本触发器。如图 7.3(a)所示,与非门 G_1 和 G_2 构成基本 R-S 触发器;与非门 G_3 和 G_4 是控制门;S 和 R 是置 1 和置 0 信号输入端(高电平有效);CP 是时钟脉冲,时钟脉冲起触发信号的作用。这就是可控 R-S 触发器(也叫作同步 R-S 触发器),其逻辑符号如图 7.3(b)所示。

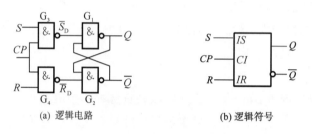

(a) 逻辑电路   (b) 逻辑符号

图 7.3 可控 R-S 触发器

当时钟脉冲到来之前,即 $CP=0$,不论 R 和 S 端的电平如何变化,G_3 和 G_4 门的输出均为 1,基本 R-S 触发器保持原状态不变;只有当时钟脉冲到来之后,即 $CP=1$,触发器才按 R 和 S 端的输入状态来决定其输出状态;时钟脉冲过去后,输出状态保持不变。

$\overline{S}_D$ 和 $\overline{R}_D$ 是直接置位端和直接复位端,用来使触发器直接置 1 或置 0。它们不受时钟脉冲 CP 的控制,一般用在工作之初,预先使触发器处于某一给定状态,在工作过程中不用它们,让它们处于 1 态(高电平)。

触发器的输出状态与 R、S 端的输入状态的关系如表 7.2 所示。Q^n 表示时针脉冲到来之前触发器的输出状态;Q^{n+1} 表示时钟脉冲到来之后触发器的输出状态。

表 7.2 可控 R-S 触发器逻辑状态表

CP	R	S	Q^{n+1}	功能
0	$\times$	$\times$	Q^n	保持
1	0	0	Q^n	保持
1	0	1	1	置1
1	1	0	0	置0
1	1	1	不定	不允许

当时钟脉冲(正脉冲)到来之后,CP 变为 1,触发器的输出状态就由 R、S 端的状态来决定。

(1) 如果 $R=0$,$S=0$,则 G_3 门和 G_4 门输出都为 1,触发器的输出保持原来的状态不变,

即 $Q^{n+1} = Q^n$。

（2）如果 $R=0,S=1$，则 G_4 门输出仍保持 1，G_3 门输出将变为 0，而向 G_1 门送一个为 0 的负脉冲，触发器的输出端无论原来是什么状态都将变为 1 态，即 $Q=1$。

（3）如果 $R=1,S=0$，则 G_3 门输出仍保持 1，G_4 门输出将变为 0，而向 G_2 门送一个为 0 的负脉冲，触发器的输出将变为 0 态，即 $Q=0$。

（4）如果 $R=1,S=1$，则 G_3 门和 G_4 门输出都为 0，均向基本触发器送负脉冲，使触发器 G_1、G_2 门的输出 Q 和 $\overline{Q}$ 都为 1，这违反了 Q 和 $\overline{Q}$ 应该相反的逻辑要求。当时钟脉冲过去以后触发器的输出状态是不定的，这种不正常的情况应避免出现。

可控 R-S 触发器的特性方程为

$$\begin{cases} Q^{n+1} = S + \overline{R}Q^n(CP = 1 \text{ 期间有效}) \\ RS = 0(\text{约束条件}) \end{cases}$$

图 7.4 是可控 R-S 触发器的工作波形。可控 R-S 触发器具有上升沿触发的特点。从图中可以看出，在时钟脉冲 CP 为高电平 1 期间，输出 Q 状态随 R、S 的变化可能翻转。

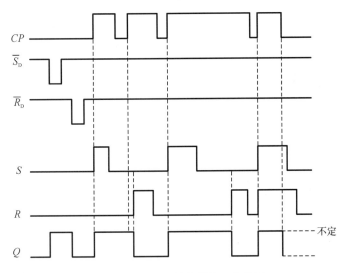

图 7.4　可控 R-S 触发器的工作波形

如果将可控 R-S 触发器的 $\overline{Q}$ 端连到 S，Q 端连到 R，在时钟脉冲端加上计数脉冲，如图7.5 所示。这样的触发器具有计数的功能，来一个脉冲它能翻转一次，翻转的次数等于脉冲的数目，所以可以用它来构成计数器。

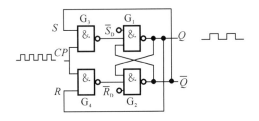

图 7.5　具有计数功能的可控 R-S 触发器

如在 $Q=0,\overline{Q}=1$ 的状态下，在计数脉冲的作用下，触发器将翻转到 $Q=1,\overline{Q}=0$ 的状态。

若触发脉冲能及时撤走,输出将保持这种状态,当再来一个触发脉冲时,触发器又会翻转到 Q $=0,\overline{Q}=1$ 的状态。看起来可控 R-S 触发器似乎能对计数脉冲实现正确计数,即触发器可适时地翻转。但实际上,这是有条件的,要求在触发器翻转之后,计数正脉冲的高电平及时降下来,也就是说,要求计数脉冲宽度恰好合适。如果宽了,触发器会再次翻转,使触发器的翻转次数与触发脉冲的个数不相同,即一个计数脉冲的作用可能引起触发器两次或多次翻转,产生所谓"空翻"现象。因此,可控 R-S 触发器并不能作为实际的计数器使用。为避免"空翻",计数器一般由主从型触发器和维持-阻塞型触发器构成。

7.1.3 J-K 触发器

J-K 触发器是一种功能比较完善,应用极广泛的触发器。图 7.6(a)是主从型 J-K 触发器的逻辑电路,图 7.6(b)是它的逻辑符号。它由两个可控 R-S 触发器串联而成,前一级称为主触发器,后一级称为从触发器。主触发器具有双 R、S 端,其中一对 R、S 端分别与从触发器的输出端 Q、$\overline{Q}$ 相连,另一对 R、S 端分别标以 K 和 J,作为整个主从触发器的输入端,从触发器的输出端作为整个主从触发器的输出端。主触发器的输出端与从触发器的输入端直接相连,用主触发器的状态来控制从触发器的状态。时钟脉冲直接控制主触发器,经过一个非门反相后控制从触发器。

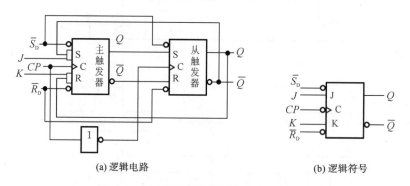

(a) 逻辑电路   (b) 逻辑符号

图 7.6　J-K 触发器的逻辑电路和逻辑符号

当 $CP=1$ 时,主触发器的状态由输入端 J、K 的信号和从触发器的状态来决定。但由于 $\overline{CP}=0$,从触发器被封锁,无论主触发器的输出状态如何变化,对从触发器均无影响,即 J-K 触发器的输出状态保持不变。

当 $CP=0$ 时,主触发器被封锁,其状态不变;但由于 $\overline{CP}=1$,从触发器因受主触发器输出状态的控制,其输出状态将与主触发器的输出状态相同。

J-K 触发器的逻辑状态表如表 7.3 所示(具体分析略)。

表 7.3　J-K 触发器的逻辑状态表

J	K	Q^{n+1}	说　明
0	0	Q^n	保持
0	1	0	置 0
1	0	1	置 1
1	1	$\overline{Q^n}$	翻转计数

从逻辑状态表可以看出 J-K 触发器的逻辑功能为：

（1）$J=0,K=0$，时钟脉冲触发后，触发器的状态不变，即 $Q^{n+1}=Q^n$；

（2）$J=0,K=1$，不论触发器原来是何种状态，时钟脉冲触发后，输出均为 0 态；

（3）$J=1,K=0$，不论触发器原来是何种状态，时钟脉冲触发后，输出均为 1 态；

（4）$J=1,K=1$，时钟脉冲触发后，触发器的新状态与原来状态相反，即 $Q^{n+1}=\overline{Q^n}$ 这种情况下，触发器具有计数功能。

主从触发器具有在时钟脉冲下降沿触发的特点，该特点反映在逻辑符号中是在 CP 输入端靠近方框处用一小圆圈表示，如图 7.6(b)所示。

例 7.1 J-K 触发器的输入信号 J、K 及 CP 波形如图 7.7(a)所示。设触发器的初始状态为 0。试画出输出端 Q 的波形图。

解 根据 J-K 触发器在时钟脉冲 CP 下降沿触发的特点，结合 J-K 触发器的逻辑状态表，即在每个时钟脉冲 CP 的下降沿，看输入 J、K 的状态组合决定输出是否改变。如在第 1 个脉冲下降沿，$J=1,K=0,Q=1$；在第 2 个脉冲下降沿，$J=0,K=0,Q=1$ 不变；在第 3 个脉冲下降沿，$J=0,K=1,Q$ 由 1 翻转为 0；在第 4 个脉冲下降沿，$J=0,K=0,Q=0$ 不变；在第 5 个脉冲下降沿，$J=0,K=0,Q=0$ 不变；在第 6 个脉冲下降沿，$J=0,K=1,Q=0$；在第 7 个脉冲下降沿，$J=1,K=1,Q$ 由 0 翻转为 1；在第 8 个脉冲下降沿，$J=1,K=1,Q$ 由 1 翻转为 0；在第 9 个脉冲下降沿，$J=1,K=1,Q$ 由 0 翻转为 1。所以由上述分析可画出输出端 Q 的波形，如图 7.7(b)所示。

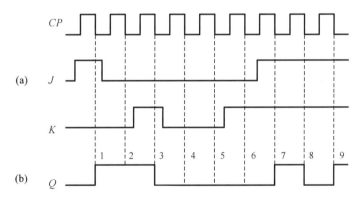

图 7.7 例 7.1 图

7.1.4 D 触发器

D 触发器也是一种应用广泛的触发器。图 7.8(a)为维持-阻塞型 D 触发器的逻辑符号。逻辑符号表明，维持-阻塞型 D 触发器是由 CP 脉冲的上升沿触发的，该特点反映在逻辑符号中是在 CP 输入端靠近方框处没有小圆圈。因此 D 触发器是一种具有上升沿触发特点的触发器。它们的输入输出之间的关系如逻辑状态表 7.4 所示。

表 7.4 D 触发器逻辑状态表

D	Q^{n+1}	说 明
0	0	置 0
1	1	置 1

它的逻辑功能是：当时针脉冲的上升沿到来后，它的输出将成为 D 的状态。图 7.8(b)所示为维持-阻塞型 D 触发器的工作波形图。

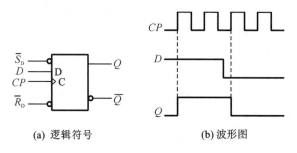

(a) 逻辑符号   (b) 波形图

图 7.8　D 触发器的逻辑符号和波形图

7.2　寄　存　器

逻辑门和触发器可以组成各种逻辑部件，如寄存器和计数器。

寄存器用来暂时存放参与运算的数码和运算结果。一个触发器只能寄存一位二进制数码，要存多少位二进制数，就得用多少个触发器。常用的有 4 位、8 位、16 位寄存器。

寄存器存放数码的方式有并行和串行两种。并行方式就是数码各位从各对应位输入端同时输入寄存器中，串行方式就是数码从一个输入端逐位输入寄存器中。

从寄存器取出数码的方式也有并行和串行两种。在并行方式中，被取出的数码各位在对应的各位的输出端上同时出现；而在串行方式中，被取出的数码在一个输出端逐位出现。

7.2.1　数码寄存器

这种寄存器只有寄存数码和清除数码的功能。图 7.9 是采用基本 R-S 触发器构成的 4 位并行输入数码寄存器。设输入的数码为"1011"。在寄存指令（正脉冲）到来之前，$G_1 \sim G_4$ 四个与非门输出全为 1。由于经过清零（复位），$F_0 \sim F_3$ 四个基本 R-S 触发器全处于 0 态。当寄存指令（正脉冲）到来时，由于 1、2、4 位数码输入为 1，与非门 G_1、G_2、G_4 的输出均为 0，即输出一负脉冲，使 F_0、F_1、F_3 触发器置 1，而由于第 3 位数码输入为 0，与非门 G_3 的输出仍为 1，故 F_2 触发器的状态不变，仍为 0。

这样，就把 4 位二进制数码存放进了这个 4 位数码寄存器内。若要取出，可给与非门 $G_5 \sim G_8$ 加取出指令（正脉冲），各位数码就可从输出端 $Q_3 \sim Q_0$ 取出。在未给取出指令前，$Q_3 \sim Q_0$ 均为零。

7.2.2　移位寄存器

移位寄存器不仅能寄存数码，而且还具有移位功能。所谓移位，就是每当移位脉冲到来时，触发器的状态就向左或向右移一位，也就是指寄存器的数码可以在移位脉冲的控制下依次进行移位。移位寄存器在计算机中应用广泛。

图 7.10 是由 J-K 触发器组成的四位左移位寄存器。F_0 接成主从型 J-K 触发器（下降沿触发），数码由 D 端输入。设寄存的二进制数码为"1011"，按移位脉冲的工作节拍从高位到低位依次串行送到 D 端；工作之前先清零（所有触发器 Q 均为 0）。首先 $D=1$，第 1 个移位脉冲

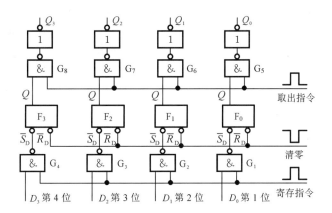

图 7.9　数码寄存器

的下降沿到来时,触发器 F_0 翻转,$Q_0 = 1$,其他仍保持 0 态。接着 $D = 0$,第 2 个移位脉冲的下降沿到来时,触发器 F_0 和 F_1 同时翻转,由于 F_1 的 J 端为 1,F_0 的 J 端为 0,所以 $Q_1 = 1$,$Q_0 = 0$,Q_2 和 Q_3 仍为 0。以后过程如表 7.5 所示,移位一次,存入一个新数码,直到第 4 个脉冲的下降沿到来时,存数结束。可以看出,当第 4 个移位脉冲作用之后,1011 这四位数码就出现在四个触发器的 Q 端,这时可以从 Q_3、Q_2、Q_1、Q_0 取出这个数据。这种取数方式称为并行输出。如果再继续经过四个移位脉冲,所存的 1011 逐位从 Q_3 端输出,这种取数方式称为串行输出。

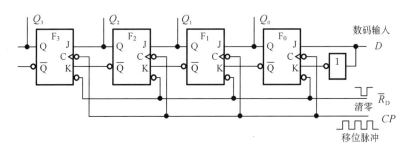

图 7.10　由 J-K 触发器组成的四位左移位寄存器

表 7.5　移位寄存器的状态表

移位脉冲数	寄存器中的数码				移位过程
	Q_3	Q_2	Q_1	Q_0	
0	0	0	0	0	清零
1	0	0	0	1	左移 1 位
2	0	0	1	0	左移 2 位
3	0	1	0	1	左移 3 位
4	1	0	1	1	左移 4 位

7.3　计　数　器

二进制只有 0 和 1 两个数码。所谓二进制加法,就是"逢二进一",即 $0 + 1 = 1$,$1 + 1 = 10$。

也就是每当本位是 1,再加 1 时,本位就变为 0,而向高位进位,使高位加 1。如果要表示 n 位二进制,就要 n 个触发器。常用的二进制计数器是把 4 个触发器集成在一块芯片中的集成四位二进制计数器,如 74LS191。根据计数脉冲是否同时加在各触发器的时钟输入端,二进制计数器分为异步二进制计数器和同步二进制计数器。

7.3.1 二进制计数器

下面通过结构简单的异步二进制加法计数器来说明计数器的工作原理。

由主从型 J-K 触发器构成的四位二进制计数器见图 7.11。其工作原理是每来一个计数脉冲,最低位触发器就翻转一次,而高位触发器是在较低一位的触发器的 Q 输出端从 1 变为 0 时翻转。每个触发器的 J-K 端悬空,相当于"1"。

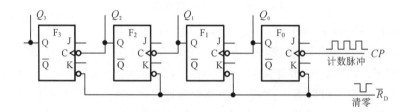

图 7.11 四位二进制计数器

表 7.6 给出了计数脉冲数与各触发器输出状态及十进制数之间的关系。图 7.12 是异步二进制加法计数器的工作波形图。之所以称为异步二进制加法计数器,是由于计数脉冲不是同时加到各位触发器的 CP 端,而只是加到最低位的触发器,其他各位触发器则由相邻低位触发器的进位脉冲来触发,因此它们状态的变化有先有后,是异步的。

表 7.6 异步二进制加法计数器状态表

计数脉冲数	二进制数				十进制数
	Q_3	Q_2	Q_1	Q_0	
0	0	0	0	0	0
1	0	0	0	1	1
2	0	0	1	0	2
3	0	0	1	1	3
4	0	1	0	0	4
5	0	1	0	1	5
6	0	1	1	0	6
7	0	1	1	1	7
8	1	0	0	0	8
9	1	0	0	1	9
10	1	0	1	0	10
11	1	0	1	1	11
12	1	1	0	0	12

续表

计数脉冲数	二进制数				十进制数
	Q_3	Q_2	Q_1	Q_0	
13	1	1	0	1	13
14	1	1	1	0	14
15	1	1	1	1	15
16	0	0	0	0	0

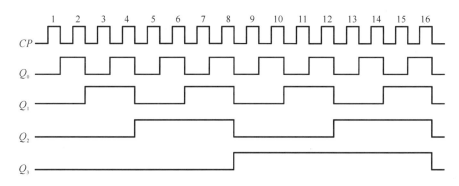

图 7.12　异步二进制加法计数器工作波形图

7.3.2　任意进制计数器

1. 用反馈清零法获得任意进制的计数器

若要获得某一个 N 进制计数器,可采用 M 进制计数器(必须满足 $M>N$)利用反馈清零法实现。例如用一片 CC40192 获得一个六进制计数器,可按图 7.13 连接。

工作原理:当计数器计数至四位二进制数"0110"时,其两个为"1"的端子连接于与非门"全 1 出 0",再经过一个与非门"有 0 出 1"直接进入清零端 CR,计数器清零,重新从 0 开始循环,实现了六进制计数。

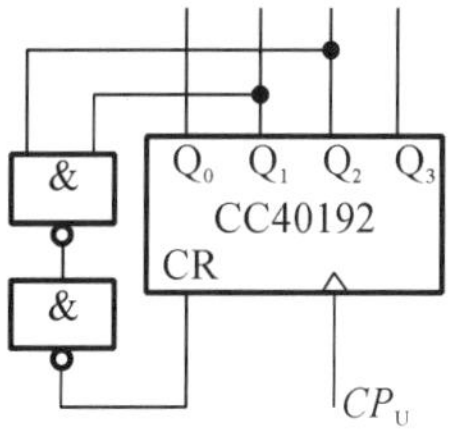

图 7.13　六进制计数器

2. 用反馈预置法获得任意进制的计数器

由三个 CC40192 可获得 421 进制计数器,其连接如图 7.14 所示。

工作原理:只要高位片出现"0100"、次高位片出现"0010"、低位片出现"0001"时,三个"1"被送入与非门"全 1 出 0",这个"0"被送入由两个与非门构成的 R-S 触发器的置"1"端,使 $\overline{Q}$ 端输出的"0"送入三个芯片的置数端 $\overline{LD}$,由于三个芯片的数据端均与"地"相连,因此各计数器输出被"反馈置零"。计数器重新从"0000 0000 0000"计数,直到再来一个"0100 0010 0001"回零重新循环计数。

3. 用两片 CC40192 集成电路构成一个特殊的十二进制计数器

在数字钟里,时针的计数是以 1~12 进行循环计数的。显然这个计数中没有"0",那么我们就无法用一片集成电路实现,用两片 CC40192 构成十二进制计数器的电路图如图 7.15 所示。

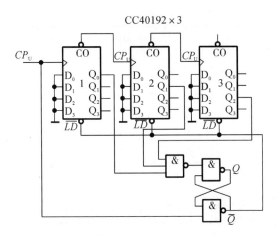

图 7.14   421 计数器

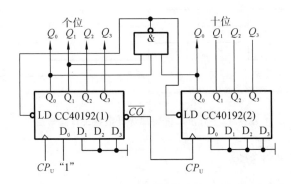

图 7.15   12 进制计数器

工作原理:芯片 1 为低位片,芯片 2 为高位片,两个芯片级联,即让芯片 1 的进位输出端$\overline{CO}$作为高位芯片的时钟脉冲输入,接于高位片的加计数时钟脉冲端 CP_U 上。低位片的预置数为"0001",因此计数初始数为"1",当低位片输出为 8421BCD 码的有效码最高数"1001"后,再来一个时钟脉冲就产生一个进位脉冲,这个进位脉冲进入高位片使其输出从"0000"翻转为"0001",低位片继续计数,当计数至"0011"时,与高位片的"0001"同时送入与非门,使与非门输出"全 1 出 0",这个"0"进入两个芯片的置数端$\overline{LD}$,于是计数器重新从"0000 0001"开始循环。

7.4   时序逻辑电路的分析与设计

7.4.1   时序逻辑电路的分析方法

1. 时序逻辑电路概述

(1) 时序逻辑电路的组成。

时序逻辑电路主要由组合逻辑电路和存储电路两部分组成,其结构框图如图 7.16 所示。在 7.1 节中介绍触发器时,已经说明了时序逻辑电路的特点是在任一时刻,时序逻辑电路的输出不仅与当时的输入信号有关,还与电路原来的状态有关。存储电路用来记忆时序逻辑电路的状态,而触发器是组成存储电路必不可少的元件,用触发器的现态和次态来表示时序逻辑电路的现态和次态,因此具有记忆功能的存储电路在时序逻辑电路中不可或缺。

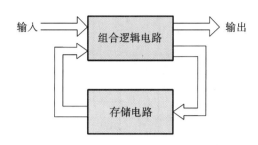

图 7.16　时序逻辑电路结构框图

（2）时序逻辑电路的分类。

时序逻辑电路可分为同步时序逻辑电路和异步时序逻辑电路两大类。

在同步时序逻辑电路中，存储电路里所有触发器与时钟输入端 CP 都连在一起，在同一个时钟脉冲作用下，所有触发器状态的改变与时钟脉冲同步。

异步时序逻辑电路中，存储电路里部分触发器与时钟输入端 CP 相连，时钟脉冲只触发与之相连的触发器，而其余触发器由电路内部信号触发，所有触发器状态的改变与时钟脉冲不完全同步。

2. 时序逻辑电路的分析方法

时序逻辑电路分析是在电路结构给定后，研究分析电路能实现的逻辑功能。分析的步骤大致如下：已知逻辑电路→写出方程式→列出状态转换表→画出状态转换图和时序图→描述电路功能。

（1）写出方程式。

时钟方程　根据逻辑电路写出触发器的时钟方程，确定是同步还是异步时序逻辑电路。

驱动方程　写出每个触发器输入端的逻辑表达式，如 J-K 触发器 J 和 K 的逻辑表达式等。

输出方程　写出逻辑电路的输出逻辑表达式，一般是输入信号和触发器现态的函数。

状态方程　将驱动方式代入逻辑电路中相应触发器的特性方程，即得到该触发器的状态方程。

（2）列出状态转换表。

根据逻辑电路把输入信号、触发器现态的所有组合代入状态方程和输出方程计算，可得出触发器次态和输出信号，列出状态转换表。

（3）画出状态转换图和时序图。

根据状态转换表画出电路从现态到次态的转换示意图，即状态转换图；根据时钟脉冲，画出各个触发器状态变化的波形图，即时序图。

（4）描述电路功能。

根据状态转换表/状态转换图结合时序图来描述电路功能。

7.4.2　时序逻辑电路的分析举例

1. 同步时序逻辑电路分析

例 7.2　分析图 7.17 所示电路的逻辑功能。

解　由图 7.17 所示电路看出，时钟脉冲 CP 连在每个触发器的时钟脉冲输入端上，这是一个同步时序逻辑电路。

同步时序逻辑
电路分析

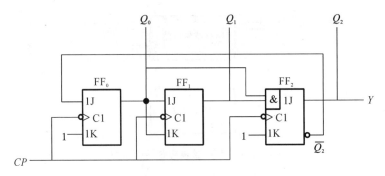

图 7.17　例 7.2 电路图

（1）写出方程式。

时钟方程　　　　　　$CP_0 = CP_1 = CP_2 = CP$（FF_0、FF_1 和 FF_2 均由 CP 下降沿触发）

驱动方程　　　　　　　　　　　　$J_0 = \overline{Q_2^n}, K_0 = 1$

$$J_1 = Q_0^n, K_1 = Q_0^n$$

$$J_2 = Q_1^n Q_0^n, K_2 = 1$$

输出方程　　　　　　　　　　　　$Y = Q_2^n$

状态方程　　将三个驱动方程代入 J-K 触发器的特性方程 $Q^{n+1} = J\overline{Q^n} + \overline{K}Q^n$，可得出电路的状态方程如下：

$$Q_0^{n+1} = J_0\,\overline{Q_0^n} + \overline{K_0}Q_0^n = \overline{Q_2^n}\,\overline{Q_0^n} + \overline{1}\,Q_0^n = \overline{Q_2^n}\,\overline{Q_0^n}$$

$$Q_1^{n+1} = J_1\,\overline{Q_1^n} + \overline{K_1}Q_1^n = Q_0^n\,\overline{Q_1^n} + \overline{Q_0^n}\,Q_1^n$$

$$Q_2^{n+1} = J_2\,\overline{Q_2^n} + \overline{K_2}Q_2^n = Q_1^n Q_0^n\,\overline{Q_2^n} + \overline{1}\,Q_2^n = Q_1^n Q_0^n\,\overline{Q_2^n}$$

（2）列出状态转换表。

设电路的现态 $Q_2^n Q_1^n Q_0^n = 000$，代入输出方程和状态方程中计算得出电路的状态转换表，如表 7.7 所示。

表 7.7　例 7.2 状态转换表

现 态			次 态			输 出
Q_2^n	Q_1^n	Q_0^n	Q_2^{n+1}	Q_1^{n+1}	Q_0^{n+1}	Y
0	0	0	0	0	1	0
0	0	1	0	1	0	0
0	1	0	0	1	1	0
0	1	1	1	0	0	0
1	0	0	0	0	0	1

（3）画出状态转换图和时序图。

由表 7.7 可以画出图 7.18(a)所示的状态转换图，图中每个圆圈内的 $Q_2 Q_1 Q_0$ 表示电路的某一个状态，如电路 000、001、010、011、100 五个状态，箭头表示电路状态的转换方向，箭头上方的标注"/Y"表示输出信号。由表 7.7 可以画出图 7.18(b)所示时序图（工作波形图）。

（4）描述电路功能。

从状态转换图和时序图可以看出，本电路有 5 个有效状态，即 000、001、010、011、100，没有出现的三种组合状态 101、110、111 称为无效状态。若一个电路的所有无效状态在若干个时

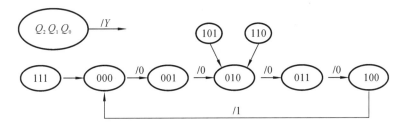

(a) 状态转换图

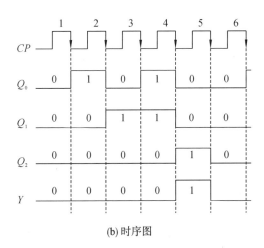

(b) 时序图

图 7.18　例 7.2 状态转换图和时序图

钟脉冲作用下能返回到有效状态,说明该电路具有自启动功能。由以上分析可知,该电路是一个带有自启动功能的同步五进制的加法计数器,Y 为进位端,逢五进一。

2. 异步时序逻辑电路分析

例 7.3　分析图 7.19 所示电路的逻辑功能。

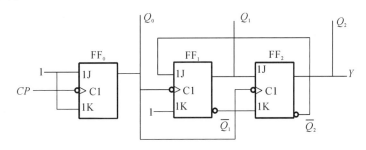

图 7.19　例 7.3 电路图

　　解　由图 7.19 所示电路可以看出,时钟脉冲 CP 连在 FF_0 触发器的时钟脉冲输入端上,FF_0 触发器的输出 Q_0 连在 FF_1 和 FF_2 触发器的时钟脉冲输入端上,这是一个异步时序逻辑电路。

　　(1)写出方程式。

时钟方程　　　　　　　　　$CP_0 = CP$(FF_0 由 CP 下降沿触发)

$$CP_1 = CP_2 = Q_0(FF_1 \text{ 和 } FF_2 \text{ 由 } Q_0 \text{ 下降沿触发})$$

驱动方程　　　　　　　　　　　　　$J_0 = K_0 = 1$

$$J_1 = \overline{Q_2^n}, K_1 = 1$$
$$J_2 = Q_1^n, K_2 = \overline{Q_1^n}$$

输出方程 $$Y = Q_2^n$$

状态方程   将三个驱动方程代入 J-K 触发器的特性方程 $Q^{n+1} = J\overline{Q^n} + \overline{K}Q^n$,可得出电路的状态方程如下:

$$Q_0^{n+1} = J_0\,\overline{Q_0^n} + \overline{K_0}Q_0^n = 1 \cdot \overline{Q_0^n} + \overline{1} \cdot Q_0^n = \overline{Q_0^n} \quad (\text{FF}_0 \text{ 由 } CP \text{ 下降沿触发})$$

$$Q_1^{n+1} = J_1\,\overline{Q_1^n} + \overline{K_1}Q_1^n = \overline{Q_2^n}\,\overline{Q_1^n} + \overline{1} \cdot Q_1^n = \overline{Q_2^n}\,\overline{Q_1^n}(\text{FF}_1 \text{ 由 } Q_0 \text{ 下降沿触发})$$

$$Q_2^{n+1} = J_2\,\overline{Q_2^n} + \overline{K_2}Q_2 = Q_1^n\,\overline{Q_2^n} + \overline{\overline{Q_1^n}}Q_2 = Q_1^n(\text{FF}_2 \text{ 由 } Q_0 \text{ 下降沿触发})$$

(2)列出状态转换表。

设电路的现态 $Q_2^n Q_1^n Q_0^n = 000$,代入输出方程和状态方程中,CP 连在 FF_0 触发器的时钟脉冲输入端上,故 FF_0 在第一个时钟脉冲 CP 下降沿到达后被触发,则 $Q_0^{n+1} = \overline{Q_0^n} = 1$;而 FF_0 触发器的输出 Q_0 连在 FF_1 和 FF_2 触发器的时钟脉冲输入端上,第一个时钟脉冲 CP 到来时 Q_0 没有出现下降沿,故 FF_1 和 FF_2 触发器维持 0 状态,因此在第一个时钟脉冲 CP 到来后,电路的状态变为 $Q_2^n Q_1^n Q_0^n = 001$。当第二个时钟脉冲 CP 到来时,FF_0 在第二个时钟脉冲 CP 下降沿到达后被触发,则 $Q_0^{n+1} = \overline{Q_0^n} = 0$;第二个时钟脉冲 CP 到来时,Q_0 出现下降沿,FF_1 和 FF_2 在 Q_0 下降沿到达后被触发,则 $Q_1^{n+1} = \overline{Q_2^n}\,\overline{Q_1^n} = 1, Q_2^{n+1} = Q_1^n = 0$,因此在第二个时钟脉冲 CP 到来后,电路的状态变为 $Q_2^n Q_1^n Q_0^n = 010$。其余状态以此类推,可得出电路的状态转换表,如表 7.8 所示。

表 7.8   例 7.3 状态转换表

现 态			次 态			时 钟			输 出
Q_2^n	Q_1^n	Q_0^n	Q_2^{n+1}	Q_1^{n+1}	Q_0^{n+1}	CP_2	CP_1	CP_0	Y
0	0	0	0	0	1			↓	0
0	0	1	0	1	0	↓	↓	↓	0
0	1	0	0	1	1			↓	0
0	1	1	1	0	0	↓	↓	↓	0
1	0	0	1	0	1			↓	0
1	0	1	0	0	0	↓	↓	↓	1

(3)画出状态转换图和时序图。

由表 7.8 可以画出图 7.20(a)所示的状态转换图,图中每个圆圈内的 $Q_2 Q_1 Q_0$ 表示电路的某一个状态,如电路 000、001、010、011、100、101 六个状态,箭头表示电路状态的转换方向,箭头上方的标注"/Y"表示输出信号。由表 7.8 可以画出图 7.20(b)所示时序图(工作波形图)。

(4)描述电路功能。

从状态转换图和时序图可以看出,本电路有 6 个有效状态,即 000、001、010、011、100、101,没有出现的两种组合状态在有时钟脉冲作用下变化如下:110→111→100,因为能返回到有效状态,说明该电路具有自启动功能。由以上分析可知,该电路是一个带有自启动功能的异步六进制的加法计数器,Y 为进位端,逢六进一。

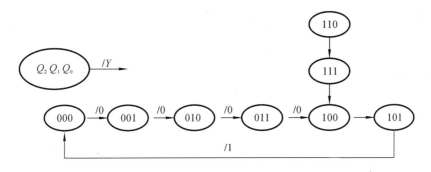

(a) 状态转换图

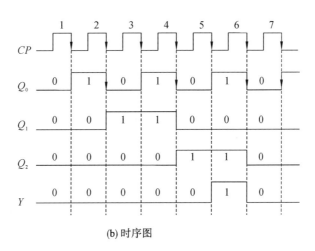

(b) 时序图

图 7.20 例 7.3 状态转换图和时序图

7.4.3 时序逻辑电路的设计方法

1. 设计的一般步骤

同步时序逻辑电路的设计步骤：

（1）根据设计要求，设定状态，进行逻辑抽象，建立原始状态图。

由给定的设计要求，确定输入、输出变量，电路内部状态的关系及状态数 N，根据 $2^{n-1} < N \leqslant 2^n$，依据电路的 N 个状态确定触发器的个数 n，并得到状态转换图。

（2）状态化简。原始状态图（表）通常不是最简的，往往可以消去一些多余状态。消去多余状态的过程称为状态化简。输入相同时，输出相同且转换方式也相同的状态称为等价状态。

（3）状态分配，又称状态编码。

（4）选择触发器的类型。触发器的类型选得合适，可以简化电路结构。

一般选择 J-K 触发器或 D 触发器，前者功能齐全、使用灵活，后者控制简单设计方便，也可采用中、大规模集成电路。

（5）根据编码状态表以及所采用的触发器的逻辑功能，导出待设计电路的输出方程和驱动方程。

（6）根据输出方程和驱动方程画出逻辑图。

（7）检查电路能否自启动。

异步时序逻辑电路的设计方法：

由于异步时序电路中各触发器的时钟脉冲不统一,因此设计异步时序逻辑电路要比设计同步电路多一步,就是要为每个触发器选择一个合适的时钟信号,即求各触发器的时钟方程。除此之外,异步时序电路的设计方法与同步时序电路的基本相同。

2. 设计举例

例 7.4 设计一个同步七进制计数器。

解 (1)根据设计要求编制状态转换图,由题意知 $N=7$,可选择 3 位触发器,即 $n=3$,状态转换如图 7.21 所示。

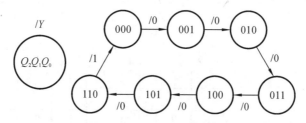

图 7.21 例 7.4 状态转换图

(2)选择触发器,求时钟方程、输出方程、状态方程。

因需用 3 位二进制代码,选用 3 个 CP 下降沿触发的 J-K 触发器,分别用 FF_0、FF_1、FF_2 表示。

由于要求采用同步方案,故时钟方程为

$$CP_0 = CP_1 = CP_2 = CP$$

以现态作变量、次态作函数列出电路状态卡诺图(见图 7.22)。如现态为 000,则在卡诺图中填入相应的次态为 001 等,得到该计数器的卡诺图如图 7.23 所示。

Q_2^n \ $Q_1^n Q_0^n$	00	01	11	10
0	001/0	010/0	100/0	011/0
1	101/0	110/0	×××/×	000/1

图 7.22 例 7.4 电路状态卡诺图

把各触发器的状态方程分别转换为 J-K 触发器特征方程的形式,并与之比较得到触发器的驱动方程为

$$Q_2^{n+1} = \overline{Q_1^n}Q_2^n + Q_1^n Q_0^n$$
$$Q_1^{n+1} = \overline{Q_1^n}Q_0^n + \overline{Q_2^n}Q_1^n \overline{Q_0^n}$$
$$Q_0^{n+1} = \overline{Q_1^n}\,\overline{Q_0^n} + \overline{Q_2^n}Q_1^n \overline{Q_0^n}$$
$$Y = Q_1^n Q_2^n$$

变换状态方程,使之与所选择触发器的特征方程一致,得到驱动方程为

$$Q^{n+1} = J\overline{Q^n} + \overline{K}Q^n$$

$$FF_0 \begin{cases} J_0 = \overline{Q_1^n} + \overline{Q_2^n} \\ K_0 = 1 \end{cases}, \quad FF_1 \begin{cases} J_1 = Q_0^n \\ K_1 = Q_2^n + Q_0^n = \overline{\overline{Q_2^n} \cdot \overline{Q_0^n}} \end{cases}, \quad FF_2 \begin{cases} J_1 = Q_1^n Q_0^n \\ K_1 = Q_1^n \end{cases}$$

(3)作逻辑电路图如图 7.24 所示。

(4)检查电路能否自启动。

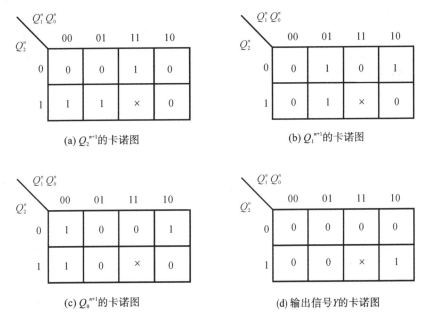

(a) Q_2^{n+1}的卡诺图　　　　　　　　(b) Q_1^{n+1}的卡诺图

(c) Q_0^{n+1}的卡诺图　　　　　　　　(d) 输出信号 Y 的卡诺图

图 7.23　例 7.4 各触发器和输出 Y 次态的卡诺图

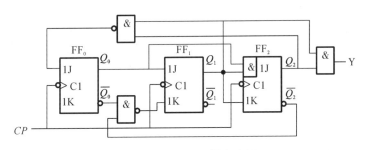

图 7.24　例 7.4 逻辑电路图

将无效状态 111 代入状态方程计算可得

$$
\begin{cases}
Q_0^{n+1} = \overline{Q_2^n Q_1^n}\,\overline{Q_0^n} + \overline{1}\,Q_0^n = 0 \\
\overline{Q_1^{n+1}} = Q_0^n \overline{Q_1^n} + \overline{Q_2^n}\,\overline{Q_0^n} Q_1^n = 0 \\
\overline{Q_2^{n+1}} = Q_1^n Q_0^n \overline{Q_2^n} + \overline{Q_1^n} Q_2^n = 0
\end{cases}
$$

可见 111 的次态为有效状态 000，电路能够自启动。

设计完毕。

7.5　集成 555 定时器

7.5.1　集成 555 定时器的基本知识

集成 555 定时器是一种用途广泛的数字-模拟混合集成电路，常被用于定时器、脉冲产生器和振荡电路。555 定时器于 1971 年由西格尼蒂克公司推出，由于其易用性、低廉的价格和良好的可靠性，直至今日仍被广泛应用于电子电路的设计中。许多厂家都生产 555 芯片，包括采用双极型晶体管的传统型号和采用 CMOS 设计的版本。555 定时器具有较宽的电源电压范围,双极型定时器电源电压范围为 $5\sim16$ V,CMOS 型的电压范围为 $3\sim18$ V;双极型定时器输出电流可达 200 mA,可直接驱动扬声器、继电器等负载,具有较强的驱动能力,CMOS 型定时器则具有高输入阻抗、低功耗等特点。

1. 集成 555 定时器电路结构

图 7.25(a)所示为双极型 555 定时器的电路结构,由图可以看出 555 定时器包括由三个电阻构成的分压器、电压比较器、基本 R-S 触发器、集电极开路的三极管 T 构成的放电电路和功率输出级等部分。

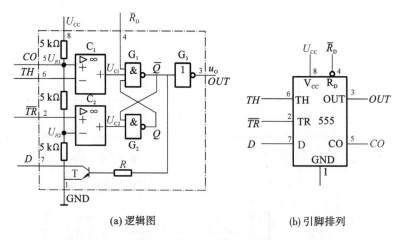

(a) 逻辑图   (b) 引脚排列

图 7.25 双极型 555 定时器的电路结构和引脚排列图

各部分作用如下所述。

①电阻分压器。

由三个阻值均为 5 kΩ 的电阻串联构成,为电压比较器 C_1 和 C_2 提供基准电压。当 555 定时器的电压控制端 CO 悬空时,电压比较器 C_1 和 C_2 的阈值电压(也称参考电压)$U_{R1} = \frac{2}{3}U_{CC}$,$U_{R2} = \frac{1}{3}U_{CC}$;当电压控制端 CO 接某一固定电压 U_{CO} 时,则 $U_{R1} = U_{CO}$,$U_{R2} = \frac{1}{2}U_{CO}$。可见能通过改变 U_{CO} 的值改变触发电平的大小。为防止干扰并提高电路的稳定性,电压控制端 CO 通常接一个 0.01 μF 的滤波电容。

②电压比较器。

由两个运算放大器构成电压比较器 C_1 和 C_2,CO 悬空时:U_{R1} 为电压比较器 C_1 同相输入端基准电压,$U_{R1} = \frac{2}{3}U_{CC}$;$U_{R2}$ 为电压比较器 C_2 反相输入端基准电压,$U_{R2} = \frac{1}{3}U_{CC}$;电压比较器 C_1 反相输入端 TH 称为 555 定时器的阈值输入端;电压比较器 C_2 同相输入端 $\overline{TR}$ 称为 555 定时器的触发输入端。用 U_+ 和 U_- 分别表示电压比较器的同相端和反相端的电压:当 $U_+>U_-$ 时,电压比较器输出高电平;当 $U_+<U_-$ 时,电压比较器输出低电平。

③基本 R-S 触发器。

基本 R-S 触发器由 G_1 和 G_2 两个与非门构成,电压比较器 C_1 和 C_2 的输出电压 U_{C1} 和 U_{C2} 分别作为 G_1 和 G_2 的输入信号。$\overline{R_D}$ 称为外部信号复位端(置 0 端),当 $\overline{R_D}=0$ 时,基本 R-S 触发器置 0,即 $Q=0$,$\overline{Q}=1$,则输出为低电平 $u_O=0$。正常工作时应使 $\overline{R_D}=1$。

④放电电路和功率输出级。

三极管 T 在电路中是当作开关使用的,其工作状态由基本 R-S 触发器的输出端 $\overline{Q}$ 控制:

当 $\overline{Q}=1$ 时,三极管 T 饱和导通;当 $\overline{Q}=0$ 时,三极管 T 截止。

功率输出级 G_3 用来提高 555 定时器的带负载能力。

图 7.25(b)是其引脚排列图。各引脚作用如下:

①引脚 1 为接地端 GND;

②引脚 2 为触发输入端 $\overline{TR}$;

③引脚 3 为输出端 OUT;

④引脚 4 为复位端(置 0 端)$\overline{R}_D$;

⑤引脚 5 为电压控制端 CO;

⑥引脚 6 为阈值输入端 TH;

⑦引脚 7 为放电端 D;

⑧引脚 8 为电源端 U_{CC}。

2. 集成 555 定时器工作原理

设 555 定时器的阈值输入端 TH 和触发输入端 $\overline{TR}$ 的电压分别为 U_{TH} 和 $U_{\overline{TR}}$。

①当 $\overline{R}_D=0$ 时,555 定时器输出端 OUT 为低电平 $u_O=0$。

②当 $\overline{R}_D=1$ 且 $U_{TH}>\frac{2}{3}U_{CC}$、$U_{\overline{TR}}>\frac{1}{3}U_{CC}$ 时,电压比较器 C_1 和 C_2 输出分别为低电平和高电平,即 $U_{C1}=0$、$U_{C2}=1$,将基本 R-S 触发器置 0,即有 $Q=0$,则 555 定时器输出端 OUT 为低电平,即 $u_O=0$,此时放电三极管 T 导通。

③当 $\overline{R}_D=1$ 且 $U_{TH}<\frac{2}{3}U_{CC}$、$U_{\overline{TR}}<\frac{1}{3}U_{CC}$ 时,电压比较器 C_1 和 C_2 输出分别为高电平和低电平,即 $U_{C1}=1$、$U_{C2}=0$,将基本 R-S 触发器置 1,即有 $Q=1$,则 555 定时器输出端 OUT 为高电平,即 $u_O=1$,此时放电三极管 T 截止。

④当 $\overline{R}_D=1$ 且 $U_{TH}<\frac{2}{3}U_{CC}$、$U_{\overline{TR}}>\frac{1}{3}U_{CC}$ 时,电压比较器 C_1 和 C_2 输出均为高电平,即 $U_{C1}=1$、$U_{C2}=1$,使基本 R-S 触发器保持原有状态不变,则 555 定时器输出端 OUT 状态不变,放电三极管 T 的状态不变。

根据以上分析得出 555 定时器的功能表如表 7.9 所示。

表 7.9　555 定时器功能表

输　　入			输　　出	
$\overline{R}_D$	U_{TH}	$U_{\overline{TR}}$	u_O	T
0	×	×	0	导通
1	$>\frac{2}{3}U_{CC}$	$>\frac{1}{3}U_{CC}$	0	导通
1	$<\frac{2}{3}U_{CC}$	$<\frac{1}{3}U_{CC}$	1	截止
1	$<\frac{2}{3}U_{CC}$	$>\frac{1}{3}U_{CC}$	不变	不变

7.5.2　集成 555 定时器的应用

施密特触发器和单稳态触发器是两种不同用途的脉冲信号的整形和变换电路,区别在于施密特触发器主要用于将连续变化的非矩形脉冲变换成的矩形脉冲;单稳态触发器则用于将宽度不符合要求的脉冲信号变换成符合要求的矩形脉冲。另外还可利用多谐振荡器产生符合要求的矩形脉冲。

1. 用 555 定时器构成施密特触发器

将 555 定时器的阈值输入端 TH 和触发输入端 $\overline{TR}$ 接在一起作为触发信号 u_1 的输入端,从输出端 OUT 输出信号 u_O,就构成了一个施密特触发器,电路如图 7.26(a)所示。电压控制端 CO 通常接一个 $0.01\ \mu F$ 的滤波电容用来防止干扰并提高电路的稳定性。

由图 7.26(a)所示施密特触发器电路图和 7.5.1 小节 555 定时器工作原理,以图 7.26(b)所示脉冲信号分析其工作过程。

（1）u_1 从 0 V 逐渐升高的过程。

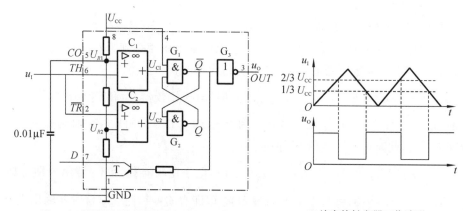

(a) 用555定时器构成的施密特触发器电路结构　　　　(b)施密特触发器工作波形

图 7.26　双极型 555 定时器构成的施密特触发器电路结构和工作波形

①当 $u_1 < \dfrac{1}{3}U_{cc}$ 时,即 $U_{TH} < \dfrac{2}{3}U_{cc}$、$U_{\overline{TR}} < \dfrac{1}{3}U_{cc}$ 时,电压比较器 C_1 和 C_2 输出分别为高电平和低电平,即 $U_{C1} = 1$、$U_{C2} = 0$,将基本 R-S 触发器置 1,即 $Q = 1$,则 555 定时器输出端 OUT 为高电平,即 $u_O = U_{OH}$。

②当 $\dfrac{1}{3}U_{cc} < u_1 < \dfrac{2}{3}U_{cc}$ 时,即 $U_{TH} < \dfrac{2}{3}U_{cc}$、$U_{\overline{TR}} > \dfrac{1}{3}U_{cc}$ 时,电压比较器 C_1 和 C_2 输出均为高电平,即 $U_{C1} = 1$、$U_{C2} = 1$,使基本 R-S 触发器保持原有状态不变,则 555 定时器输出端 OUT 不变,即 $u_O = U_{OH}$ 不变。

③当 $u_1 \geqslant \dfrac{2}{3}U_{cc}$ 时,即 $U_{TH} > \dfrac{2}{3}U_{cc}$、$U_{\overline{TR}} > \dfrac{1}{3}U_{cc}$ 时,电压比较器 C_1 和 C_2 输出分别为低电平和高电平,即 $U_{C1} = 0$、$U_{C2} = 1$,将基本 R-S 触发器置 0,即 $Q = 0$,则 555 定时器输出端 OUT 由高电平 U_{OH} 翻转为低电平 U_{OL}。输入信号 u_1 升高到使电路状态发生翻转时的电压称为正向阈值电压,记作 $U_{T+} = \dfrac{2}{3}U_{cc}$。

④当 u_1 再继续增大,对施密特触发器的输出状态没有影响。

（2）u_1 从不小于 $\dfrac{2}{3}U_{cc}$ 逐渐下降的过程。

①当 $\dfrac{1}{3}U_{cc} < u_1 < \dfrac{2}{3}U_{cc}$ 时,即 $U_{TH} < \dfrac{2}{3}U_{cc}$、$U_{\overline{TR}} > \dfrac{1}{3}U_{cc}$ 时,电压比较器 C_1 和 C_2 输出均

为高电平,即 $U_{C1}=1$、$U_{C2}=1$,使基本 R-S 触发器保持原有状态不变,则 555 定时器输出端不变,即 $u_O=U_{OL}$ 不变。

②当 $u_1<\dfrac{1}{3}U_{CC}$ 时,即 $U_{TH}<\dfrac{2}{3}U_{CC}$、$U_{\overline{TR}}<\dfrac{1}{3}U_{CC}$ 时,电压比较器 C_1 和 C_2 输出分别为高电平和低电平,即 $U_{C1}=1$、$U_{C2}=0$,将基本 R-S 触发器置 1,即 $Q=1$,则 555 定时器输出端 OUT由低电平 U_{OL} 翻转为高电平 U_{OH}。输入信号 u_1 下降到使电路状态发生翻转时的电压称为负向阈值电压,记作 $U_{T-}=\dfrac{1}{3}U_{CC}$。

③当 u_1 再继续减小到 0,对施密特触发器的输出状态没有影响。

施密特触发器的正向阈值电压 U_{T+} 和负向阈值电压 U_{T-} 的差值称为回差电压,用 ΔU_T 表示,则有 $\Delta U_T=U_{T+}-U_{T-}=\dfrac{1}{3}U_{CC}$。图 7.27 所示为施密特触发器的输出电压 u_O 随输入电压 u_1 变化的特性曲线,称为电压传输特性曲线。

当电压控制端 CO 外加某一固定电压 U_{CO} 时,则 $U_{T+}=U_{CO}$,$U_{T-}=\dfrac{1}{2}U_{CO}$,回差电压 $\Delta U_T=U_{T+}-U_{T-}=\dfrac{1}{2}U_{CO}$。可见,通过改变外接电压 U_{CO} 的大小可改变回差电压 ΔU_T 的大小。

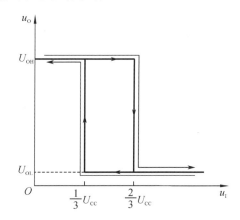

图 7.27　双极型 555 定时器构成的施密特触发器电压传输特性曲线

由上述分析可知,施密特触发器具有两个稳态 U_{OH} 和 U_{OL},两个稳态间的转换需要外接触发信号,两个稳态转换的触发电压不同,相差回差电压 $\Delta U_T=U_{T+}-U_{T-}$。

2. 用 555 定时器构成单稳态触发器

将 555 定时器的触发输入端 $\overline{TR}$ 接在一起作为触发信号 u_1 的输入端,将阈值输入端 TH和三极管集电极接在一起,并与外接定时元件 R 和 C 相连,从输出端 OUT 输出信号 u_O,就构成了一个单稳态触发器,电路如图 7.28(a)所示。

单稳态触发器常用于脉冲整形、延时、定时电路,与施密特触发器不同,它具有一个稳态和一个暂稳态。单稳态触发器的主要特征是引脚 2 外接触发负脉冲信号。当没有外接触发脉冲信号时,电路处于稳态;只有当有外接触发脉冲信号时,电路才从稳态反转到暂稳态,暂稳态不能一直存在,经过一段时间后会自动返回到稳态。暂稳态持续时间的长短与外接触发脉冲信号无关,而是取决于电路外接定时元件 R 和 C。

以图 7.28(b)所示脉冲信号分析其工作过程。

(1)稳态。

当无外接触发脉冲信号时,u_1 为高电平,且 $u_1>\dfrac{1}{3}U_{CC}$,电压比较器 C_2 输出 $U_{C2}=1$,与此同时接通电源后,U_{CC} 通过 R 对电容 C 充电,且当电容 C 上的电压 $u_C\geqslant\dfrac{2}{3}U_{CC}$ 时,电压比较器 C_1 输出 $U_{C1}=0$。这时基本 R-S 触发器的 $\overline{R}=0$、$\overline{S}=1$,故触发器置 0,即 $Q=0$、$\overline{Q}=1$,输出端 OUT 为低电平,电路进入稳态,同时因为 $\overline{Q}=1$ 时,三极管 T 导通,电容 C 经三极管 T 迅速完

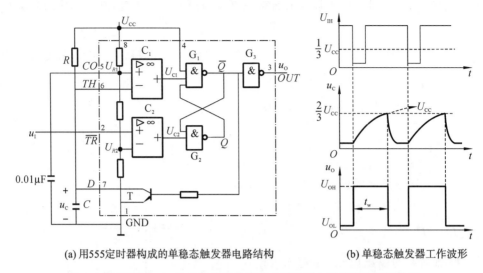

(a) 用555定时器构成的单稳态触发器电路结构　　　　(b) 单稳态触发器工作波形

图 7.28　双极型 555 定时器构成的单稳态触发器电路结构和工作波形

成放电至 $u_C \approx 0$，使得电压比较器 C_1 输出变为高电平，即 $U_{C1}=1$。这时基本 R-S 触发器的两个输入信号均为高电平，即 $\overline{R}=\overline{S}=1$，故电路保持稳态不变。

（2）暂稳态。

①当外接触发负脉冲信号时，u_i 从高电平跃变为低电平且 $u_1 < \dfrac{1}{3}U_{CC}$ 时，电压比较器 C_2 输出 $U_{C2}=0$，因为电容 C 上的电压不能突变，故电压比较器 C_1 输出仍为高电平，即 $U_{C1}=1$，这时基本 R-S 触发器的 $\overline{R}=1,\overline{S}=0$，故触发器置1，即 $Q=1,\overline{Q}=0$，输出端 OUT 由低电平翻转到高电平，此时电路进入暂稳态，且三极管 T 截止，之后电源 U_{CC} 通过 R 对电容 C 充电，当电容 C 上的电压 $u_C \leqslant \dfrac{2}{3}U_{CC}$ 时，电压比较器 C_1 输出仍为高电平，即 $U_{C1}=1$。在电容 C 充电期间，外接触发负脉冲信号消失后，电压比较器 C_2 输出变为高电平，即 $U_{C2}=1$。可见在暂稳态期间，基本 R-S 触发器的两个输入信号均为高电平，即 $\overline{R}=\overline{S}=1$，故电路保持暂稳态不变。

②电容 C 上的电压逐渐增大到 $u_C \geqslant \dfrac{2}{3}U_{CC}$ 时，电压比较器 C_1 输出变为低电平，即 $U_{C1}=0$，由于此时 u_1 已为高电平，电压比较器 C_2 输出仍为高电平，即 $U_{C2}=1$。这时基本 R-S 触发器的 $\overline{R}=0,\overline{S}=1$，故触发器置0，即 $Q=0,\overline{Q}=1$，至此暂稳态结束，电路将自动返回到稳态。

由上述分析和图 7.28(b)可知，单稳态触发器是在引脚 2 触发输入端 $\overline{TR}$ 外接触发负脉冲信号而发生翻转的。无触发脉冲信号时，u_1 为高电平，且 $u_1 > \dfrac{1}{3}U_{CC}$，电路处于稳态；当外接触发负脉冲信号时，电路进入暂稳态且能在一段时间保持暂稳态，暂稳态保持的时间 t_w 取决于电容 C 上的电压 u_C 从 0 增大到 $\dfrac{2}{3}U_{CC}$ 所需的时间，即 $t_w = RC\ln 3 = 1.1RC$，由此式可知通过改变 R 和 C 的大小，可改变暂稳态保持的时间，从而得到符合输出要求的矩形脉冲。

3. 用 555 定时器构成多谐振荡器

将 555 定时器的三极管 T 集电极经 R_1 接至电源 U_{CC}，放电端 D 对地接由 R_2 和 C 构成的积分电路，将阈值输入端 TH 和触发输入端 $\overline{TR}$ 接在一起，并与积分电容 C 相连，从输出端

OUT 输出信号 u_o，就构成了一个多谐振荡器，电路如图 7.29(a)所示。

多谐振荡器没有稳定状态，只有两个暂稳态。用 555 定时器构成的多谐振荡器的主要特征是接通电源后，不需要外接触发脉冲信号，电路通过电容的充电、放电过程即可完成两个暂稳态之间的相互转换，从而产生自激振荡，输出周期性的符合要求的矩形脉冲信号。

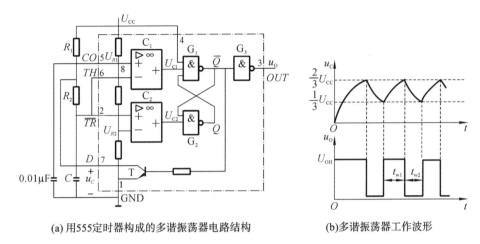

(a) 用555定时器构成的多谐振荡器电路结构　　　(b) 多谐振荡器工作波形

图 7.29　双极型 555 定时器构成的多谐振荡器电路结构和工作波形

以图 7.29(b)所示脉冲信号分析其工作过程。

(1) 第一种暂稳态($Q=1,\overline{Q}=0$)。

① 当 $Q=1,\overline{Q}=0$ 时，接通电源 U_{CC}，经电阻 R_1 和 R_2 对电容 C 充电，若满足 $\frac{1}{3}U_{CC}<u_C<\frac{2}{3}U_{CC}$，基本 R-S 触发器的两个输入信号均为高电平，即 $\overline{R}=\overline{S}=1$，故电路保持第一种暂稳态不变，$Q=1$。

② 当电容 C 上的电压逐渐增大到 $u_C\geqslant\frac{2}{3}U_{CC}$ 时，电压比较器 C_1 输出变为低电平，$U_{C1}=0$，电压比较器 C_2 输出仍为高电平，$U_{C2}=1$。这时基本 R-S 触发器的 $\overline{R}=0$、$\overline{S}=1$，故触发器置 0，即 $Q=0,\overline{Q}=1$，输出端 OUT 由高电平翻转到低电平，此时电路进入第二种暂稳态，即 $Q=0,\overline{Q}=1$。

(2) 第二种暂稳态($Q=0,\overline{Q}=1$)。

① 当 $Q=0,\overline{Q}=1$ 时，放电三极管 T 饱和导通，电容 C 经过电阻 R_2 和 T 放电，若满足 $\frac{1}{3}U_{CC}<u_C<\frac{2}{3}U_{CC}$，基本 R-S 触发器的两个输入信号均为高电平，即 $\overline{R}=\overline{S}=1$，故电路保持第二种暂稳态不变 $Q=0$。

② 当电容 C 上的电压逐渐减小到 $u_C\leqslant\frac{1}{3}U_{CC}$ 时，电压比较器 C_1 输出仍为高电平，$U_{C1}=1$，电压比较器 C_2 输出变为低电平，$U_{C2}=0$。这时基本 R-S 触发器的 $\overline{R}=1$、$\overline{S}=0$，故触发器置 1，即 $Q=1,\overline{Q}=0$，此时，放电三极管 T 截止，电源 U_{CC} 又经电阻 R_1 和 R_2 对电容 C 充电，输出端 OUT 由低电平翻转到高电平，此时电路又返回到第一种暂稳态，即 $Q=1,\overline{Q}=0$。

由上述分析和图 7.29(b)可知，电容 C 处于不停地充电和放电状态，当电容 C 充电到 $u_C\geqslant\frac{2}{3}U_{CC}$ 时，触发器翻转为 $Q=0$；当电容 C 放电到 $u_C\leqslant\frac{1}{3}U_{CC}$ 时，触发器翻转为 $Q=1$。触发

器不断地在两种暂稳态之间相互转换，从而使电路产生了振荡，输出周期性变化的矩形脉冲。多谐振荡器输出脉冲的振荡周期 $T = t_{w1} + t_{w2}$，其中 t_{w1} 是电容 C 上的电压 u_C 从 $\frac{1}{3}U_{CC}$ 增大到 $\frac{2}{3}U_{CC}$ 所需的充电时间，充电时间常数为 $(R_1+R_2)C$，则 $t_{w1} = (R_1+R_2)C\ln2 = 0.7(R_1+R_2)C$；$t_{w2}$ 是电容 C 上的电压 u_C 从 $\frac{2}{3}U_{CC}$ 减小到 $\frac{1}{3}U_{CC}$ 所需的放电时间，放电时间常数为 R_2C，则 $t_{w2} = R_2C\ln2 = 0.7R_2C$。故多谐振荡器的输出脉冲振荡周期 $T = t_{w1}+t_{w2} = 0.7(R_1+2R_2)C$，可见通过改变电容充电或放电时间常数可改变多谐振荡器的振荡频率，得到符合要求的矩形脉冲信号。

7.6　数模转换器和模数转换器

7.6.1　数模转换器

在电子技术中模拟量和数字量的互相转换是很重要的。例如，用电子计算机对某生产系统进行控制，首先要将被控制的模拟量转换为数字量，才能送到计算机中去进行运算和处理；然后又要将运算和处理得到的数字量转换为模拟量，去驱动执行机构实现对被控制模拟量的控制。再如在数字仪表中，也必须将被测的模拟量转换为数字量，才能实现数字显示。

能将数字量转换为模拟量的装置称为数模转换器，又称 D/A 转换器，简称 DAC。能将模拟量转换为数字量的装置称为模数转换器，又称 A/D 转换器，简称 ADC。

数模转换器和模数转换器是计算机与外部设备的重要接口，也是数字测量和数字控制系统的重要部件。随着微机和集成电路的发展，D/A 转换器和 A/D 转换器应用越来越普遍。

D/A 转换器输入的是数字量，输出的是模拟量。由于构成数字代码的每一位都有一定的"权"，因此为了将数字量转换成模拟量，必须将数字量中的每一位代码按其"权"转换成相应的模拟量，然后再将代表各位代码的模拟量相加即可得到与该数字量成正比的模拟量。这就是构成数/模转换器的基本思想。

D/A 转换器种类很多，下面只介绍目前用得较多的 T 形电阻网络数/模转换器。图 7.30 为四位 DAC 原理电路，它用于对四位二进制数字量进行数/模转换。它由电子开关、T 形电阻求和网络、运算放大器和基准电压源等部分组成。

T 形电阻网络由 R 和 $2R$ 两种阻值的电阻构成。四位数/模转换器 T 形电阻网络由 8 个电阻构成，n 位数/模变换器由 $2n$ 个电阻构成。它的输出端接到运算放大器的反相输入端。

运算放大器接成反相比例运算电路，它与 T 形电阻网络一起构成反相输入加法运算电路，它的输出是模拟电压 U_o。

U_R 是基准电压源提供的，称为参考电压或基准电压。

S_3、S_2、S_1、S_0 是各位电子模拟开关，是由电子器件构成的。

D_3、D_2、D_1、D_0 是输入数字量，是存放在数码寄存器中的四位二进制数，各位数码分别控制相应位的电子模拟开关，当二进制数第 k 位 $D_k=1$ 时，开关 S_k 接到位置 1 上，即将基准电源 U_R 经第 k 条支路电阻 R_k 的电流汇集到运算放大器的反相输入端。当 $D_k=0$ 时，S_k 接到位置 0，则相应电流将直接流入地下。

下面分析输入数字量和输出模拟电压 U_o 间的关系。分析时注意到这个电阻网络的主要

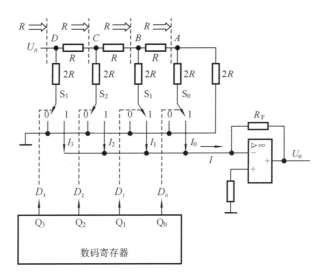

图7.30　四位 T 形电阻网络数/模转换器原理电路

特点是：不论数字量 D_k 为 1 或为 0，每节电路的输入电阻都为 R，所以电路中 D、C、B、A 各节点的电位逐节减半，即 $U_D = U_R$，$U_C = U_R/2$，$U_B = U_R/4$，$U_A = U_R/8$。因此每节 $2R$ 支路中的电流也逐位减半。当 D_k 为 1 时，此电流引入运算放大器的反相输入端；当 D_k 为 0 时，此电流直接入地，对运算放大器的输出电压 U_o 无影响。

根据反相比例加法运算电路输出电压与各输入电压的关系式，可得图7.30所示电路的模拟输出量为

$$U_o = -\left(\frac{U_D}{2R}D_3 + \frac{U_C}{2R}D_2 + \frac{U_B}{2R}D_1 + \frac{U_A}{2R}D_0\right)R_F$$

$$= -\left(\frac{U_R}{2R}D_3 + \frac{U_R}{4R}D_2 + \frac{U_R}{8R}D_1 + \frac{U_R}{16R}D_0\right)R_F$$

$$= -\frac{U_R R_F}{16R}(2^3 D_3 + 2^2 D_2 + 2^1 D_1 + 2^0 D_0)$$

也可写成

$$U_o = KU_R(2^3 D_3 + 2^2 D_2 + 2^1 D_1 + 2^0 D_0)$$

式中，$K = -\dfrac{R_F}{16R}$。括号中的部分是四位二进制数按"权"的展开式，即其相应的十进制数。

由此推广到一般情况，若有 n 位二进制数 $D_{n-1}D_{n-2}D_{n-3}\cdots D_2 D_1 D_0$，其相应的十进制数为

$$N = 2^{n-1}D_{n-1} + 2^{n-2}D_{n-2} + \cdots + 2^1 D_1 + 2^0 D_0$$

如果将其输入到 n 位数/模转换器中，相应的输出模拟电压

$$U_o = KU_R(2^{n-1}D_{n-1} + 2^{n-2}D_{n-2} + \cdots + 2^1 D_1 + 2^0 D_0)$$

式中，$K = -\dfrac{1}{2^n} \cdot \dfrac{R_F}{R}$。可见，输入的数字量被转换为模拟电压，而且输出模拟电压的大小直接与输入二进制数的大小成正比，从而实现了数字量到模拟电压的转换。

例如，对于四位数/模转换器，当 $D_3 D_2 D_1 D_0 = 1111$ 时，$U_o = -\dfrac{15}{16} \cdot \dfrac{R_F}{R} \cdot U_R$；当

$D_3 D_2 D_1 D_0 = 1001$ 时，$U_o = -\dfrac{9}{16} \cdot \dfrac{R_F}{R} \cdot U_R$。

　　其他类型的数/模转换器,电路形式各异,但输出模拟电压与输入的数字量的关系基本与上述关系相同。

　　随着集成电路技术的发展,由于 D/A 转换器应用十分广泛,所以制成了各种 D/A 集成电路芯片供选用。按输入的二进制数的位数分类有八位、十位、十二位、十六位等。其集成芯片有多种型号,如 DAC0832 是带有双缓冲的、分辨率为 8 位的 D/A 转换器,功耗仅 200 mW。图 7.31 是 DAC0832 的原理框图,由图可见,它包含两个 8 位寄存器和一个 8 位 D/A 转换器。DAC0832 有两种工作方式。

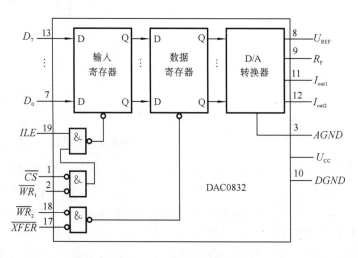

图 7.31　DAC0832 原理框图

　　(1) 单级缓冲。输入寄存器处于受控状态,数据寄存器处于直通状态,输入数据先送到输入寄存器,并立即送入 D/A 转换器完成数/模转换。这种方式一般用于一路 D/A 转换。

　　(2) 双级缓冲。两级寄存器均处于受控状态,数字量的输入锁存和 D/A 转换分两步完成,这种方式一般用于多路 D/A 的同步转换。因此,DAC0832 在运行过程中可以同时保留两组数据,一组是即将转换的数据,保存在 D/A 转换器中,另一组是下一组数据,保存在输入寄存器中。

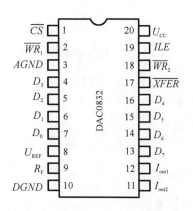

图 7.32　DAC0832 的管脚引线图

　　图 7.32 是 DAC0832 的管脚引线图,各管脚功能简介如下:

　　I_{out1}、I_{out2}:电流(模拟信号)输出端。

　　$D_7 \sim D_0$:数据(数字信号)输入端。

　　R_F:反馈电阻,用作外接运算放大器的负反馈电阻,与 DAC 具有相同的温度特性。

　　U_{REF}:参考电压输入,可在 +10 ～ -10 V 之间选择。

　　U_{CC}:电源电压,可在 +5 ～ +15 V 之间选择。

　　$AGND$:模拟地。

　　$DGND$:数字地。

　　$\overline{CS}$:片选信号、低电平有效;$\overline{CS}=0$ 时,本芯片选通,可以运行;

ILE:输入寄存器选通信号,高电平有效;

$\overline{WR_1}$:写信号 1,低电平有效。当 $\overline{CS}=0$,$ILE=1$,$\overline{WR_1}=0$ 时,输入数据被送入输入寄存器;$\overline{WR_1}=1$ 时,输入寄存器中的数据被锁存,不能修改其中的内容;

$\overline{XFER}$:传输控制信号,低电平有效;

$\overline{WR_2}$:写信号 2,低电平有效。当 $\overline{XFER}=0$,$\overline{WR_2}=0$ 时,输入寄存器的内容被送入数据寄存器,并进行 D/A 转换。

图 7.33 是 DAC0832 与单片微型计算机 8031 的单缓冲方式接口电路,$\overline{CS}$ 和 $\overline{XFER}$ 都和 8031 的地址选择线 P_{27} 相连,ILE 接高电平(+5 V),$\overline{WR_1}$ 和 $\overline{WR_2}$ 都由 8031 的写信号端控制。当 8031 的地址线选通 DAC0832 后,只要发出信号 $\overline{WR}$(即 $\overline{WR}=0$),就能一步完成数字量的输入锁存和 D/A 转换输出。

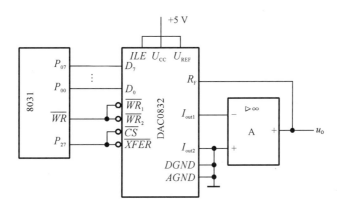

图 7.33 DAC0832 配接微机的典型电路

7.6.2 模数转换器

模数转换器与数模转换器相反,它的任务是将模拟量输入信号(如电压或电流信号)转换成数字量输出。A/D 转换器类型也较多,下面只介绍目前用得较多的逐次逼近型 A/D 转换器。

它的工作原理可用天平称量过程作比喻说明。若用四个分别重 8 g、4 g、2 g、1 g 的砝码,去称重 13 g 的物体,可采用表 7.10 所示的步骤称量。

表 7.10 逐次逼近型称物示例

顺序	砝码重量	比较判别	该砝码是保留或除去	暂时结果
1	8 g	砝码重量<待测物重量	保留	8 g
2	加 4 g	砝码总重量<待测物重量	保留	12 g
3	加 2 g	砝码总重量>待测物重量	除去	12 g
4	加 1 g	砝码总重量=待测物重量	保留	13 g

由表 7.10 可见,上述称量过程遵循如下几条原则:

(1) 按砝码重量逐次减半的顺序加入砝码;

(2) 每次所加砝码是否保留,取决于加入新砝码后天平上的砝码总重量是否超过待测物的重量,若超过,新加入的砝码应撤除;若未超过,新加砝码应保留;

（3）直到重量最轻的一个砝码也试过后，天平上所有砝码重量的总和就是待测物重量。

逐次逼近型模/数转换器的工作原理与上述称物过程十分相似。逐次逼近型模/数转换器一般由顺序脉冲发生器、逐次逼近寄存器、数/模转换器和电压比较器等几部分组成。其原理框图如图 7.34 所示。

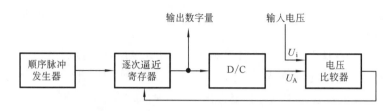

图 7.34 逐次逼近型模/数转换器原理框图

转换前先将寄存器清零。转换开始后顺序脉冲发生器输出的顺序脉冲首先将寄存器的最高位置 1，经数/模转换器转换为相应的模拟电压 U_A 送入比较器，与待转换的输入电压 U_i 进行比较。若 $U_A > U_i$，说明数字量过大，将最高位的 1 除去，而将次高位置 1；若 $U_A < U_i$，说明数字量还不够大，应将这一位的 1 保留，还需将次高位置 1。这样逐次比较下去，一直到最低位比较完为止。最后，寄存器的逻辑状态（即其存数）就是输入电压 U_i 转换成的输出数字量。

因为模拟电压在时间上一般是连续变化的量，而要输出的是数字量（二进制数），所以在进行转换时必须在一系列选定的时间间隔对模拟电压采样，经采样保持电路得出的每次采样结束时的电压就是上述待转换的输入电压 U_i。

目前，一般用的大多是单片集成模/数转换器，其种类很多，例如 ADC0801、ADC0804、ADC0809 等，其中 ADC0809 是 8 位逐次逼近型模/数转换器。在使用时可查阅产品手册，以了解其外引线排列及使用要求。

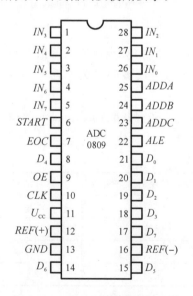

图 7.35 ADC0809 的管脚引线图

以 ADC0809 为例，它是采用 CMOS 工艺制成的逐次逼近型 A/D 转换器，有 8 路模拟量输入通道，输出为 8 位二进制数，最高转换速度约为 $100~\mu s$。ADC0809 的管脚引线如图 7.35 所示，各管脚功能简介如下。

$IN_0 \sim IN_7$：8 个模拟量输入通道，可以对 8 路不同的模拟输入量进行 A/D 转换。

$ADDC$、$ADDB$、$ADDA$（C、B、A）：通道号选择端口，例如 $CBA = 000$，选通 IN_0 通道；$CBA = 001$，选通 IN_1 通道；$CBA = 101$，选通 IN_5 通道；等等。

$D_7 \sim D_0$：数字量输出端。

$START$：启动 A/D 转换，当 $START = 1$ 时，开始 A/D 转换。

EOC：转换结束信号，A/D 转换结束后 EOC 端发出一个正脉冲，作为判断 A/D 转换是否完成的检测信号，或作为向计算机申请中断（请求读转换结果进行处理）的信号。

OE：输出允许控制端，当 $OE = 1$ 时，将 A/D 转换结果送入数据总线（即读取数字量）。

CLK：实时时钟，可通过外接 RC 电路改变芯片的工作频率。

U_{CC}:电源电压,$+5$ V。

$REF(+)$、$REF(-)$:外接参考电压端口,为片内 D/A 转换器提供标准电压,一般 REF
$(+)$接$+5$ V,$REF(-)$接地。

GND:接地端。

ALE:地址锁存信号,高电平有效,当 $ALE=1$ 时允许 C、B、A(通道号选择端口)所示地址
读入地址锁存器,并将所选择通道的模拟量接入 A/D 转换器。

图 7.36 所示为 ADC0809 的典型应用连线图,其中地址输入 $CBA=000$,是选中通道 IN_0
为输入通道(C、B、A 端可由计算机控制,以选择不同的模拟量输入通道)。由计算机发出的片
选信号$\overline{CS}$可使本片 A/D 转换器被选中,写控制信号$\overline{WR}$控制 A/D 转换开始,读控制信号$\overline{RD}$
允许输出数字量。EOC 信号可作为 A/D 转换器的状态查询信号,也可作为向计算机申请中
断处理的信号。

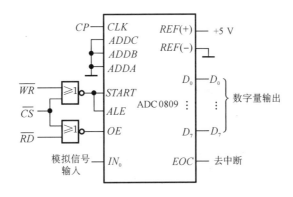

图 7.36　ADC0809 的典型应用连线图

除了逐次逼近型之外,A/D 转换器还有双积分型,其特点是抗干扰能力强,但转换速度不
高。常用的双积分型 A/D 转换器如 MC14433 精度为 $3\frac{1}{2}$ 位(指 4 位十进制数,但最高位只能
是 0 或 1,通称"半位",相当于 11 位二进制数),具有功耗低、功能完备、使用灵活等优点;但转
换速度仅为 3～10 次/秒,主要用于各种数字式仪表中。

7.7　可编程逻辑器件简介

早期的可编程逻辑器件只有可编程只读存储器(PROM)、紫外线可擦除只读存储器
(EPROM)和电可擦除只读存储器(EEPROM)三种。由于结构的限制,它们只能完成简单的
数字逻辑功能。其后,出现了一类结构上稍复杂的可编程芯片,即可编程逻辑器件(PLD),它
能够完成各种数字逻辑功能。典型的 PLD 由一个与门和一个或门阵列组成,而任意一个组合
逻辑都可以用"与-或"表达式来描述,所以 PLD 能以乘积和的形式完成大量的组合逻辑功能。

PLD 的基本结构如图 7.37 所示。它由输入缓冲、与阵列、或阵列和输出结构等四部分组
成。其中与阵列和或阵列是电路的核心,由与门构成的与阵列用来产生乘积项,由或门构成的
或阵列用来产生乘积项之和形式的函数。输入缓冲电路可以产生输入变量的原变量和反变
量。不同的 PLD 输出结构差异很大,有些是组合输出结构,有些是时序输出结构,还有些是可
编程的输出结构。输出信号往往可以通过内部通路反馈到与阵列的输入端。

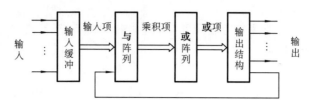

图 7.37　PLD 的基本结构

1. PLD 电路符号表示

PLD 器件的逻辑图通常采用简化表达方式,图 7.38 是输入缓冲电路的两种表达方式。输入信号经缓冲电路产生原变量和反变量两个互补的信号供与阵列使用。

图 7.38　输入缓冲电路表达方式　　　　**图 7.39　交叉点上的连接**

在门阵列中交叉点上的连接情况用图 7.39 所示的三种方式表达,其中"·"表示由生产厂家连接好,不可编程;"×"表示可编程连接,用户可以在编程时将不需要的"×"去掉。

有多个输入的 PLD 与阵列完整画法如图 7.40(a)所示,可采用图 7.40(b)省略画法用一条输入线表达,凡是通过"·"或"×"与该输入线连接的输入信号都是该与门的一个输入信号,图7.40中有三个输入信号加在该与门上,因而其输出为 $Z=\bar{I}_2+I_1+I_0$。

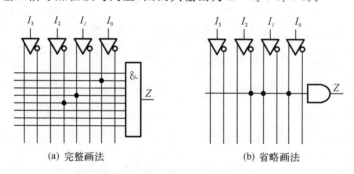

(a) 完整画法　　　　　　　　(b) 省略画法

图 7.40　多个输入的 PLD 与阵列画法

2. PLD 的分类

通常根据 PLD 的各个部分是否可以编程或组态,将 PLD 分为 PROM(可编程只读存储器)、PLA(可编程逻辑阵列)、PAL(可编程阵列逻辑)、GAL(通用阵列逻辑)四类。它们统称为简单 PLD,如表 7.11 所示。

表 7.11　PLD 的分类

分类	与阵列	或阵列	输出结构
PROM	固定	可编程	固定
PLA	可编程	可编程	固定
PAL	可编程	固定	固定
GAL	可编程	固定	可组态

如图 7.41(a)所示的是用省略画法表达的 PROM 的阵列结构。PROM 由固定的与阵列和可编程的或阵列组成,当与阵列有 n 个输入时,就会有 2^n 个输出(全译码),即要有 2^n 个 n 输入的或门。由于 PROM 是直接实现未经化简的与-或表达式的每个最小项,因而在门的利用率上常常是不经济的。因此,PROM 阵列的全译码功能更适合于用作存储器。

如图 7.41(b)所示的是用省略画法表达的 PLA 的阵列结构。PLA 的与阵列和或阵列均可以编程,因而可以实现经过逻辑化简的与-或逻辑函数,与-或阵列可以得到充分的利用,但迄今为止,由于缺少高质量的编程工具,PLA 的使用尚不广泛。

如图 7.41(c)所示的是用省略画法表达的 PAL(GAL)的阵列结构。PAL 的与阵列可编程,或阵列固定。每个输出是若干个乘积项之和。输出电路还可以具有 I/O 双向传送功能,包含寄存器和向与阵列的反馈。用户通过编程可以实现各种组合逻辑和时序逻辑电路。PAL 采用熔丝式双极型工艺,只能一次编程。但因工作速度快,开发系统完整,仍得到广泛应用。

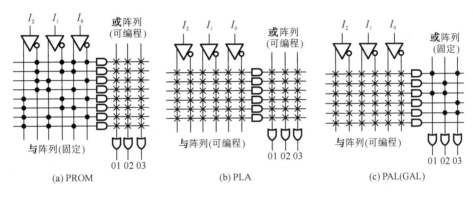

图 7.41　PLD 的结构示意图

GAL 的基本门阵列部分与 PAL 的相同,也是与阵列可编程,或阵列固定。但其输出电路采用了逻辑宏单元,用户可以对输出方式自行组成。新一代的 GAL 产品的或阵列也可以编程,因而功能更强,使用更灵活。GAL 采用 EEPROM 的浮栅技术,实现了电可擦除功能,大大方便了用户的使用。CPLD 是从 GAL 的结构扩展而来的,但针对 GAL 的不足进行了改进。CPLD 采用 EECMOS 工艺,增加了内部互连线,改进了内部结构体系,比 GAL 性能更好,设计更加灵活。

可编程逻辑器件的种类很多,几乎每个大的可编程逻辑器件供应商都能提供具有自身结构特点的 PLD 器件。20 世纪 80 年代中期,Altera 和 Xilinx 分别推出了类似于 PAL 结构的扩展型 CPLD(complex programmable logic device,复杂可编程逻辑器件)和标准门阵列类似的 FPGA(field programmable gate array,现场可编程门阵列),它们都具有体系结构和逻辑单元灵活、集成度高以及适用范围宽等特点。这两种器件兼容了 PLD 和通用门阵列的优点,可实现较大规模的电路,编程也很灵活。与门阵列与其他 ASIC(application specific IC,专用集成电路)相比,具有设计开发周期短、设计制造成本低、开发工具先进、标准产品无须测试、质量稳定以及可实时在线检验等优点,因此被广泛应用于产品的原形设计和产品生产(一般在 10000 件以下)。此外,CPLD/FPGA 还具有静态可重复编程或在线动态重构特性,使硬件的功能可以像软件一样通过编程来修改,不仅使设计修改和产品升级变得十分方便,而且极大地提高了电子系统的灵活性和通用能力。几乎所有应用门阵列、PLD 和中小规模通用数字集成电路的场合均可应用 FPGA 和 CPLD 器件。

7.8　本章仿真实训

计数器及其应用

一、实验目的

1. 熟悉和掌握用集成触发器构成计数器的方法。
2. 了解和初步掌握中规模集成计数器的使用方法及功能测试。
3. 掌握用中规模集成计数器构成任意进制计数器的方法。
4. 利用 Multisim 软件对电路进行仿真，并对仿真结果进行分析。

二、实验原理

1. 计数器是用以实现计数功能的时序逻辑部件，计数器不仅可用来对脉冲计数，还可实现数字系统的定时、分频和执行数字运算以及其他特定的逻辑功能。

2. 计数器的种类很多，按材料可分为 TTL 型和 CMOS 型；按工作方式可分为同步计数器和异步计数器；根据计数制的不同又可分为二进制计数器、十进制计数器和 N 进制计数器；根据计数的增减趋势还可分为加法计数器和减法计数器等。

目前，无论是 TTL 集成计数器还是 CMOS 集成计数器，品种都比较齐全。使用者只要借助于电子手册提供的功能表和工作波形图以及管脚排列图，即可正确地运用这些中规模集成计数器器件。

3. 用四位 D 触发器构成的异步二进制加/减法计数器。

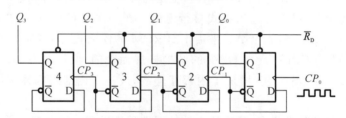

图 7.42　四位 D 触发器构成的异步二进制加法计数器

如图 7.42 所示电路是由四位 D 触发器构成的异步二进制加法计数器。连接特点是：把四只 D 触发器都接成 T' 触发器，使每只触发器的 D 输入端均与输出的 $\overline{Q}$ 端相连，接于相邻高位触发器的 CP 端作为其时钟脉冲输入。

若把图 7.42 稍加改动，就可得到四位 D 触发器构成的二进制减法计数器。改动中只需把高位的 CP 端从与低位触发器的 $\overline{Q}$ 端相连改为与低位触发器的 Q 端相连即可。

4. 中规模的十进制计数器功能测试。

74LS192（或 CC40192）是 16 脚的同步集成计数器电路芯片，具有双时钟输入、清除和置数等功能，其管脚排列图及逻辑符号如图 7.43 所示。

管脚 11 是置数端 $\overline{LD}$，管脚 5 是加法计数时钟脉冲输入端 CP_U，管脚 4 是减法计数端时钟脉冲输入端 CP_D，管脚 12 是非同步进位输出端 $\overline{CO}$，管脚 13 是非同步借位输出端 $\overline{BO}$，管脚 15、

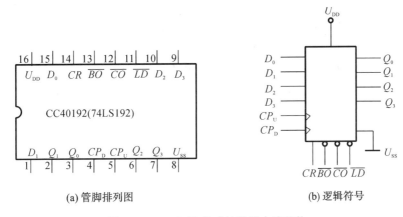

图 7.43　74LS192 集成计数器电路芯片

1、10、9 分别为计数器输入端 D_0、D_1、D_2、D_3，管脚 3、2、6、7 分别是数据输出端 Q_0、Q_1、Q_2、Q_3，管脚 14 是清零端 CR，管脚 8 为"地"端（或负电源端 U_{SS}），管脚 16 为正电源端 U_{DD}，与 +5 V 电源相连。

CC40192 与 74LS192 功能及管脚排列相同，二者可互换使用。

三、实验内容和步骤

1. 74LS74D 触发器构成四位二进制异步加法计数器

（1）用 Multisim 仿真软件，选择 TTL 元件库中的 74LS74D，设置 4 个 74LS74D 放在电路中（74LS74 这个集成块是一个双 D 触发器，包含 A 和 B 两个单元），四位二进制数 Q_3、Q_2、Q_1、Q_0 从高位到低位分别选用 LED4、LED3、LED2、LED1，在仪器仪表库栏选用逻辑分析仪 XLA1，在 Sources 器件库中选择 SINGAL VOLTAGE SOURCES 里的时钟信号 CLOCK VOLTAGE，在 Electro Mechanical 器件库中选择 SUPPLEMENTARY SWITCHES 里的复位开关 PB_NO，一起构成单次脉冲源，按图 7.42 建立如图 7.44 所示仿真实验电路图。

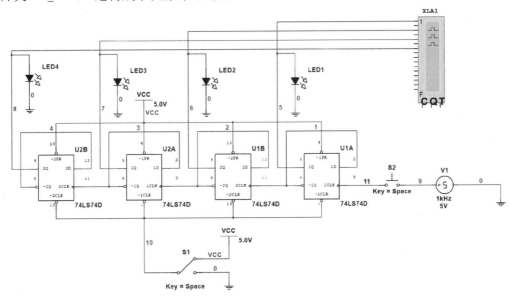

图 7.44　四位二进制异步加法计数器仿真实验电路图

注意：每个异步清零端$\overline{CLR}$（低电平有效）接至开关 SPDT，每个异步置位端$\overline{PR}$（低电平有效）接高电平"1"。将低位 CLK 端接函数发生器 XFG1，输出端 Q_3、Q_2、Q_1、Q_0 接逻辑分析仪 XLA1。

（2）异步清零端$\overline{CLR}$（低电平有效）接至开关 SPDT 异步清零后，逐个送入单次脉冲，观察仿真状态如图 7.45 所示，并记录 Q_3、Q_2、Q_1、Q_0 的状态，并填入表 7.12 中。

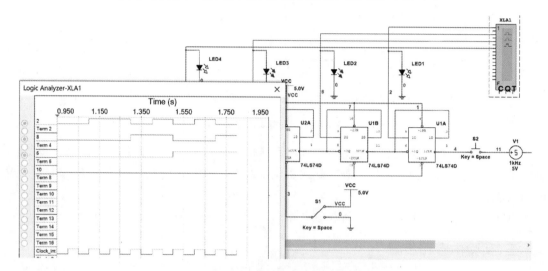

图 7.45　四位二进制异步加法计数器仿真状态图

表 7.12　$Q_3 Q_2 Q_1 Q_0$ 状态表

CP	0	1	2	3	4	5	6	7	8	9	10	11	12	13	14	15
Q_3																
Q_2																
Q_1																
Q_0																

（3）将单次脉冲源改为 1 Hz 的连续时钟脉冲源，在仪器仪表库栏选用函数发生器 XFG1 接入电路中如图 7.46 所示，观察 Q_3、Q_2、Q_1、Q_0 的状态，并填入表 7.13 中。

表 7.13　$Q_3 Q_2 Q_1 Q_0$ 状态表

CP	0	1	2	3	4	5	6	7	8	9	10	11	12	13	14	15
Q_3																
Q_2																
Q_1																
Q_0																

（4）把图示电路中低位触发器的 Q 端与高一位的 CP 端相连接，构成减法计数器，重新按照上述步骤实验观察，并列表记录 Q_3、Q_2、Q_1、Q_0 的状态。

（5）请用上述方法采用 CC4013 构成四位二进制异步加法计数器。

2. 测试 74LS192 同步十进制可逆计数器的逻辑功能

（1）用 Multisim 仿真软件，选择 TTL 元件库中的 74LS192N，在 Indicators 中选择 HEX

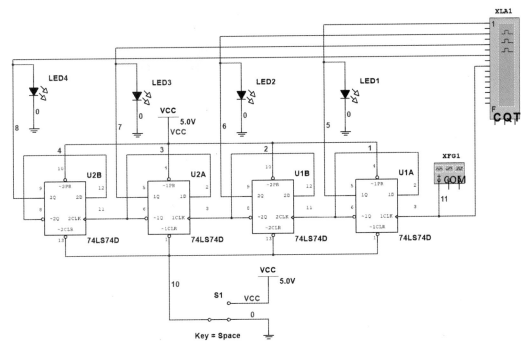

图 7.46 四位二进制异步加法计数器接入 XFG1 仿真实验电路图

DISPLAY 里的 DCD HEX,清零端 CLR、置数端 $\overline{LD}$ 和数据输入信号 A、B、C、D 的按键从 Basic 器件库中选择 SWITCH 里的开关 SPDT,输出端 Q_D、Q_C、Q_B、Q_A 从高位到低位与译码显示器连接(从左到右),在 Sources 器件库中选择 SINGAL VOLTAGE SOURCES 里的时钟信号 CLOCK VOLTAGE,在 Electro Mechanical 器件库中选择 SUPPLEMENTARY SWITCHES 里的复位开关 PB_NO,一起构成单次脉冲源,电路的计数脉冲由单次脉冲源提供,借位输出端 $\overline{BO}$ 和进位输出端 $\overline{CO}$ 分别选用 X1 红灯 PROBE RED 和 X2 绿灯 PROBE GREEN,建立如图 7.47 所示的仿真实验电路图。

(2) 启动仿真运行,观察电路功能能否实现。如图 7.48 所示电路显示,当 74LS192 工作在十进制加法计数模式,由"9 到 0"时,进位输出端 $\overline{CO}$ 产生进位信号,进位指示灯 X2=1(指示灯绿灯亮)。

如图 7.49 所示电路显示,当 74LS192 工作在十进制减法计数模式,由"0 到 9"时,借位输出端 $\overline{BO}$ 产生借位信号,进位指示灯 X1=1(指示灯红灯亮)。

(3) 按表 7.14 逐项测试,测出相应的输出逻辑电平,并填入表 7.14 中。

表 7.14 74S192 测试记录表

输　　　　入							输　　　出				功能
CR	$\overline{LD}$	CP_U	CP_D	D_3	D_2	D_1	D_0	Q_3	Q_2	Q_1	Q_0
1	×	×	×	×	×	×	×				
0	0	×	×	D	C	B	A				
0	1	↑	1	×	×	×	×				
0	1	1	↑	×	×	×	×				

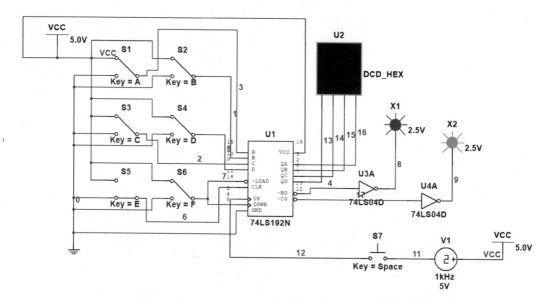

图 7.47　74LS192 同步十进制可逆计数器仿真实验电路图

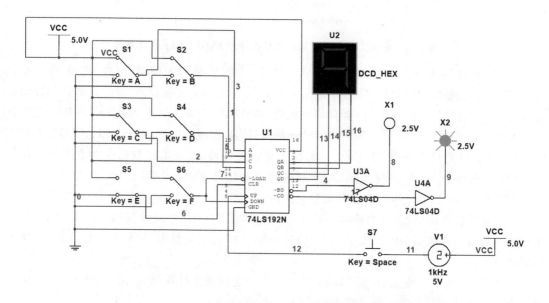

图 7.48　74LS192 同步十进制加法计数器仿真实验电路图

（4）请用上述方法采用 CC40192 构成同步十进制可逆计数器。

3. 表格记录

按照 N 进制计数器实现的三个电路图连接电路，观察计数情况，记录在自制表格中（注意：采用连续时钟脉冲源）。

4. 思考题

（1）设计一个数字钟分针或秒针的 60 进制计数器电路，用 CC40192 或 74LS192 同步十进制可逆计数器来实现。

（2）能否用反馈清零法和反馈预置数法分别设计一个七进制计数器。

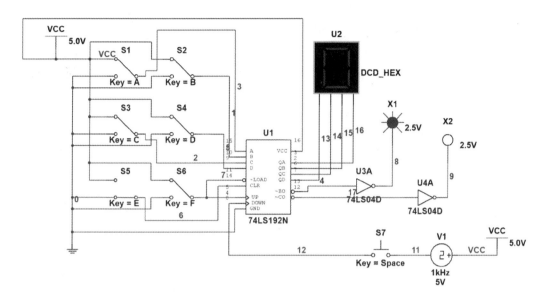

图 7.49   74LS192 同步十进制减法计数器仿真实验电路图

本 章 小 结

1. 一个触发器可以存储一位二进制数。

2. 掌握基本 R-S 触发器和可控 R-S 触发器的逻辑功能。基本 R-S 触发器的输出状态仅取决于 $\overline{S}_D$ 和 $\overline{R}_D$ 的状态:当 $\overline{S}_D=0, \overline{R}_D=0$ 时,输出状态不定,应禁止。可控 R-S 触发器的输出状态取决于 $R、S$ 和时钟脉冲 CP 的状态,具有上升沿触发的特点:当 $R=1、S=1$ 时输出状态不定,应禁止。R-S 触发器具有置 0、置 1、保持的功能。

3. 主从型 J-K 触发器具有在时钟脉冲下降沿触发的特点,不管 $J、K$ 状态如何,输出只可能在时钟脉冲下降沿翻转。是否翻转取决于 $J、K$ 的状态。没有禁止的情况。J-K 触发器与 R-S 触发器不同,除了具有置 0、置 1、保持的功能,还具有翻转的功能。

4. 维持-阻塞型 D 触发器是一种具有上升沿触发特点的触发器。它的逻辑功能为当时钟脉冲的上升沿到来后,它的输出将成为 D 的状态。D 触发器只具有置 0、置 1 的功能。

5. 寄存器分为数码寄存器和移位寄存器两类。数码寄存器速度快但必须有较多的输入、输出端,而移位寄存器速度较慢但仅需要很少的输入、输出端。

6. 计数器分为加法和减法计数器,二进制和 n 进制计数器,同步和异步计数器。

7. 时序逻辑电路具有记忆功能,它在任何时刻的输出状态不仅与当时的输入状态有关,还与电路原来的状态有关。时序逻辑电路的分析是找出电路中输出变量与输入变量之间的逻辑关系,确定电路的逻辑功能。

8. 555 定时器是一种广泛应用的中规模集成电路芯片,常被用于定时器、脉冲产生器和振荡电路。555 定时器可被作为电路中的延时器件、触发器或起振元件。在实际应用中只要适当改变其外接电路就能得到如施密特触发器、单稳态触发器和多谐振荡器等应用电路。

9. 从应用实践出发,本章介绍了模拟量与数字量的转换。数/模转换器和模/数转换器往往是数字系统中不可缺少的组成部分,因此了解其原理和用途是很有意义的。

10. 通过对可编程逻辑器件基本结构和分类的简单介绍,希望读者对 PLC 及 FPGA 和 CPLD 有一个初步的概念,以扩展学生的视野。

习　题

第 7 章即测题

7.1　说明时序逻辑电路和组合逻辑电路在功能上的不同之处。

7.2　基本 R-S 触发器的输入波形如题 7.2 图所示,试画出输出 Q 和 $\overline{Q}$ 的波形。设触发器的初始状态为 0。

7.3　可控 R-S 触发器的输入 R、S 及时钟脉冲 CP 的波形如题 7.3 图所示,试画出输出 Q 和 $\overline{Q}$ 的波形。设触发器的初始状态为 0。

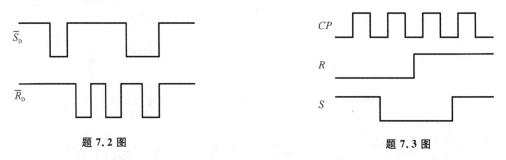

题 7.2 图　　　　　　　　　　　　　题 7.3 图

7.4　J-K 触发器的输入信号 J、K 及 CP 波形如题 7.4 图所示。设触发器的初始状态为 0。试画出输出端 Q 的波形图。

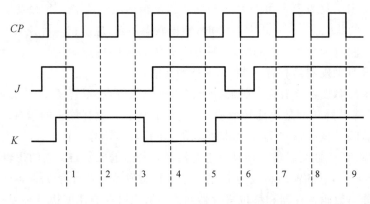

题 7.4 图

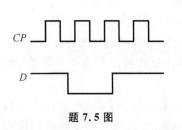

题 7.5 图

7.5　维持-阻塞型 D 触发器的输入信号 D 及 CP 波形如题 7.5 图所示。设触发器的初始状态为 0。试画出输出端 Q 的波形图。

7.6　如题 7.6 图所示电路,设两触发器初始状态为 0,A、CP 波形如图所示,画出输出 Q_1、Q_2 的波形。

7.7　如题 7.7 图所示电路,设两触发器初始状态为 0,CP 波形如图所示,画出输出 Q_1、Q_2 的波形。

7.8　如题 7.8 图所示电路是由四个 D 触发器组成的四位移位寄存器。设原存储数为 1101,待存入数为 1001,试说明其移位寄存的工作原理。

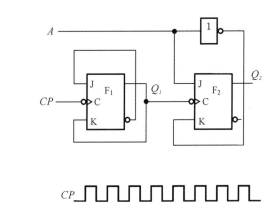

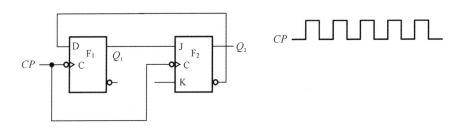

题 **7.6 图**

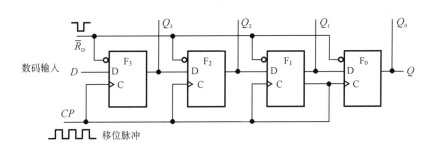

题 **7.7 图**

题 **7.8 图**

7.9 由 J-K 触发器构成的两位二进制异步计数器如题 7.9 图所示,其初始状态为 $Q_0 = Q_1 = 1$。试求:

(1) 对照 CP 波形画出 Q_0、Q_1 的波形;

(2) 列出其计数状态表,判断是加法计数器还是减法计数器。

7.10 试分析如题 7.10 图中所示框图的含义。

7.11 如题 7.11 图中所示为权电阻网络四位 D/A 转换器的原理图。它由电子模拟开关权电阻求和网络、运算放大器和基准电压源等部分组成。电子模拟开关运算放大器和基准电压源的作用与本章所介绍的 T 形电阻网络 D/A 转换器中的相同。现对权电阻求和网络说明如下:对应于 n 位二进制数,权电阻求和网络由 n 个电阻组成(如图中的 $R_0 \sim R_3$)。各电阻取值是按二进制数各位的权成反比减小的,即高一位的电阻值是相邻低位的电阻值的二分之一。

试根据电路求出输出模拟电压 $u_\circ$ 与输入二进制数 $D_3 D_2 D_1 D_0$ 的关系式。

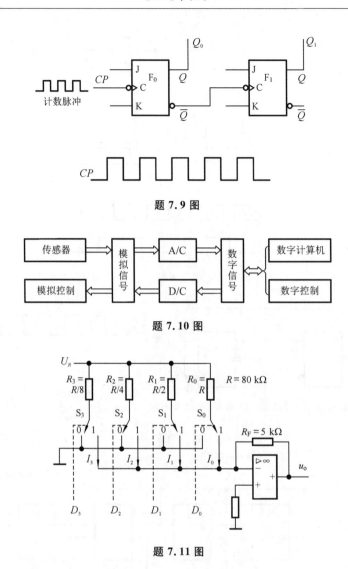

题 7.9 图

题 7.10 图

题 7.11 图

7.12　试举一实例,说明 D/A 转换器和 A/D 转换器的实际应用。

附录 A Multisim14 软件简介

Multisim14(以下简称 Multisim)是一种专门用于电路仿真和设计的软件之一,是美国国家仪器公司(National Instruments, NI)下属的 Electronics Workbench Group 推出的以 Windows 为基础的仿真工具,是目前最为流行的 EDA(电子设计自动化)软件之一。该软件基于 PC 平台,采用图形操作界面虚拟仿真了一个与实际情况非常相似的电路实验工作台,几乎可以完成在实验室进行的所有电工电子电路实验,已被广泛地应用于电工电子电路分析、设计、仿真等各项工作中。

1. Multisim 的特点

Mutisim 软件主要具有以下特点:

(1) 功能强大。具有丰富的虚拟仪器和多种分析功能。Multisim 提供多种虚拟仪器。用户还可以根据需要新建或扩充已有的元器件库。Multisim 的电路分析功能相当强大,它可以进行直流工作点分析、交流分析、瞬态分析、傅里叶分析、噪声分析、失真分析等,这是实际实验条件难以具备的。

(2) 具有极强的作图功能和进一步处理功能,并提供了与其他软件信息交换的接口。Multisim 提供了强大的作图功能,可将仿真结果进行显示、调节、储存和输出。Multisim 提供了仿真后的三种进一步处理办法:①生成电路的各种报告;②用后处理器进行处理;③与其他软件间进行仿真信息的传输。

(3) 用户界面直观,操作简单便捷,易学好用。Multisim 的用户界面与其他 Windows 应用程序相似,即所见即所得的用户界面。Multisim 的电路窗口如同一个实验平台,电路的建立、测试及结果均集中显示。虚拟仪器的功能不仅与实际仪器的相同,而且仪器的面板和旋钮、按键的功能与实际仪器的也一致。有一定计算机基础的用户可以在很短的时间内掌握其主要功能。下面介绍 Multisim 软件的使用方法。

2. Multisim 的用户界面

启动 Multisim 软件后,屏幕上将出现 Multisim 软件的用户界面,如图 A-1 所示。

Multisim 的用户界面主要由标题栏、菜单栏、系统工具栏、仿真开关、元器件库栏、仪器仪表库栏、电路绘制窗口、状态栏等部分组成。

通过菜单可以对 Multisim 的所有功能进行操作。不难看出,菜单中有一些与大多数 Windows 平台上的应用软件一致的功能选项,如 File(文件菜单)、Edit(编辑菜单)、View(视图菜单)等。此外,还有一些 EDA 软件专用的选项,如 Place(放置菜单)、Simulate(仿真菜单)、Transfer(文件输出菜单)、Window(窗口菜单)、Help(帮助菜单)、Tools(工具菜单)、Reports(报告菜单)等。

1. File(文件菜单)

File 菜单中包含了对文件和项目的基本管理和打印等命令,File 菜单中的命令及功能如下:

New:建立一个新文件。

Open:打开一个文件。

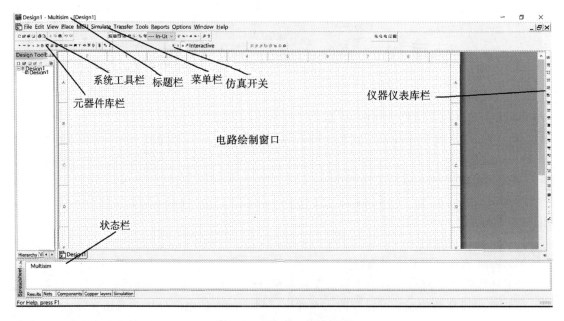

图 A-1　Multisim 用户界面

Close：关闭当前文件。

Save：保存当前文件。

Save As：将当前文件另存为。

New Project：建立一个新项目。

Open Project：打开一个项目。

Save Project：保存当前项目。

Close Project：关闭当前项目。

Print Setup：打印设置。

Print Circuit Setup：打印电路图设置。

Print Instruments：打印当前文件中的仪表波形图。

Print Preview：打印预览。

Print：打印 。

Recent Files：最近几次打开过的文件。

Recent Project：最近几次打开过的项目。

Exit：退出 Multisim。

2. Edit(编辑菜单)

Edit 菜单中包含了对电路图进行编辑的命令，Edit 菜单中的命令及功能如下：

Undo：撤销操作。

Redo：不撤销操作。

Cut：剪切。

Copy：复制。

Paste：粘贴。

Paste Special：粘贴所选择内容。

Delete：删除。

Delete Multi-Page:删除多页。

Select All:全选。

Find:查找。

Flip Horizontal:将所选的元件水平翻转。

Flip Vertical:将所选的元件垂直翻转。

90 ClockWise:将所选的元件顺时针 90 度旋转。

90 ClockWiseCW:将所选的元件逆时针 90 度旋转。

Component Properties:打开所选的元件属性对话框。

3. View(视图菜单)

View 菜单中包含了确定使用软件时的视图以及对一些工具栏和窗口进行控制的命令。View 菜单中的命令及功能如下：

Toolbars:显示各种工具栏。

Show Grid:显示网格。

Show Page Bounds:显示页边界。

Show Title Block:显示图明细表。

Show Border：显示图框。

Show Ruler Bars:显示标尺。

Zoom In:放大显示。

Zoom Out:缩小显示。

Zoom Area:以 100％的比率来显示。

Zoom Full:全部显示。

Grapher:打开仿真结果的图形显示窗口。

Hierarchy:层次。

Circuit Description Box:打开电路描述窗口。

4. Place(放置菜单)

Place 菜单中包含了在电路窗口内放置元件、连接点、总线和文字等命令，Place 菜单中的命令及功能如下：

Component:放置一个元件。

Junction:放置一个节点。

Bus:放置一根总线。

Bus Vector Connect:总线矢量连接。

HB/SB Connector:放置 HB/SB 连接器。

Hierarchical Block:放置层次模块。

Create New Hierarchical Block:新建层次模块。

Subcircuit:新建子电路。

Replace by Subcircuit:用一个子电路替代。

Off-Page Connector:Off-Page 连接器。

Multi-Page:多页设置。

Text:放置文本。

Graphics:制图。

Title Block:放置标题块。

5. Simulate(仿真菜单)

Simulate 菜单中包含了电路仿真设置与操作命令,Simulate 菜单中的命令及功能如下:

Run:执行仿真。

Pause:暂停仿真。

Instruments:选择仪表。

Default Instrument Settings:打开预置仪表设置对话框,设置仪表的预置值。

Digital Simulation Settings:设定数字仿真参数。

Analyses:选择仿真分析方法。

Postprocess:打开后处理器对话框。

Simulation Error Log/ Audit Trail:电路仿真错误记录/检查数据跟踪。

XSpice Command Line Interface:打开 XSpice 命令行界面。

VHDL Simulation:进行 VHDL 仿真。

Verilog HDLSimulation:进行 Verilog HDL 仿真。

Auto Fault Option:自动设置电路故障。

Global Component Tolerances:设置全部元件的容差。

6. Transfer(文件输出菜单)

Transfer 菜单中包含了将仿真结果用其他 EDA 软件需要的文件格式输出的命令。Transfer 菜单中的命令及功能如下:

Transfer to Ultiboard 14.0:转换为 Utiboard 14.0(Multisim 中的电路板设计软件)的文件格式。

Export to other PCB Layout:转换为其他电路板设计软件所支持的文件格式

Forward Annotate to Ultiboard:建立 Ultiboard 注释文件。

Backannotate from Utiboard:将 Ultiboard 注释文件传人到当前文件中。

Highlight selection in Ultiboard:加亮所选择区域。

Export Simulation Results to MathCAD:将仿真结果输出到 MathCAD。

Export Simulation Results to Excel:将仿真结果输出到 Excel。

Export Netlist:输出电路网表文件。

7. Tools(工具菜单)

Tools 菜单中包含了编辑与管理元器件和元件库的命令,Tools 菜单中的命令及功能如下:

Database Management:启动元器件数据库管理器,进行数据库的编辑管理工作。

Symbol Editor:打开符号编辑器。

Component Wizard:打开元件编辑器。

555 Timer Wizard:555 定时器编辑。

Filter Wizard:滤波器编辑。

Electrical Rules Check:电气规则测试

Renumber Components:元件重命名。

Replace Components:替代元件。

Update HB/SB Symbols:升级 HB/SB 符号。

Modify Title Block Data：更改标题块数据，

Title Block Data：标题块编辑。

Internet Design Sharing：网络设计资源共享

Goto Education Web Page：链接教育网站。

EDAparts. com：链接 EDAparts. com 网站。

8. Reports(报告菜单)

Reports 菜单中包含了产生当前电路的各种报告的命令，Reports 菜单中的命令及功能如下：

Bill of Materials：材料清单。

Component Detail Report：元器件详细参数报告。

Netlist Report：电路网表报告。

Schematic Statistics：简要统计报告。

Spare Gates Report：未用元件门统计报告。

Cross Reference Report：元件交叉参照表。

9. Options(选项菜单)

Options 菜单中包含了定制电路的界面和电路的某些功能的设定命令，Options 菜单中的命令及功能如下：

Preferences：打开参数选择对话框，进行参数设置。

Customize：常规命令设置。

Global Restrictions：软件限制设置。

Circuit Restrictions：电路限制设置。

Simplified Version：简化版本。

10. Window(窗口菜单)

Window 菜单中包含了控制窗口显示的命令，并列出所有被打开的文件，Window 菜单中的命令及功能如下：

Cascade：层叠窗口。

Tile：平铺窗口。

Arrange Icons：重新排列图标。

11. Help(帮助菜单)

Help 菜单为用户提供在线帮助和辅助说明，Help 菜单中的命令及功能如下：

Multisim Help：Multisim 的在线帮助。

Release Notes：Multisim 的发行申明。

About Multisim：Multisim 14 的版本说明。

3. Multisim 的元器件和仪表

Multisim 为用户提供了丰富的元器件，用户可以方便地从元器件库栏中提取，元器件库栏上的每一个按钮都对应一个元器件库，每个器件库就像是一个元器件箱，里面放置着同一类型的元器件。只要用鼠标单击元器件库栏上的按钮便可打开它所对应的元器件库，从中提取元器件。图 A-2 所示元器件库栏中的按钮对应的元器件库从左到右依次是：电源库、基本元器件库、二极管库、晶体管库、模拟元器件库、TTL 元器件库、CMOS 元器件库、其他数字元器件、模数混合元器件库、指示元器件库、功率元器件库、混合元器件库、外设元器件库、电机元器件库、NI 元器件库、MCU 元器件库、层次块调用库、总线库。在 Multisim 中不仅为用户提供实际元器件,还提供虚拟元器件。它们之间的区别在于:实际元器件是与生产实际中真实的元器件的型号、参数值以及封装都相对应的元器件,在设计中选用此类器件,不仅可以使设计仿真与实际情况有良好的对应性,还可以直接将设计导出到 Ultiboard 中进行 PCB 设计。而虚拟元器件的参数值是该类器件的典型值,不与实际器件对应,用户可以根据需要改变器件模型的参数值,只能用于仿真。通常将虚拟元器件工具栏与实际元器件工具栏并排排列在主窗口的左边。在元器件工具栏中,虽然代表虚拟器件按钮的图标与该类实际器件的图标形状相同,但虚拟元器件的按钮有底色。而实际元器件的按钮没有底色。

图 A-2　元器件工具栏

数字万用表
函数信号发生器
功率表
双通道示波器
四通道示波器
波特图仪
频率计数器
数字信号发生器
逻辑转换器
逻辑分析仪
IV 分析仪
失真度分析仪
频谱分析仪
网络分析仪
Agilent信号发生器
Agilent万用表
Agilent示波器
Tektronic示波器
LabVIEW仪器
NI ELVISmx仪器
电流探针

图 A-3　仪器仪表
工具栏

仪器仪表工具栏中放置了 Mutisim 为用户提供的虚拟仪器仪表,这些虚拟仪器仪表的外形、面板设计和操作方法都与实际仪器很相似,用户可以方便、快捷地选择自己需要的仪器对电路进行测试,图 A-3 所示的是仪器仪表工具栏,其按钮对应的虚拟仪器从上到下依次是:数字万用表、函数信号发生器、功率表、双通道示波器、四通道示波器、波特图仪、频率计数器、数字信号发生器、逻辑转换器、逻辑分析仪、IV 分析仪、失真度分析仪、频谱分析仪、网络分析仪、Agilent 信号发生器、Agilent 万用表、Agilent 示波器、Tektronic 示波器、LabVIEW 仪器、NI ELVISmx 仪器、电流探针。

4. 用 Multisim 进行仿真实验

用 Multisim 进行仿真实验的一般步骤如下。

(1) 启动 Multisim14 软件,如图 A-4 所示。

Multisim 软件正常启动完成后默认新建一个工程文件 Design1,如图 A-5 所示,点击"File"菜单,选择"Save As",将新建仿真文件修改为便于识别的文件名,如"抢答器电路. ms14",如图 A-6 所示。

(2) 放置元器件,Multisim 为用户提供了丰富的元器件和虚拟仪器仪表,用户可以方便地从各个工具栏中调用。元器件库栏通常在系统工具栏的下边,仪器仪表库栏通常在主窗口的右边,如图 A-1 所示。从工具栏中取出电路图中需要的元器件,放在所需位置上并进行相关设置。

(3) 将元器件连接成电路。把电路需要的元器件放置在电路窗口后,用鼠标就可以方便地将元器件用导线连接起来,具体做法是:把鼠标指针移到要连接的元器件的一个引脚处,单击鼠标,引出一根线;接着移动鼠标到另一个元器件的引脚处,再单击鼠标,两个元器件之间的连接就完成了,拐弯处可以点击鼠标,以固定线的位置,连接不同引脚的导线将自动标记数字序号。

图 A-4　Multisim 启动界面

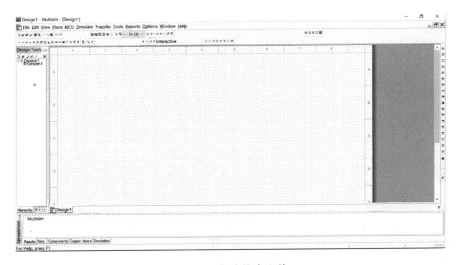

图 A-5　新建仿真文件

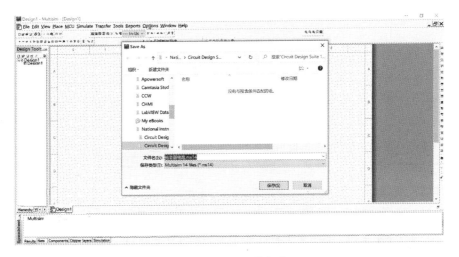

图 A-6　修改文件名称

（4）完成电路绘制后，点击"RUN"（或 F5）开关，将启动仿真，还可运行 Simulate 菜单中的 Analyses and Simulation 命令，选择仿真分析方法对电路进行各种仿真分析。如果电路图有错误将会在状态栏中提示。

附录 B　常用电子元器件及其参数

电工电子
元器件外形图

一、半导体分立器件型号命名方法

第一部分		第二部分		第三部分		第四部分
用数字表示器件电极数目		用汉语拼音字母表示器件的材料和极性		用汉语拼音字母表示器件类型		用数字表示器件序号
符号	意义	符号	意义	符号	意义	
2	二极管	A	N 型锗材料	P	普通管	
		B	P 型锗材料	V	微波管	
		C	N 型硅材料	W	稳压管	
		D	P 型硅材料	C	参量管	
3	晶体管	A	PNP 型锗材料	Z	整流管	
		B	NPN 型锗材料	L	整流堆	
		C	PNP 型硅材料	S	隧道管	
		D	NPN 型硅材料	U	光电管	
				K	开关管	
				X	低频小功率管 截止频率<3 MHz 耗散功率<1 W	
				G	高频小功率管 截止频率≥3 MHz 耗散功率<1 W	
				D	低频大功率管 截止频率<3 MHz 耗散功率≥1 W	
				A	高频大功率管 截止频率≥3 MHz 耗散功率≥1 W	
				T	可控整流器	

半导体器件的型号命名示例：

（1）N 型硅整流二极管

2 C Z 11 B
- 规格号
- 序号
- 整流管
- N 型，硅材料
- 二极管

（2）NPN 型硅高频小功率三极管

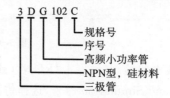

3 D G 102 C
- 规格号
- 序号
- 高频小功率管
- NPN型，硅材料
- 三极管

二、几种半导体二极管

（1）检波与整流二极管。

参数		最大整流电流	最大整流电流时的正向压降	最高反向工作电压
符号		I_{OM}	U_P	U_{RM}
单位		mA	V	V
型号	2AP1	16		20
	2AP2	16		30
	2AP3	25		30
	2AP4	16	$\leqslant 1.2$	50
	2AP5	16		75
	2AP6	12		100
	2AP7	12		100
	2CP10			25
	2CP11			50
	2CP12			100
	2CP13			150
	2CP14			200
	2CP15			250
	2CP16	100		300
	2CP17			350
	2CP18			400
	2CP19		$\leqslant 1.5$	500
	2CP20			600
	2CP21	300		100
	2CP21A	300		50
	2CP22	300		200
	2CP31	250		25
	2CP31A	250		50
	2CP31B	250		100
	2CP31C	250		150
	2CP31D	250		250
	2CZ11A			100
	2CZ11B			200
	2CZ11C			300
	2CZ11D			400
	2CZ11E	1 000	$\leqslant 1$	500
	2CZ11F			600
	2CZ11G			700
	2CZ11H			800
	2CZ12A			50
	2CZ12B			100
	2CZ12C			200
	2CZ12D	3 000	$\leqslant 0.8$	300
	2CZ12E			400
	2CZ12F			500
	2CZ12G			600

（2）稳压二极管。

参数	稳定电压	稳定电流	耗散功率	最大稳定电流	动态电阻
符号	U_Z	I_Z	P_Z	I_{ZM}	r_Z
单位	V	mA	mW	mA	Ω
测试条件	工作电流等于稳定电流	工作电压等于稳定电压	$-60\ ℃\sim+50\ ℃$	$-60\ ℃\sim+50\ ℃$	工作电流等于稳定电流
型号 2CW11	3.2~4.5	10		55	≤70
2CW12	4~5.5	10		45	≤50
2CW13	5~6.5	10		38	≤30
2CW14	6~7.5	10		33	≤15
2CW15	7~8.5	5	250	29	≤15
2CW16	8~9.5	5		26	≤20
2CW17	9~10.5	5		23	≤25
2CW18	10~12	5		20	≤30
2CW19	11.5~14	5		18	≤40
2CW20	13.5~17	5		15	≤50
2DW7A	5.8~6.6	10		30	≤25
2DW7B	5.8~6.6	10	200	30	≤15
2DW7C	6.1~6.5	10		30	≤10

（3）开关二极管。

参数	反向击穿电压	最高反向工作电压	反向压降	反向恢复时间	零偏压电容	反向漏电流	最大正向电流	正向压降
单位	V	V	V	ns	pF	μA	mA	V
型号 2AK1	30	10	≥10	≤200			≥100	
2AK2	40	20	≥20	≤200			≥150	
2AK3	50	30	≥30	≤150	≤1		≥200	
2AK4	55	35	≥35	≤150			≥200	
2AK5	60	40	≥40	≤150			≥200	
2AK6	75	50	≥50	≤150			≥200	
2CK1	≥40	30	30					
2CK2	≥80	60	60					
2CK3	≥120	90	90	≤150	≤30	≤1	100	≤1
2CK4	≥150	120	120					
2CK5	≥180	180	180					
2CK6	≥210	210	210					

三、常用小功率三极管的主要参数

型号	参数						极性
	P_{CM}/mW	f_T/MH_Z	I_{CM}/mA	U_{CEO}/V	$I_{CBO}/\mu A$	h_{FE}/min	
3DG4A	300	200	30	15	0.1	20	NPN
3DG4B	300	200	30	15	0.1	20	NPN
3DG4C	300	200	30	30	0.1	20	NPN
3DG4D	300	300	30	15	0.1	30	NPN
3DG4E	300	300	30	30	0.1	20	NPN
3DG4F	300	250	30	20	0.1	30	NPN
3DG6	100	250	20	20	0.01	25	NPN
3DG6B	300	200	30	20	0.01	25	NPN
3DG6C	100	250	20	20	0.01	20	NPN
3DG6D	100	300	20	20	0.01	25	NPN
3DG6E	100	250	300	40	0.01	60	NPN
3DG12B	700	200	300	45	1	20	NPN
3DG12C	700	200	300	30	1	30	NPN
3DG12D	700	300	300	30	1	30	NPN
3DG12E	700	300	300	60	1	40	NPN
2SC1815	400	80	150	50	0.1	20～700	NPN
JE9011	400	150	30	30	0.1	28～198	NPN
JE9013	500		625	20	0.1	64～202	NPN
JE9014	450	150	100	45	0.05	60～1000	NPN
8050	800		800	25	0.1	55	NPN
3CG14	100	200	15	35	0.1	40	PNP
3CG14B	100	200	20	15	0.1	30	PNP
3CG14C	100	200	15	25	0.1	25	PNP
3CG14D	100	200	15	25	0.1	30	PNP
3CG14E	100	200	20	25	0.1	30	PNP
3CG14F	100	200	20	40	0.1	30	PNP
2SA1015	400	80	150	50	0.1	70～400	PNP
JE9012	600		500	50	0.1	60	PNP
JE9015	450	100	450	45	0.05	60～600	PNP
3AX31A	100	0.5	100	12	12	40	PNP
3AX31B	100	0.5	100	12	12	40	PNP
3AX31C	100	0.5	100	18	12	40	PNP
3AX31D	100		100	12	12	25	PNP
3AX31E	100	0.015	100	24	12	25	PNP

四、半导体集成器件型号命名方法

第零部分		第一部分		第二部分	第三部分		第四部分	
用字母表示器件符合国家标准		用字母表示器件的类型		用阿拉伯数字表示器件的系列和品种代号	用字母表示器件的工作温度范围		用字母表示器件的封装	
符号	意义	符号	意义		符号	意义	符号	意义
C	符合国家标准	T	TTL		C	0~70 ℃	F	多层陶瓷扁平
		H	HTL		G	−25~70 ℃	B	塑料扁平
		E	ECL		L	−25~85 ℃	H	黑瓷扁平
		C	CMOS		E	−40~85 ℃	D	多层陶瓷双列直插
		M	存储器		R	−55~85 ℃	J	黑瓷双列直插
		F	线性放大器		M	−55~125 ℃	P	塑料双列直插
		W	稳压器				S	塑料单列直插
		B	非线性电路				K	金属菱形
		J	接口电路				T	金属圆形
		AD	A/D 转换器				C	陶瓷片状载体
		DA	D/A 转换器				E	塑料片状载体
							G	网格阵列

示例：

C F 741 C T

金属圆形封装
工作温度为0~70℃
通用型运算放大器
线性放大器
符合国家标准

五、常用半导体集成电路的型号与参数

参数	符号	单位	型号					
			F007	F101	8FC2	CF118	CF725	CF747M
最大电源电压	U_S	V	±22	±22	±22	±20	±22	±22
差模开环电压放大倍数	$A_{\mu0}$		80 dB	$\geqslant88$ dB	3×10^4	2×10^5	3×10^6	2×10^5
输入失调电压	U_{IO}	mV	$2\sim10$	$3\sim5$	$\leqslant3$	2	0.5	1
输入失调电流	I_{IO}	nA	$100\sim300$	$20\sim200$	$\leqslant100$			
输入偏置电流	I_{IB}	nA	500	$150\sim500$		120	42	80
共模输入电压范围	U_{ICR}	V	±15			±11.5	±14	
共模抑制比	U_{CMR}	dB	$\geqslant70$	$\geqslant80$	$\geqslant80$	$\geqslant80$	120	90
最大输出电压	U_{OPP}	V	±13	±14	±12		±13.5	
静态功率	P_D	mW	$\leqslant120$	$\leqslant60$	150		80	

六、W7800 系列和 W7900 系列集成稳压器型号及参数

参数名称	符号	单位	型号					
			7805	7815	7820	7905	7915	7920
输出电压	U_o	V	$5\pm5\%$	$15\pm5\%$	$20\pm5\%$	$-5\pm5\%$	$-15\pm5\%$	$-20\pm5\%$
输入电压	U_i	V	10	23	28	-10	-23	-28
电压最大调整率	S_U	mV	50	150	200	50	150	200
静态工作电流	I_O	mA	6	66	6	6	6	6
输出电压温漂	S_T	mV/℃	0.6	1.8	2.5	-0.4	-0.9	-1
最小输入电压	U_{imin}	V	7.5	17.5	22.5	-7	-17	-22
最大输入电压	U_{imax}	V	35	35	35	-35	-35	-35
最大输出电流	I_{omax}	A	1.5	1.5	1.5	1.5	1.5	1.5

七、TTL 门电路、触发器、计数器的部分型号

类 型	型 号	名 称
门电路	CT4000(74LS00)	四 2 输入与非门
	CT4004(74LS04)	六反相器
	CT4008(74LS08)	四 2 输入与门
	CT4011(74LS11)	三 2 输入与门
	CT4020(74LS20)	双 4 输入与非门
	CT4027(74LS27)	三 2 输入或非门
	CT4032(74LS32)	四 2 输入或门
	CT4086(74LS86)	四 2 输入异或门
触发器	CT4074(74LS74)	双上升沿 D 触发器
	CT4112(74LS112)	双下降沿 J-K 触发器
	CT4175(74LS175)	四上升沿 D 触发器
计数器	CT4160(74LS160)	十进制同步计数器
	CT4161(74LS161)	二进制同步计数器
	CT4162(74LS162)	十进制同步计数器
	CT4192(74LS192)	十进制同步可逆计数器
	CT4290(74LS290)	二-五-十进制计数器
	CT4293(74LS293)	二-八-十六进制计数器

部分习题参考答案

第 1 章

1.3　(a) $P_A = 10$ W,负载;(b) $P_B = 4$ W 电源

1.4　(a) $I = 2$ A,$a \to b$;(b) $I = -4$ A,$b \to a$

1.5　(a) $I = 0.5$ A,$a \to b$;(b) $I = -0.5$ A,$a \to b$

1.6　(a) $u = L \dfrac{di}{dt} = 20 \times 10^{-3} \dfrac{di}{dt} = 0.02 \dfrac{di}{dt}$(A);(b) $i = C \dfrac{du}{dt} = 10 \times 10^{-6} \dfrac{du}{dt} = 10^{-5} \dfrac{du}{dt}$(V)

1.7　$U_a = -8$ V,$U_b = -6$ V,$U_c = -4$ V,$U_d = -2$ V

1.8　(a) $R_{ab} = 4$ Ω;(b) $R_{ab} = 1$ Ω;(c) $R_{ab} = 0.5$ Ω

1.9　$U = 1$ V,$R_1 = 45$ kΩ,$R_2 = 200$ kΩ

1.10　(a) $2I + U - 3 = 0$;(b) $I + U/10 - 2 = 0$

1.11　(1) $I = 8$ A;(2) $I_s = 42$ A

1.12　$I = -2$ A,$U = 90$ V

1.13　(a) $I = 1$ A,$U = 20$ V;(b) $I = 2$ A,$U = 20$ V

1.14　$I_1 = 1$ A,$I_2 = -3$ A,$I_3 = 4$ A,$P_{5V} = 5$ W(发出功率)

1.15　$I = -3$ A,$U = 10$ V

1.16　$R = 7$ Ω

1.17　$I = -1$ A,$U = 7$ V

1.18　(1) $U = 66.7$ V,$I_2 = I_3 = 8.33$ mA;(2) $U = 80$ V,$I_2 = 10$ mA,$I_3 = 0$ A;(3) $U = 0$ V,$I_2 = 0$ A,$I_3 = 50$ mA

1.19　$U = 10$ V

1.20　$I_x = 2.79$ A,$P = 15.57$ W

1.21　$U_{ab} = -2$ V

1.22　(a) $U_{oc} = 0.2$ V,$R_0 = 0.6$ Ω;(b) $U_{oc} = 1.33$ V,$R_0 = 0.67$ Ω

1.23　$U = 2.8$ V

1.24　$u_C(0_+) = 100$ V,$i_C(0_+) = -3.3$ A,$u_C(\infty) = 60$ V,$i_C(\infty) = 0$ A

1.25　$u_C(0_+) = 10$ V,$i_C(0_+) = -1.25$ A,$u_{R1}(0_+) = -3.75$ V,$u_{R2}(0_+) = 6.25$ V

1.26　$i_L(0_+) = 0$ A,$i(0_+) = 1$ A,$u_L(0+) = 8$ V,$i_L(\infty) = 5$ A,$i(\infty) = 5$ A,$u_L(\infty) = 0$ V

1.27　$i_L(0_+) = 2$ A,$i(0_+) = 6$ A,$u_L(0_+) = -8$ V,$i_L(\infty) = 0$ A,$i(\infty) = 6$ A,$u_L(\infty) = 0$ V

1.28　(a) 2×10^{-3} s;(b) 2×10^{-2} s;(c) 0.03 s

1.29　$u_C(t) = 100 - 50e^{-1\,000t}$ V,$i_C(t) = 2.5e^{-1\,000t}$ A

1.30　$i(t) = 10 + 20e^{-500t}$ mA

1.31　$u_C(t) = 40 - 20e^{-400t}$ V,$i_C(t) = 0.04e^{-400t}$ A

1.32　$i_L(t) = 0.5 + 0.5e^{-500t}$ A,$u_L(t) = -50e^{-500t}$ V

1.33　(1) $u_C(t) = 7.2(1 - e^{-166.7t})$ V;(2) $u_C(t) = 7.2e^{-166.7t}$ V

第 2 章

2.1 (1) $T=0.02$ s, $f=50$ Hz, $\phi=60°$; (2) $T=2$ s, $f=0.5$ Hz, $\phi=30°$

2.2 $I=0.354$ A

2.3 (1) $\phi=75°$; (2) $\phi=45°$

2.4 $u=5\sin(\omega t+53.1°)$ V

2.5 (1) $\dot{I}=10\angle(-30°)$ A; (2) $\dot{U}=110\angle(-45°)$ V

2.6 (1) $u=100\sin(\omega t+45°)$ V; (2) $i=157.6\sin(\omega t-26.6°)$ A

2.7 (1) 电阻; (2) 电容; (3) 电感

2.8 (a) $Z=5+j10$ Ω; (b) $Z=10-j5$ Ω; (c) $Z=1-j$ Ω

2.9 $R=16.1$ Ω, $I=13.6$ A

2.10 $I=2.5$ A

2.11 $X_C=22.75$ Ω, $I_C=9.67$ A

2.12 $R=12$ Ω, $L=58.7$ mH

2.13 $I_m=0.25$ A, $U_{Cm}=100$ V, $U_{Lm}=1.5$ V

2.14 $R=37.6$ Ω, $L=72.8$ mH

2.15 设电压相量为 $\dot{U}=U\angle0°$ V, $\dot{I}=5\angle(-53.1°)$ A, $i=5\sqrt{2}\sin(\omega t-53.1°)$ A

2.16 $P=176.8$ W, $Q=-176.8$ var(容性), $\cos\phi=0.707$

2.17 $\dot{I}=80.9\angle(-33.8°)$ A

2.18 $\cos\phi=0.545$, $R=6$ Ω, $X=9.23$ Ω

2.19 $I=0.303$ A, $R=436$ Ω, $C=2.24$ μF

2.20 $\omega_0=10^4$ rad/s, $Q=10$

2.21 $f_0=987.5$ kHz, $Q=161$

2.22 $I_Y=22$ A, $I_\triangle=65.8$ A

2.23 $I_a=2$ A, $I_b=2$ A, $I_c=5.5$ A, $I_1=3.47$ A

2.24 (1) $I_1=4.23$ A, $P=968$ W; (2) $I_1=12.7$ A, $I_p=7.33$ A, $P=2\ 904$ W

2.25 $R=15$ Ω, $X_L=16.1$ Ω

第 3 章

3.5 (a) 11.4 V; (b) 6 V; (c) -0.6 V; (d) -0.6 V

3.8 (1) $U_F=0$ V, $I_R=4$ mA; (2) $U_F=0$ V, $I_R=4$ mA; (3) $U_F=3$ V, $I_R=3$ mA

3.9 (1) $U_F=10$ V, $I_R=10$ mA; (2) $U_F=6$ V, $I_R=6$ mA; (3) $U_F=5$ V, $I_R=5$ mA

3.12 (1) 13.75 mA; (2) 244 V

3.13 $U_o=67.5$ V, $I_o=0.675$ A, $U_{DRM}=106$ V

3.14 (1) $U_2=122$ V, $I_2=2.22$ A; (2) $I_D=1$ A, $U_{DRM}=172$ V

3.15 $I_D=75$ mA, $U_{DRM}=35.4$ V, $C=250$ μF

3.16 $I_Z=8$ mA

3.17 (1) $U_o=-15$ V; (3) 2.2 kΩ; (4) $U_o=-0.7$ V

第 4 章

4.2 PNP, 锗管

4.5 (1) $I_B=0.05$ mA, $I_C=2$ mA, $U_{CE}=6$ V; (2) $U_{C_1}=0.6$ V, $U_{C_2}=6$ V

4.6 $R_B=160$ kΩ; $R_B=320$ kΩ

4.7　(1) $I_B=0.12$ mA；(2) $U_{CC}=6$ V

4.8　(1) $I_B=0.04$ mA，$I_C=1.6$ mA，$U_{CE}=4$ V；(2) $A_u=-207$；(3) $A_u=-59$

4.9　设 $U_{BE}=0.6$ V，$I_B=0.034$ mA，$I_C=1.7$ mA，$U_{CE}=5.2$ V

4.10　(1) 设 $U_{BE}=0.6$ V，$I_B=0.03$ mA，$I_C=1.51$ mA，$U_{CE}=6.7$ V，得 $r_{be}=1.18$ kΩ；(2) $A_u=-106$　(3) $A_u=-65$

4.11　(1) 设 $U_{BE}=0.6$ V，$I_B=0.16$ mA，$I_C=8$ mA，$U_{CE}=13.6$ V，得 $r_{be}=0.47$ kΩ；(2) $r_i=18.5$ kΩ，$r_o=9.2$ Ω；(3) $A_u=0.98$

4.12　(2) 设 $U_{BE}=0.6$ V，有 $I_{B1}=0.0226$ mA，$I_{C1}=1.13$ mA，$U_{CE1}=7.48$ V，$r_{be1}=1.47$ kΩ，$I_{B2}=0.0288$ mA，$I_{C2}=1.44$ mA，$U_{CE2}=8.23$ V，$r_{be2}=1.22$ kΩ，$A_{u1}=-26$，$A_{u2}=-82$；(3) $A_u=2132$

4.13　(1) $I_{B1}=8.6$ μA，$I_{C1}=0.86$ mA，$U_{CE1}=3.4$ V，$I_{B2}=23$ μA，$I_{C2}=2.3$ mA，$U_{CE2}=5.1$ V，$I_{B3}=37$ μA，$I_{C3}=3.7$ mA，$U_{CE3}=4.6$ V；(2) $r_{i1}=82$ kΩ，$r_{o1}=37.9$ Ω，$r_{i2}=1.21$ kΩ，$r_{o2}=2$ kΩ，$r_{i3}=29.3$ kΩ，$r_{o3}=29$ Ω；(3) $A_{u1}=1$，$A_{u2}=-130$，$A_{u3}=1$，$A_u=-130$

4.14　(1) $I_{B1}=21$ μA，$I_{C1}=1.05$ mA，$U_{CE1}=3.6$ V，$I_{B2}=40$ μA，$I_{C2}=2$ mA，$U_{CE2}=6$ V；(3) $A_{u1}=-116$，$A_{u2}=1$，$A_u=-116$

4.16　(1) $P_o=12.5$ W，$P_E=22.5$，$\eta=55.6\%$；(2) $P_o=25$ W，$P_E=31.85$，$\eta=78.5\%$

第 5 章

5.1　(1) $u_o=-10$ V；(2) $u_{i3}=0.5$ V

5.2　$u_o=3$ V

5.3　$u_o=2\dfrac{R_F}{R_1}u_i$

5.4　$u_o=8$ V

5.5　$u_o=-(u_{i1}+u_{i2})$

5.6　0.2 s

5.7　$u_o=2$ V

5.8　$u_o=-1$ V

5.9　$i_o=E/R$

5.10　$u_o=(R_3u_{i1}+R_2u_{i2})/(R_2+R_3)$

5.11　$R_{F1}=1$ kΩ，$R_{F2}=9$ kΩ，$R_{F3}=40$ kΩ，$R_{F4}=50$ kΩ，$R_{F5}=400$ kΩ

5.12　$u_o=-\dfrac{\Delta R_F}{R_1+R_F}U_s$

第 6 章

6.1　$(101)_2$，$(1\ 000)_2$，$(1\ 100)_2$，$(11\ 110)_2$，$(110011)_2$

6.2　$(61)_H$，$(23D)_H$，$(311)_H$，$(54C)_H$，

6.3　$9,105,369,22,3\ 772,1\ 942$

6.5　(1) 1；(2) $A+CD$；(3) $A+B+C$；(4) $B+A\overline{C}D$；(5) C；(6) $A+B$

6.7　(1) $F=\overline{A}\,\overline{B}\,\overline{D}+\overline{A}BD+\overline{B}\,\overline{C}D+B\overline{C}\,\overline{D}$

(2) $F=\overline{A}C+A\overline{D}$

(3) $F=A\overline{B}+AC+\overline{B}\,\overline{C}\,\overline{D}+\overline{A}BD$

6.8　(a) $F=\overline{AB}+\overline{(A+B)}=\overline{A}+\overline{B}+A+B=1$；

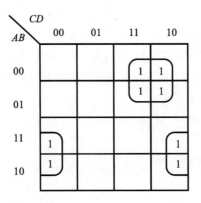

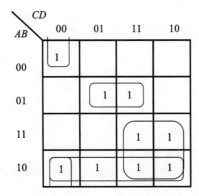

（b）$F=\overline{\overline{AB}\cdot\overline{BC}\cdot AC}=AB+BC+AC$；

（c）$F_1=\overline{A+B+C}$

$F_2=\overline{A+\overline{B}}$

$F_3=\overline{F_1+F_2+\overline{B}}$

$F=\overline{F_3}=F_1+F_2+\overline{B}=\overline{A+B+C}+\overline{A+\overline{B}}+\overline{B}=\overline{A}+\overline{B}$

6.13　$Y_2=\overline{I_4 I_5 I_6 I_7}$，$Y_1=\overline{I_2 I_3 I_6 I_7}$，$Y_0=\overline{I_1 I_3 I_5 I_7}$

6.14　$F=A\overline{B}+B\overline{C}$

$\qquad = A\overline{B}C+A\overline{B}\,\overline{C}+\overline{A}B\overline{C}+AB\overline{C}=\sum m(2,4,5,6)$

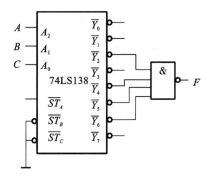

第 7 章

7.11　$u_\circ = -\dfrac{3}{16}U_R$

参 考 文 献

[1] 秦曾煌.电工学(上、下册)[M].5 版.北京:高等教育出版社,1999.

[2] 邹建华.电工电子技术基础[M].4 版.武汉:华中科技大学出版社,2015.

[3] 林平勇.电工电子技术[M].4 版.北京:高等教育出版社,2016.

[4] 电工技师手册编辑委员会.电工技师手册[M].北京:机械工业出版社,1997.

[5] 蔡大华.电工电子技术[M].北京:高等教育出版社,2019.

[6] 曹建林.电工电子技术[M].北京:高等教育出版社,2019.

[7] 黄洁.数字电子技术[M].2 版.北京:高等教育出版社,2013.

[8] 王国明.常用电子元器件检测与应用[M].北京:机械工业出版社,2011.

[9] 孙晓艳.电子电路工程训练与设计、仿真[M].北京:北京大学出版社,2014.

[10] 李新成.电子技术实验[M].北京:中国电力出版社,2012.